La guía oficial de Raspberry Pi para principiantes, 5ª Edición

La guía oficial de Raspberry Pi para principiantes
Autor: Gareth Halfacree
ISBN: 978-1-912047-37-6

Impresa en el Reino Unido
Publicada por Raspberry Pi, Ltd., 194 Science Park, Cambridge, CB4 0AB

Edición: Brian Jepson, Liz Upton, Carlos Luna, Phil King
Traductor: Alpha CRC
Diseño interior: Sara Parodi
Producción: Nellie McKesson
Fotografía: Brian O'Halloran
Ilustración: Sam Alder
Edición de gráficos: Natalie Turner
Dirección de publicación: Brian Jepson
Responsable de diseño: Jack Willis
CEO: Eben Upton

Junio de 2024: Quinta edición
Noviembre de 2020: Cuarta edición
Noviembre de 2019: Tercera edición
Junio de 2019: Segunda edición
Diciembre de 2018: Primera edición

Índice

Apéndice

Bienvenido

Creemos que te va a encantar tu Raspberry Pi. Sea cual sea tu modelo —la placa Raspberry Pi estándar, el pequeño Raspberry Pi Zero 2 W o el Raspberry Pi 400 con teclado integrado— este económico ordenador se puede usar para muchas cosas, como aprender a programar, construir robots y crear todo tipo de proyectos maravillosos.

Tu Raspberry Pi es capaz de hacer todo lo que habitualmente puede hacer un ordenador: navegar por Internet, jugar, ver películas y escuchar música. Pero un Raspberry Pi es mucho más que un ordenador moderno.

Con un Raspberry Pi puedes llegar al núcleo de un ordenador. Tendrás la oportunidad de configurar tu propio sistema operativo y podrás conectar cables y circuitos directamente a los pines de la placa. Se diseñó para enseñar a la gente joven a programar en lenguajes como Scratch y Python, por lo que encontrarás que los principales lenguajes de programación se incluyen en el sistema operativo oficial. Y con un Raspberry Pi Pico podrás crear proyectos sencillos de bajo consumo, capaces de interactuar con el mundo físico.

El mundo necesita programadores más que nunca y Raspberry Pi ha despertado la pasión por la informática y la tecnología en una nueva generación.

Gente de todas las edades usa Raspberry Pi para crear proyectos fascinantes: desde consolas de juego vintage a estaciones meteorológicas conectadas a Internet.

Así que si quieres crear juegos, construir robots o trabajar en todo tipo de proyectos increíbles, esta guía es lo que necesitas para dar los primeros pasos.

Encontrarás muestras de código y más información sobre esta guía (incluidas correcciones para los posibles errores) en el repositorio de GitHub ubicado en **rptl.io/bg-resources**. Si crees que has detectado algún error en esta guía, te rogamos que nos lo comuniques usando el formulario de erratas disponible en **rptl.io/bg-errata**.

El autor

Gareth Halfacree es un escritor y periodista independiente especializado en temas tecnológicos que anteriormente trabajó como administrador de sistemas en el sector educativo. Entusiasta del software y el hardware de código abierto, fue uno de los primeros en adoptar la plataforma Raspberry Pi y ha escrito varias publicaciones sobre sus capacidades y flexibilidad. Lo puedes encontrar en Mastodon como **@ghalfacree@mastodon.social** o a través de su página web en **freelance.halfacree.co.uk**.

Colofón

Raspberry Pi ofrece una forma asequible de hacer cosas útiles o divertidas.

La democratización de la tecnología (garantizar el acceso a las herramientas) ha sido nuestra motivación desde que comenzamos el proyecto de Raspberry Pi. Al reducir a menos de 5 $ el coste de las herramientas informáticas de uso general, damos a cualquier persona la oportunidad de usar ordenadores en proyectos que antes habrían exigido cuantiosas inversiones de capital. Ahora, a medida que los obstáculos para un acceso básico se van eliminando, vemos el uso de ordenadores Raspberry Pi en todas partes: desde exposiciones interactivas en museos y escuelas hasta oficinas de correos y servicios públicos de atención al cliente. Multitud de pequeños negocios han conseguido ampliarse y triunfar de un modo antes imposible en un mundo en el que la integración de tecnología implicaba el uso de costosos ordenadores de escritorio o portátiles.

Raspberry Pi elimina los altos costes de acceso a la tecnología computacional para gente de todas las edades: los niños pueden beneficiarse de tener acceso a una formación en informática que antes no estaba a su disposición y ahora muchos adultos pueden permitirse obtener ordenadores para uso empresarial, lúdico o creativo. Raspberry Pi ha eliminado los obstáculos que antes lo imposibilitaba.

Raspberry Pi Press

store.rpipress.cc

Raspberry Pi Press es tu biblioteca esencial para temas de informática, videojuegos y creación y construcción práctica. Somos el sello editorial de Raspberry Pi Ltd, parte de la Fundación Raspberry Pi. Sea construir ordenadores o ensamblar un armario, descubre con nosotros tu pasión, adquiere habilidades nuevas y crea todo tipo de cosas asombrosas, con la ayuda de nuestra amplia gama de libros y revistas.

The MagPi

magpi.raspberrypi.com

The MagPi es la revista oficial de Raspberry Pi. Escrita por la comunidad de Raspberry Pi, está repleta de información sobre proyectos relacionados con la tecnología Raspberry Pi, tutoriales de informática y electrónica, y novedades sobre la comunidad y sus eventos.

HackSpace

hackspace.raspberrypi.com

La revista *HackSpace* está llena de proyectos para reparadores y experimentadores, sea cual sea su grado de habilidad. Te enseñaremos técnicas nuevas y te ayudaremos a revisar otras que ya conoces, en temas tan diversos como impresión 3D, corte láser, carpintería, electrónica o la Internet de las cosas. *HackSpace* te servirá de inspiración para soñar más y crear mejor.

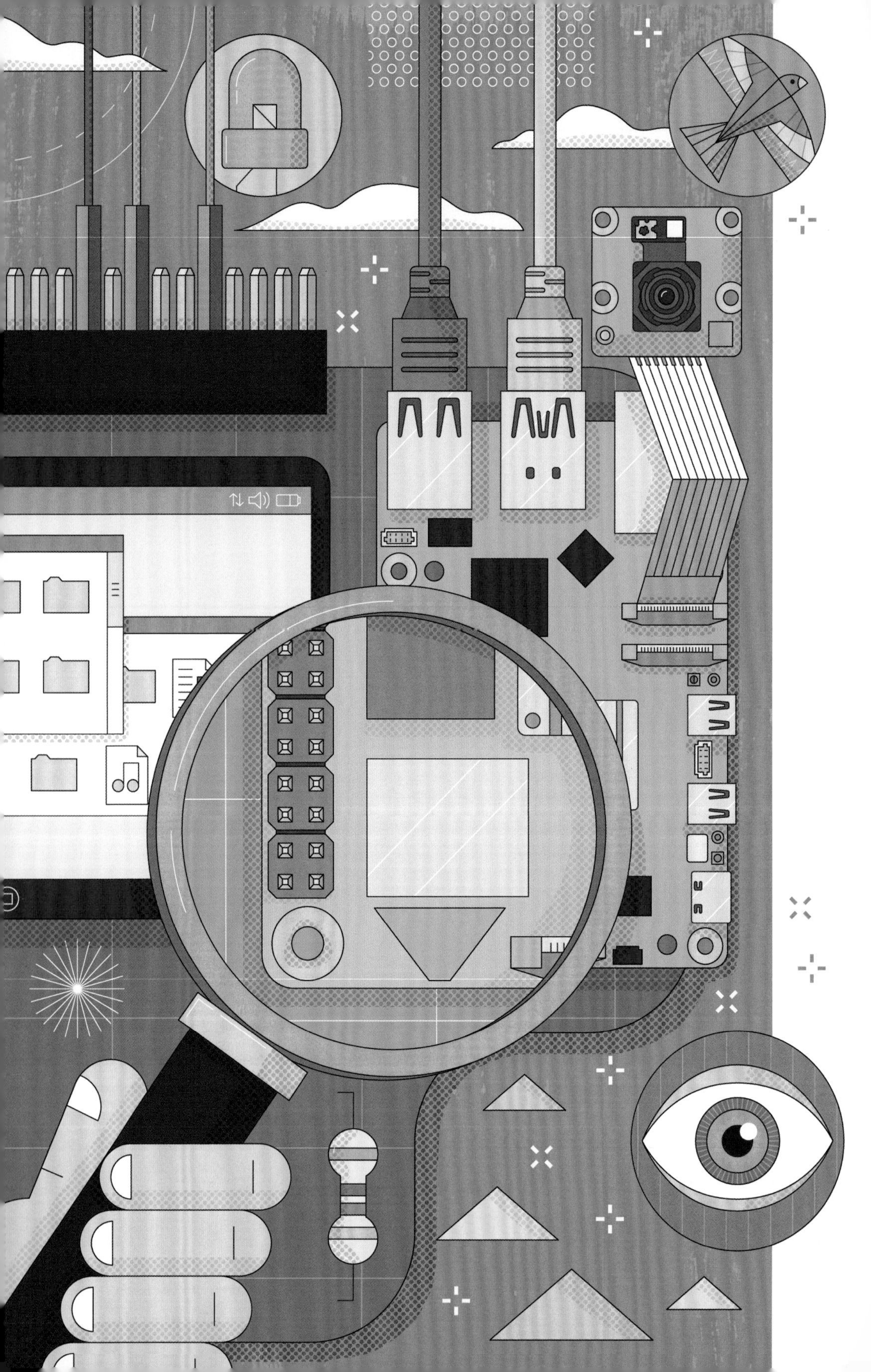

Capítulo 1

Introducción a Raspberry Pi

Te presentamos tu nuevo ordenador del tamaño de una tarjeta de crédito. Haz un recorrido guiado por Raspberry Pi, averigua cómo funciona y descubre algunas de las cosas asombrosas que puedes hacer con él.

Raspberry Pi es un dispositivo excepcional: un ordenador totalmente funcional en un formato pequeño y de bajo coste. Tanto si quieres un dispositivo para navegar en Internet como si es para jugar, o si quieres aprender a escribir tus propios programas o crear tus propios circuitos y dispositivos físicos, Raspberry Pi (y su increíble comunidad) te ayudará en cada paso.

Raspberry Pi es lo que se conoce como *ordenador de una sola placa*, que es exactamente lo que su nombre indica: como un ordenador de sobremesa, un portátil o un smartphone, pero construido sobre una única *placa de circuito impreso*. Como la mayoría de los ordenadores de una sola placa, Raspberry Pi es pequeño —más o menos del tamaño de una tarjeta de crédito— pero eso no impide que sea potente: un Raspberry Pi puede hacer cualquier cosa que haga un ordenador más grande y de mayor consumo, desde navegar por Internet y jugar hasta manejar otros dispositivos.

La familia Raspberry Pi nació del deseo de fomentar en el mundo una educación en informática que se basara más en la práctica. Sus creadores unieron esfuerzos para establecer la Fundación Raspberry Pi, organización sin ánimo de lucro, sin imaginarse lo popular que llegaría a ser: los pocos miles de unidades fabricadas en 2012 para tantear el terreno se vendieron inmediatamente. Y desde entonces se han distribuido más de cincuenta millones de unidades en todo el mundo. Estas placas han hallado un espacio en hogares, aulas, oficinas, centros de datos, fábricas, e incluso en embarcaciones automatizadas y satélites.

Desde el Modelo B original se han lanzado varios modelos de Raspberry Pi, cada uno con especificaciones mejoradas o características orientadas a algún tipo de uso específico. La familia Raspberry Pi Zero, por ejemplo, es una versión pequeña del Raspberry Pi de tamaño completo que omite algunas características —en concreto los múltiples puertos USB y el puerto de red con cable— en favor de un menor tamaño y un consumo de energía reducido.

Sin embargo, todos los modelos de Raspberry Pi tienen una cosa en común: son *compatibles*, lo que significa que la mayoría del software escrito para un modelo funcionará en cualquier otro modelo. Incluso es posible ejecutar la versión más reciente del sistema operativo de Raspberry Pi en un prototipo de prelanzamiento del Modelo B original. Si bien es cierto que su funcionamiento será más lento, el caso es que podrá ejecutarse.

A lo largo de esta guía aprenderás sobre Raspberry Pi 4 Modelo B, Raspberry Pi 5, Raspberry Pi 400 y Raspberry Pi Zero 2 W: las versiones más recientes y potentes de los ordenadores Raspberry Pi. Todo lo que aprendas podrás aplicarlo fácilmente a otros miembros de la familia Raspberry Pi, así que no te preocupes si utilizas un modelo o revisión diferente.

RASPBERRY PI 400

Si tienes un Raspberry Pi 400, la placa de circuito está integrada en la carcasa del teclado. Aquí encontrarás información sobre todos los componentes que hacen que un Raspberry Pi funcione. También puedes ir a «Raspberry Pi 400» a la página 9 para un recorrido guiado de tu dispositivo de escritorio.

RASPBERRY PI ZERO 2 W

Si tienes un Raspberry Pi Zero 2 W, verás que algunos de los puertos y componentes parecen diferentes a los del Raspberry Pi 4 Modelo B. Visita «Raspberry Pi Zero 2 W» a la página 12 para conocer más sobre tu dispositivo.

Recorrido guiado de Raspberry Pi

A diferencia de un ordenador tradicional, en el que los componentes internos se encuentran escondidos dentro de una carcasa, un Raspberry Pi estándar tiene todos sus componentes y puertos a la vista, aunque si lo prefieres puedes comprar una carcasa para darle protección adicional. Esta visibilidad lo convierte en una gran herramienta para aprender qué hacen las distintas partes de un ordenador y también facilita el aprendizaje de la ubicación de cada cosa cuando hay que conectar los otros componentes de hardware —denominados *periféricos*— que necesitarás para comenzar a usarlo.

La **Figura 1-1** muestra un Raspberry Pi 5 visto desde arriba. Cuando uses un Raspberry Pi siguiendo esta guía, intenta mantenerlo orientado igual que en las imágenes; si no, podría confundirte cuando trates de usar cosas como el cabezal GPIO (que se detalla en el Capítulo 6, *Informática física con Scratch y Python*).

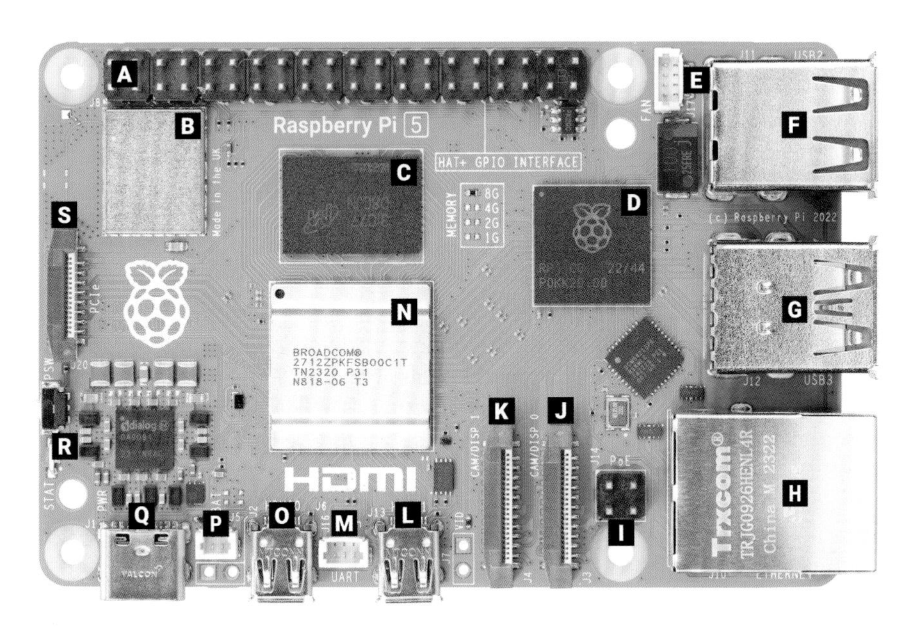

Figura 1-1 Raspberry Pi 5

- **A** Cabezal GPIO
- **B** Inalámbrico
- **C** RAM
- **D** Chip controlador de E/S RP1
- **E** Conector para ventilador
- **F** USB 2.0
- **G** USB 3.0
- **H** Puerto Ethernet
- **I** Pines PoE (Power-over-Ethernet)
- **J** Puerto 0 de CSI/DSI
- **K** Puerto 1 de CSI/DSI
- **L** Micro HDMI 1
- **M** Conector para puerto serie UART
- **N** Sistema en chip
- **O** Micro HDMI 0
- **P** Cabezal de la batería del RTC
- **Q** Entrada de alimentación USB C
- **R** Botón de encendido
- **S** Conector para PCI Express (PCIe)

Aunque parezca que hay demasiadas cosas apiñadas en una placa tan pequeña, un Raspberry Pi es muy simple de entender. Empecemos por sus *componentes*, aquellas piezas que hacen que el dispositivo funcione.

Los componentes de un Raspberry Pi

Como cualquier ordenador, un Raspberry Pi consta de varios componentes, cada uno con un rol específico en el funcionamiento del sistema. El primero, y posiblemente el más importante, se encuentra justo encima del punto central de la parte superior de la placa (**Figura 1-2**), cubierto con una tapa metálica: es el *sistema en chip* (o SoC, del inglés system-on-chip).

El nombre "sistema en chip" hace referencia a lo que encontrarías si quitaras la tapa metálica: un chip de silicio, conocido como *circuito integrado*, que contiene la mayor parte del sistema del Raspberry Pi. Este circuito integrado incluye una *unidad central de procesamiento* (CPU), comúnmente considerada como el "cerebro" de un ordenador, y una *unidad de procesamiento gráfico* (GPU), que se encarga de los aspectos gráficos y de visualización del sistema.

Pero un cerebro no es nada si no tiene memoria. Si observas al lado del SoC encontrarás, en forma de chip rectangular de plástico negro (**Figura 1-3**) la *memoria de acceso aleatorio (RAM)* del Raspberry Pi. Cuando trabajas con un Raspberry Pi, la memoria RAM es la que contiene lo que estás haciendo. Al guardar tu trabajo, estos datos se mueven al almacenamiento permanente de la tarjeta microSD. Juntos, estos componentes forman las memorias *volátil* y *no volátil* del Raspberry Pi: la RAM, volátil, pierde su contenido cada vez que el Raspberry Pi se apaga, mientras que la memoria no volátil de la tarjeta microSD conserva su contenido.

Figura 1-2
Sistema en chip (SoC) de un Raspberry Pi

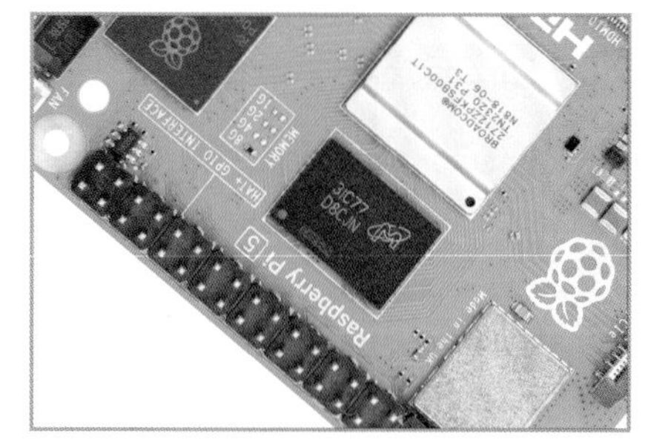

Figura 1-3
Memoria de acceso aleatorio (RAM) de un Raspberry Pi

En la parte superior izquierda de la placa encontrarás otra tapa de metal (**Figura 1-4**) que cubre la *radio*, el componente que permite al Raspberry Pi comunicarse con otros dispositivos de forma inalámbrica. De hecho, la propia radio desempeña el papel de dos componentes principales: una *radio Wi-Fi* que se conecta a redes informáticas; y una *radio Bluetooth* que se conecta a periféricos como ratones y envía o recibe datos de dispositivos inteligentes cercanos como sensores o teléfonos inteligentes.

Hay otro chip negro con cubierta de plástico marcado con el logotipo de Raspberry Pi situado en el lado derecho de la placa, cerca de los puertos USB (**Figura 1-5**). Este es el *RP1*, un chip controlador de E/S (entrada/salida) personalizado que se comunica con los cuatro puertos USB, el puerto Ethernet y la mayoría de las interfaces de baja velocidad usadas para conectarse a otro hardware.

Figura 1-4
Módulo de radio de un Raspberry Pi

Figura 1-5
Chip controlador RP1 de un Raspberry Pi

Otro chip negro, más pequeño que el resto, se encuentra encima del conector de alimentación USB-C, en la parte inferior izquierda de la placa (**Figura 1-6**). Es el denominado *circuito integrado de gestión de energía (PMIC)*; recibe la energía que llega del puerto USB-C y la convierte en la energía que tu Raspberry Pi necesita para funcionar.

El último chip negro, debajo del RP1 y un poco inclinado, ayuda al RP1 a gestionar el puerto Ethernet de Raspberry Pi. Proporciona lo que se denomina *Ethernet PHY*, que actúa como interfaz *física* situada entre el propio puerto Ethernet y el controlador de Ethernet en el chip RP1.

No te agobies con toda esta información: para usar tu Raspberry Pi no es necesario saber qué es cada componente o dónde se encuentra en la placa.

Puertos del Raspberry Pi

Raspberry Pi tiene una serie de puertos, empezando con cuatro *puertos USB (Universal Serial Bus)* (**Figura 1-7**) en la zona central y superior del lado derecho. Estos puertos permiten conectar cualquier periférico compatible con USB

Figura 1-6
Circuito integrado de gestión de energía (PMIC) de un Raspberry Pi

(como teclados, ratones, cámaras digitales y unidades flash) a tu Raspberry Pi. Técnicamente hablando, hay dos tipos de puertos USB en el Raspberry Pi, cada uno relacionado con una norma USB diferente: los que tienen plástico negro en su interior son puertos USB 2.0 y los que tienen plástico azul son puertos USB 3.0, más modernos y más rápidos.

Junto a los puertos USB hay un *puerto Ethernet*, también conocido como *puerto de red* (**Figura 1-8**). Puedes usar este puerto para conectar tu Raspberry Pi a una red cableada de ordenadores, usando un cable equipado con lo que se conoce como conector RJ45. Si observas de cerca el puerto Ethernet, verás dos diodos emisores de luz (LED) en la parte inferior. Son luces de estado que, cuando se iluminan o emiten destellos, te indican que la conexión está funcionando.

Figura 1-7
Puertos USB de un Raspberry Pi

Figura 1-8
Puerto Ethernet de un Raspberry Pi

Justo a la izquierda del puerto Ethernet, en el extremo inferior del Raspberry Pi, hay un *conector PoE (Power-over-Ethernet)* (**Figura 1-9**). Este conector, cuando se usa con el Raspberry Pi 5 PoE+ *HAT* (*Hardware Attached on Top*, una placa adicional especial diseñada para ordenadores Raspberry Pi) y un conmutador de red adecuado con capacidad PoE, te permite alimentar el Raspberry Pi desde su puerto Ethernet sin tener que conectar nada más al puerto USB tipo C. El mismo conector PoE también está disponible en el Raspberry Pi 4, aunque en una ubicación diferente; Raspberry Pi 4 y Raspberry Pi 5 usan diferentes HAT para admitir PoE.

Directamente a la izquierda del conector PoE hay un par de conectores de aspecto extraño con solapas de plástico de las que puedes tirar hacia arriba; se trata de los *conectores de cámara y pantalla*, también conocidos como los *puertos CSI* (*Camera Serial Interface*) *y DSI* (*Display Serial Interface*), como se muestra en la **Figura 1-10**.

Figura 1-9
Conector Power-over-Ethernet de un Raspberry Pi

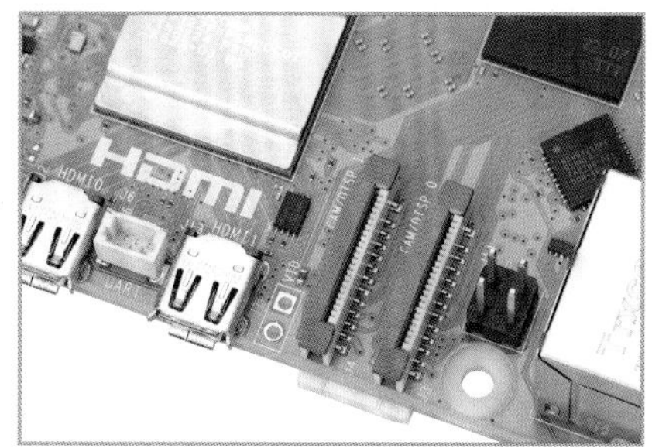

Figura 1-10
Conectores de cámara y pantalla de un Raspberry Pi

Puedes utilizar estos conectores para conectar una pantalla compatible con DSI, como la pantalla táctil Raspberry Pi o la familia de Camera Modules (Módulos de Cámara) Raspberry Pi especialmente diseñados para funcionar con ordenadores Raspberry Pi (la **Figura 1-11**). Conocerás más sobre los módulos de cámara en el Capítulo 8, *Módulos de Cámara de Raspberry Pi*. Cualquiera de los puertos puede actuar como entrada de cámara o salida de pantalla, por lo que puedes tener dos cámaras CSI, dos pantallas DSI o una cámara CSI y una pantalla DSI funcionando juntas en un mismo Raspberry Pi 5.

A la izquierda de los conectores de cámara y pantalla, todavía en el borde inferior de la placa, están los *puertos micro HDMI (micro High Definition Multimedia Interface)*, que son versiones más pequeñas de los conectores que encontrarás en consolas de videojuegos, decodificadores o televisores (**Figura 1-12**). La palabra "multimedia" en el nombre indica que transporta señales de audio y vídeo, mientras que "alta definición" indica que puedes esperar una calidad excelente de ambas señales. Usarás esos puertos micro HDMI para conectar tu Raspberry Pi a uno o dos dispositivos de visualización, como un monitor de ordenador, un televisor o un proyector.

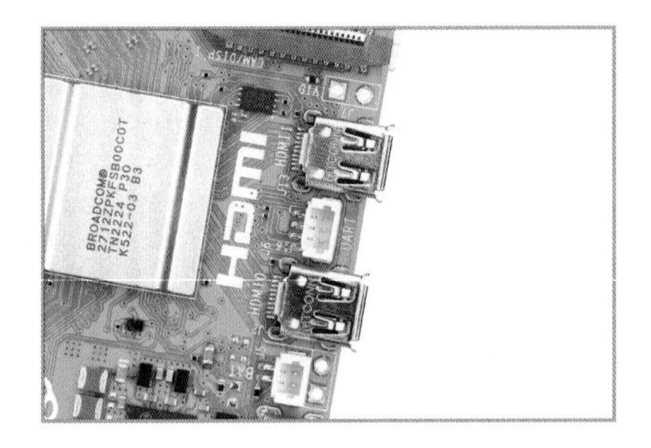

Figura 1-11
Módulo de cámara Raspberry Pi

Figura 1-12
Puertos micro HDMI de un Raspberry Pi

Entre los dos puertos micro HDMI hay un pequeño conector etiquetado como "UART" que da acceso a un *puerto serie UART (Universal Asynchronous Receiver-Transmitter)*. No abordaremos ese puerto en esta guía, pero puede resultarte útil en el futuro para comunicarte con proyectos más complejos o solucionar sus problemas.

A la izquierda de los puertos micro HDMI hay otro pequeño conector etiquetado como "BAT", donde puedes conectar una pequeña batería para mantener en funcionamiento el *reloj en tiempo real (RTC)* del Raspberry Pi, incluso cuando éste se encuentra desconectado de su fuente de alimentación. No necesitas conectar una batería, ya que tu Raspberry Pi actualizará automáticamente su reloj cuando esté encendido, siempre que tenga acceso a Internet.

En la parte inferior izquierda de la placa hay un *puerto de alimentación USB-C* (**Figura 1-13**) utilizado para proporcionar alimentación al Raspberry Pi a través de una fuente de alimentación USB-C compatible. El puerto USB-C suele ser habitual en teléfonos inteligentes, tablets y otros dispositivos portátiles. Aunque podrías utilizar un cargador de móvil estándar para alimentar tu Raspberry Pi, para obtener los mejores resultados deberías utilizar la fuente de alimentación USB-C oficial de Raspberry Pi: es mejor para hacer frente a los cambios repentinos en las necesidades de energía que pueden producirse cuando tu Raspberry Pi está trabajando especialmente duro.

En el borde izquierdo de la placa hay un pequeño botón orientado hacia fuera. Es el nuevo *botón de encendido* del Raspberry Pi 5 que se utiliza para apagarlo de forma segura cuando hayas acabado de usarlo. Este botón no está disponible en el Raspberry Pi 4 ni en placas más antiguas.

Encima del botón de encendido hay otro conector (**Figura 1-14**) que, a primera vista, parece una versión más pequeña de los conectores CSI y DSI. Este conector se conecta al *bus PCIe (PCI Express)*: una interfaz de alta velocidad para hardware complementario como discos de estado sólido (SSD). Para utilizar el bus PCIe necesitarás el complemento Raspberry Pi PCIe HAT para convertir este conector compacto en una *ranura PCIe de estándar M.2* más habitual. Pero como no hace falta este HAT para hacer uso completo del Raspberry Pi, puedes pasar por alto este conector hasta que lo necesites.

Figura 1-13
Puerto de alimentación USB tipo C de un Raspberry Pi

Figura 1-14
Conector para PCI Express de un Raspberry Pi

En el borde superior de la placa hay 40 pines metálicos, divididos en dos filas de 20 pines (**Figura 1-15**). Estos pines forman el *cabezal GPIO (General-Purpose Input/Output)*, una característica importante de Raspberry Pi que se usa para la comunicación con hardware adicional, desde LED y botones hasta sensores de temperatura, joysticks y monitores de pulso. Aprenderás más cosas sobre el cabezal GPIO en el Capítulo 6, *Informática física con Scratch y Python.*

Hay un último puerto en Raspberry Pi, pero no lo verás hasta que le des la vuelta a la placa. Aquí, en la parte inferior, encontrarás un *conector para tarjetas microSD* situado casi exactamente debajo del conector de la parte superior que está marcado como "PCIe" (**Figura 1-16**). El conector microSD se usa con el dispositivo de almacenamiento del Raspberry Pi: la tarjeta microSD insertada aquí contiene todos los archivos que guardes, todo el software que instales y el sistema operativo de Raspberry Pi. Es posible hacer funcionar tu Raspberry Pi sin una tarjeta microSD cargando su software a través de la red, desde una unidad USB o desde un SSD M.2. Para esta guía, nos centraremos en utilizar una tarjeta microSD como el dispositivo de almacenamiento principal.

Raspberry Pi 400

El Raspberry Pi 400 tiene los mismos componentes que el Raspberry Pi 4, incluido el sistema en chip y la memoria, pero los coloca dentro de una cómoda carcasa de teclado. Además de proteger los componentes electrónicos, esa carcasa ocupa menos espacio en tu escritorio y ayuda a mantener los cables ordenados.

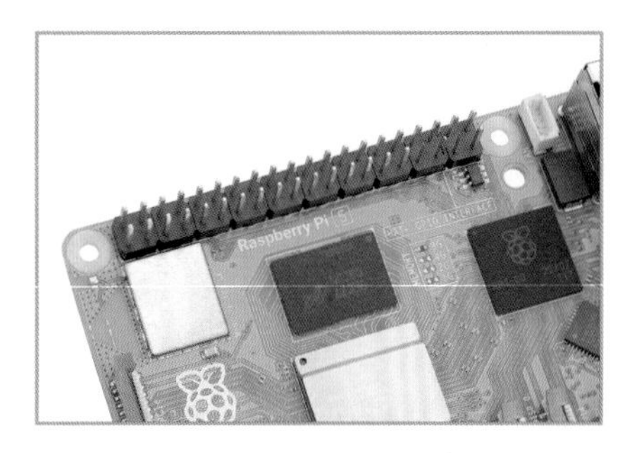

Figura 1-15
Cabezal GPIO de un Raspberry Pi

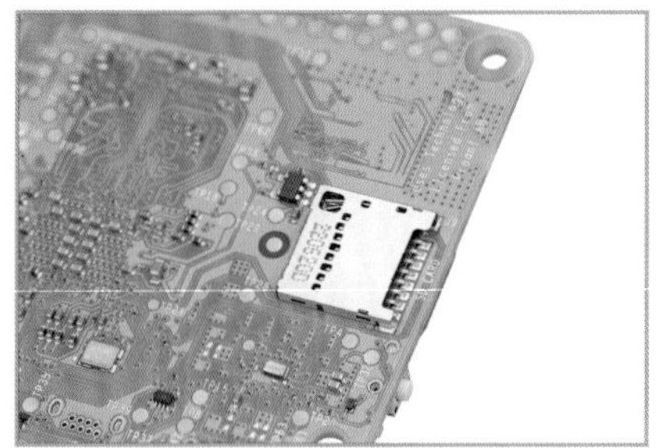

Figura 1-16
Conector de tarjeta microSD de un Raspberry Pi

Aunque no puedes ver fácilmente los componentes internos, sí puedes ver las piezas externas, empezando por el propio teclado (**Figura 1-17**). En la esquina derecha hay tres LED (diodos emisores de luz): el primero se ilumina cuando se pulsa la tecla de **bloqueo numérico**, que cambia algunas de las teclas para que actúen como un teclado numérico de tamaño normal; el segundo se ilumina cuando se pulsa la tecla de **bloqueo de mayúsculas**, que hace que las teclas de letras sean mayúsculas en lugar de minúsculas; y el último se ilumina cuando el Raspberry Pi 400 está encendido.

Figura 1-17 Raspberry Pi 400 tiene un teclado integrado

En la parte posterior del Raspberry Pi 400 (**Figura 1-18**) están los puertos. El puerto situado más a la izquierda es el cabezal de entrada/salida de propósito general (GPIO). Es el mismo cabezal mostrado en la **Figura 1-15**, pero volteado: el primer pin, el 1, está arriba a la derecha y el último, el 40, abajo a la izquierda. Puedes averiguar más sobre el cabezal GPIO en el Capítulo 6, *Informática física con Scratch y Python*.

Junto al cabezal GPIO está la ranura para tarjetas microSD. Al igual que la ranura de la parte inferior del Raspberry Pi 5, esta ranura alberga la tarjeta microSD que sirve para almacenar el sistema operativo, las aplicaciones y otros datos del Raspberry Pi 400. El Raspberry Pi 400 Personal Computer Kit lleva preinstalada una tarjeta microSD. Para extraerla, empuja suavemente la tarjeta hasta que haga clic y salte hacia fuera, luego tira de la tarjeta. Cuando

Figura 1-18 Los puertos del Raspberry Pi 400 se encuentran en la parte posterior

vuelvas a colocar la tarjeta, asegúrate de que sus contactos metálicos brillantes estén orientados hacia abajo. Empuja la tarjeta suavemente hasta que haga clic; esto significa que ha encajado en su sitio.

Los dos puertos siguientes son los puertos micro HDMI que se utilizan para conectar un monitor, un televisor u otra pantalla. Al igual que con el Raspberry Pi 4 y Raspberry Pi 5, el Raspberry Pi 400 admite hasta dos pantallas HDMI. Junto a ellos está el puerto de alimentación USB-C que se utiliza para conectar una fuente de alimentación Raspberry Pi oficial o cualquier otra fuente de alimentación USB-C compatible.

Los dos puertos azules son USB 3.0 y proporcionan una conexión de alta velocidad a dispositivos como unidades SSD (de estado sólido), memorias USB o pendrives, impresoras, etc. El puerto blanco a la derecha de estos es un puerto USB 2.0 de menor velocidad que puedes utilizar para el ratón Raspberry Pi incluido con el Raspberry Pi 400 Personal Computer Kit.

El último puerto es el de red Ethernet gigabit que se utiliza para conectar el Raspberry Pi 400 a tu red mediante un cable RJ45 como alternativa al uso de la radio Wi-Fi integrada en el dispositivo. Encontrarás más información sobre cómo conectar un Raspberry Pi 400 a una red en el Capítulo 2, *Empieza a usar tu Raspberry Pi*.

Raspberry Pi Zero 2 W

El Raspberry Pi Zero 2 W (**Figura 1-19**) se ha diseñado para ofrecer muchas de las mismas funciones que los otros modelos de la familia Raspberry Pi, pero en un diseño mucho más compacto. Es más económico y consume menos energía, pero también carece de algunos de los puertos de los modelos más grandes.

Figura 1-19 Raspberry Pi Zero 2 W

A diferencia del Raspberry Pi 5 y el Raspberry Pi 400, el Raspberry Pi Zero 2 W carece de puerto Ethernet por cable. Puedes conectarlo a una red pero solo mediante una conexión Wi-Fi. Conocerás más sobre cómo conectar el Raspberry Pi Zero 2 W a una red en el Capítulo 2, *Empieza a usar tu Raspberry Pi*.

También deberías notar una diferencia en el sistema en chip: es negro en lugar de plateado y no se ve ningún chip de RAM separado. Esto se debe a que las dos partes (SoC y RAM) están combinadas en un solo chip marcado con el logotipo grabado de Raspberry Pi y colocado aproximadamente en el centro de la placa.

El extremo izquierdo de la placa tiene la habitual ranura para tarjetas microSD para almacenamiento, y debajo hay un único puerto mini HDMI para vídeo y audio. A diferencia del Raspberry Pi 5 y el Raspberry Pi 400, el Raspberry Pi Zero 2 W solo admite una pantalla.

A la derecha hay dos puertos micro USB: el de la izquierda, marcado como "USB", es un puerto USB OTG (On-The-Go) compatible con adaptadores OTG para conectar teclados, ratones, concentradores USB u otros periféricos; el puerto de la derecha, marcado "PWR IN", es el conector de alimentación. No puedes utilizar una fuente de alimentación diseñada para Raspberry Pi 4 o Raspberry Pi 400 con un Raspberry Pi Zero 2 W, ya que estas placas utilizan conectores diferentes.

En el extremo derecho de la placa hay una interfaz serie de cámara (CSI) que puedes utilizar para conectar un Módulo de Cámara Raspberry Pi. Obtendrás más información al respecto en el Capítulo 8, *Módulos de Cámara de Raspberry Pi*.

Por último, el Raspberry Pi Zero 2 W tiene el mismo cabezal de entrada/salida de propósito general (GPIO) de 40 pines que sus hermanos mayores, pero se suministra *sin pines de conexión*. Esto significa que no tiene instalados pines. Si quieres utilizar el cabezal GPIO, tendrás que soldar un *cabezal de pines* de 2×20 2,54 mm en su lugar (o comprar el Raspberry Pi Zero 2 WH que trae un cabezal ya soldado en su sitio).

WELCOME

Capítulo 2

Empieza a usar tu Raspberry Pi

Descubre los elementos esenciales que necesitarás para usar tu Raspberry Pi y aprende cómo conectarlos para que todo funcione.

El Raspberry Pi se ha diseñado para ser tan rápido y fácil de configurar y usar como sea posible pero, como cualquier ordenador, requiere varios componentes externos conocidos como *periféricos*. Aunque es comprensible que al ver la placa de circuitos impresos de el Raspberry Pi pienses que todo va a ser complicado (pues ésta se ve muy distinta a los ordenadores con carcasa cerrada más habituales) esto no tiene por qué ser así. Siguiendo los pasos de esta guía podrás tener tu Raspberry Pi listo y funcionando en menos de diez minutos.

Si has recibido este documento en un kit de escritorio de Raspberry Pi o con un Raspberry Pi 400, ya tienes casi todo lo necesario para empezar. Lo único adicional que necesitarás conseguir es un monitor de ordenador o un televisor con una conexión HDMI (el mismo tipo de conector que usan los decodificadores, reproductores de Blu-ray y consolas de juegos) y ya podrás ver lo que hace tu Raspberry Pi.

Si tienes un Raspberry Pi sin accesorios, también necesitarás lo siguiente:

- **Fuente de alimentación USB** — Para un Raspberry Pi 5 necesitarás una fuente de alimentación de 5 V y 5 Amperios (5 A) con un conector USB-C. Para un Raspberry Pi 4 Modelo B o Raspberry Pi 400 necesitarás una fuente de alimentación de 5 V y 3 Amperios (3 A) con un conector USB-C. Para un Raspberry Pi Zero 2 W necesitarás una fuente de alimentación de 5 V y 2,5 Amperios (2,5 A) con un conector micro USB. Es aconsejable usar las fuentes de alimentación oficiales Raspberry Pi pues estas han sido diseñadas para cumplir con los requisitos de energía de estas placas. Las fuentes de alimentación de terceros podrían no entregar la corriente necesaria y causar problemas de alimentación en el Raspberry Pi.

- **Tarjeta microSD** — La tarjeta microSD actúa como el medio de almacenamiento permanente del Raspberry Pi. Todos los archivos que crees y el software que instales, junto con el sistema operativo propiamente dicho, se almacenan en esta tarjeta. Una tarjeta de 8 GB podría ser suficiente para empezar, pero una de 16 GB ofrece el espacio adicional que podrías necesitar a medida que vas progresando. Los kits de escritorio de Raspberry Pi incluyen una tarjeta microSD con el Sistema Operativo Raspberry Pi preinstalado. En el Apéndice A, *Instalar un sistema operativo en una tarjeta microSD* encontrarás las instrucciones para instalar un sistema operativo en una tarjeta vacía.

Figura 2-1
Fuente de alimentación USB

Figura 2-2
Tarjeta microSD

- **Teclado y ratón USB** — El teclado y el ratón te permiten controlar tu Raspberry Pi. Puedes usar admite casi cualquier teclado y ratón inalámbricos o con cable y dotados de un conector USB, aunque algunos teclados para gaming con luces de colores podrían consumir demasiada energía. El Raspberry Pi Zero 2 W requiere un adaptador micro USB OTG y si quieres conectarle varios dispositivos USB simultáneamente, necesitarás un concentrador USB con alimentación.

- **Cable HDMI** — Por este cable se transmite el sonido y las imágenes del Raspberry Pi a tu TV o monitor. Los Raspberry Pi 4, Raspberry Pi 5 y Raspberry Pi 400 necesitan un cable con un conector micro HDMI en uno de los extremos, mientras que los Raspberry Pi Zero 2 W necesitan un cable con un conector mini HDMI. El otro extremo del cable deberá contar con un conector HDMI de tamaño normal para conectarlo a la pantalla. También puedes usar un adaptador micro o mini HDMI a HDMI junto con un cable estándar con ambos conectores HDMI de tamaño normal. Si utilizas un monitor sin una toma HDMI, puedes comprar adaptadores para conversión a DVI-D, DisplayPort o VGA.

Figura 2-3
Teclado USB

Figura 2-4
Cable HDMI

Es seguro usar un Raspberry Pi sin una carcasa siempre y cuando NO se coloque sobre una superficie metálica capaz de conducir electricidad, pues esto puede causar un cortocircuito. Por esta razón el uso de una carcasa proporcionará protección adicional. El kit de escritorio incluye la carcasa oficial de Raspberry Pi y hay carcasas de otros fabricantes disponibles a través de cualquier distribuidor de confianza.

Si quieres usar un Raspberry Pi 4, Raspberry Pi 5 o Raspberry Pi 400 en una red con cable en lugar de una red Wi-Fi, también necesitarás un cable de red Ethernet que deberás conectar en al conmutador o el enrutador de la red. Si piensas usar la radio inalámbrica integrada de tu Raspberry Pi, no necesitarás un cable pero tendrás que saber el nombre y la clave o contraseña de tu red inalámbrica.

INSTALACIÓN DEL RASPBERRY PI 400

Las siguientes instrucciones son válidas para el Raspberry Pi 5 y los otros miembros de la familia Raspberry Pi con formato placa. Las instrucciones relativas al Raspberry Pi 400 están en «Instalación del Raspberry Pi 400» a la página 26.

Instalación del hardware

Empieza por sacar tu Raspberry Pi del embalaje. Las placas Raspberry Pi son piezas robustas de hardware, pero eso no significa que sean indestructibles: acostúmbrate a sostener la placa por los bordes, sin poner los dedos en los lados planos, y ten mucho cuidado con los pines metálicos. Si esos pines se doblan, dificultarán el uso de placas adicionales y otros componentes de hardware. Incluso podrían causar un cortocircuito que estropearía el Raspberry Pi.

Si aún no lo has hecho, consulta el Capítulo 1, *Introducción a Raspberry Pi* para ver dónde están exactamente los distintos puertos y qué hacen.

Montaje de la carcasa del Raspberry Pi

Si vas a instalar tu Raspberry Pi 5 en una carcasa, este debería ser tu primer paso. Si utilizas la carcasa oficial de Raspberry Pi, empieza por separar las tres partes que la componen: la base roja, el ensamblaje y el bastidor del ventilador y la tapa blanca.

Sujeta la base de manera que el extremo elevado esté a tu izquierda y el extremo bajo a tu derecha.

Sujeta el Raspberry Pi 5 sin la tarjeta microSD por los puertos USB y Ethernet, con una ligera inclinación. Luego baja suavemente el otro lado para que se asiente sobre la base, de modo que quede como en la **Figura 2-5**. Al asentarse deberías sentir y oír un clic.

INSTALACIÓN DEL ENSAMBLAJE DEL VENTILADOR

El ventilador debería venir ya insertado en su ensamblaje y este a su vez ya sujeto en el bastidor. De no ser así, deberías poder ensamblar todo sin problemas (**Figura 2-7**).

A continuación, conecta el conector JST del ventilador a la toma correspondiente en tu Raspberry Pi 5 como se muestra en la **Figura 2-6**. Solo encajará en una dirección, por lo que no hay posibilidad de que lo conectes al revés.

Figura 2-5
Un Raspberry Pi 5 en su carcasa

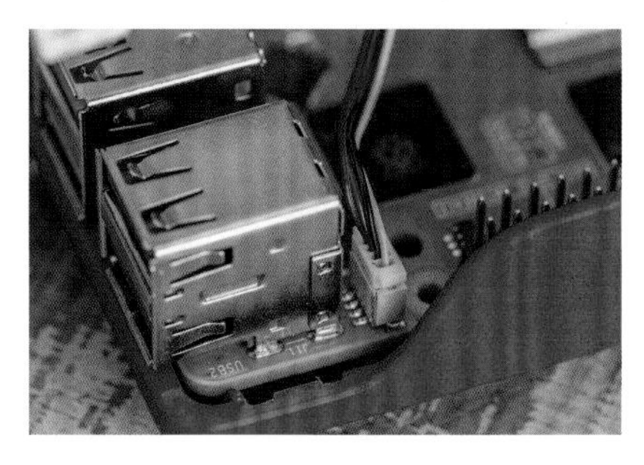

Figura 2-6
Colocando el conector del ventilador

Haz encajar el ensamblaje y el bastidor del ventilador como se muestra en la **Figura 2-7** y presiona suavemente hasta que notes y oigas un clic.

Si quieres cubrir toda la carcasa, puedes colocar la tapa blanca opcional de modo que el logotipo de Raspberry Pi quede sobre los conectores USB y Ethernet del Raspberry Pi 5 como se muestra en la **Figura 2-8**. Para asegurar la tapa, presiona suavemente sobre el centro hasta que oigas un clic.

Figura 2-7
Acoplando el ensamblaje y el bastidor del ventilador

Figura 2-8
Colocando la tapa sobre la carcasa

PLACAS HAT Y TAPAS

Puedes colocar una placa HAT (Hardware Attached on Top) directamente sobre un Raspberry Pi 5 quitando previamente el ensamblaje del ventilador. O puedes colocarla sobre el ensamblaje y el bastidor usando separadores de 14 mm de altura y un extensor GPIO de 19 mm. Esos elementos pueden adquirirse por separado a través de distribuidores autorizados.

Montaje de la carcasa de un Raspberry Pi Zero

Si vas a instalar un Raspberry Pi Zero 2 W en una carcasa, este debería ser tu primer paso. Si vas a utilizar la carcasa oficial, empieza por desembalarla. Deberías tener cuatro piezas: una base roja y tres tapas blancas.

Con el Raspberry Pi Zero 2 deberías usar la tapa sólida. Si vas a usar el cabezal GPIO, sobre el que aprenderás más en el Capítulo 6, *Informática física con Scratch y Python*, usa la tapa con la hendidura rectangular. Si tienes un Camera Module (Módulo de Cámara) 1 o 2, usa la tapa con la hendidura circular.

El Camera Module (Módulo de Cámara) 3 y el de High Quality (HQ) Camera (Módulo de Cámara HQ) no son compatibles con la tapa para cámara de la carcasa de Raspberry Pi Zero y deben usarse fuera de la ella. En el extremo de la carcasa de Raspberry Pi Zero hay una abertura para el cable de la cámara.

Coloca la base sobre la mesa con las aberturas para los puertos orientadas hacia ti como se muestra en la **Figura 2-9**.

Sujeta el Raspberry Pi Zero (con la tarjeta microSD insertada) por sus bordes y alinéalo de modo que los pequeños salientes circulares en las esquinas de la base queden sobre los agujeros de montaje ubicados en las esquinas de la placa de circuito del Raspberry Pi Zero 2 W. Cuando estén alineados (**Figura 2-10**), presiona suavemente el Raspberry Pi Zero 2 W hasta que oigas un clic y los puertos estén alineados con las aberturas en la base.

Figura 2-9
La carcasa del Raspberry Pi Zero

Figura 2-10
Colocando el Raspberry Pi Zero en su carcasa

Coloca la tapa blanca que hayas elegido sobre la base de la carcasa de Raspberry Pi Zero como se muestra en la **Figura 2-11**. Si utilizas la tapa del Camera Module (Módulo de Cámara), asegúrate de que el cable no quede atrapado. Con la tapa en su sitio, presiona suavemente hasta que oigas un clic.

EL CAMERA MODULE (MÓDULO DE CÁMARA) Y LA CARCASA DE ZERO

Si utilizas un Camera Module (Módulo de Cámara) de Raspberry Pi, usa la tapa con el agujero circular. Alinea los agujeros de montaje del Camera Module con los salientes en forma de cruz de la tapa de modo que el conector de la cámara esté orientado hacia el logotipo que se encuentra en ella. Haz que encajen. Levanta suavemente la barra del conector de modo que se aleje del Raspberry Pi, empuja conector el extremo estrecho del cable plano de la cámara (que viene incluido con ella) y luego presiona la barra para volver a colocarla en su sitio. Sigue el mismo procedimiento para conectar el extremo ancho del cable al Camera Module (Módulo de Cámara). Encontrarás más información sobre cómo instalar el Camera Module en el Capítulo 8, *Módulos de Cámara de Raspberry Pi*.

Ahora también puedes acoplar a la base de la carcasa los pies de goma incluidos (**Figura 2-12**): dale la vuelta, despega los pies de la hoja y pégalos en las muescas circulares de la base para mejorar su agarre sobre la mesa.

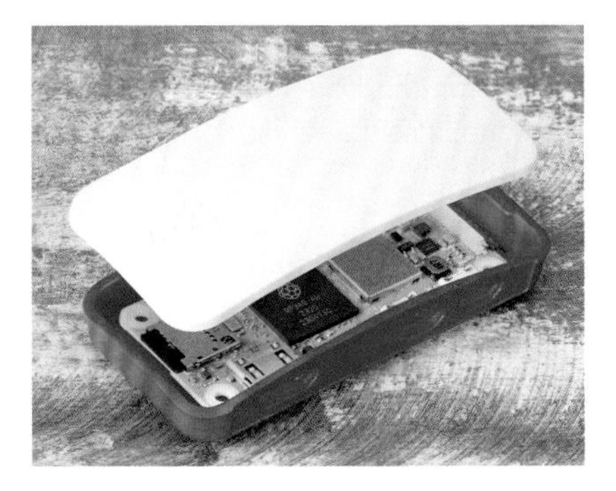

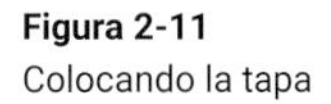

Figura 2-11
Colocando la tapa

Figura 2-12
Pegando los pies

Conexión de la tarjeta microSD

Para instalar la tarjeta microSD, que es el *dispositivo de almacenamiento* del Raspberry Pi, dale la vuelta a la placa (en la carcasa, si estás utilizando una) y desliza la tarjeta en la ranura microSD, con el lado de la etiqueta de la tarjeta orientado hacia el lado opuesto del Raspberry Pi. Solo encajará en una dirección y debería entrar sin tener que presionarla demasiado (**Figura 2-13**).

La tarjeta microSD se deslizará en el conector y se detendrá sin un clic.

Figura 2-13 Insertando la tarjeta microSD

En el Raspberry Pi Zero 2 W la ranura microSD está ubicada en la parte superior del lado izquierdo. Inserta la tarjeta de modo que la etiqueta esté orientada en la dirección opuesta al Raspberry Pi.

Si quieres extraerla posteriormente, simplemente sujeta el extremo de la tarjeta y tira de ella suavemente. Si utilizas un modelo antiguo de Raspberry Pi, primero tendrás que empujar un poco la tarjeta para desbloquearla (esa acción no es necesaria con un Raspberry Pi 3, 4, 5 ni con ninguno de los modelos de Raspberry Pi Zero).

Conexión de un teclado y un ratón

Conectando el cable USB del teclado a cualquiera de los cuatro puertos USB (2.0 negro o 3.0 azul) de tu Raspberry Pi como se muestra en la **Figura 2-14**. Si utilizas el teclado oficial Raspberry Pi, éste tiene un puerto USB para el ratón en la parte posterior. Si no, conecta el cable USB del ratón a alguno de los otros puertos USB de la placa.

Figura 2-14 Conectar un cable USB a un Raspberry Pi 5

Para el Raspberry Pi Zero 2 W tendrás que usar un cable adaptador micro USB OTG. Insértalo en el puerto micro USB de la izquierda y conecta el cable USB del teclado al adaptador USB OTG.

Si utilizas un teclado con un ratón en lugar de uno con un touchpad integrado, también tendrás que usar un concentrador USB con alimentación. Conecta el cable adaptador micro USB OTG al Raspberry Pi Zero como se indicó antes y luego conecta el cable USB del concentrador al adaptador USB OTG. Después conecta de conectar el teclado y el ratón al concentrador y por último conecta el adaptador de alimentación del concentrador y enciéndelo.

Los conectores USB para el teclado y el ratón deberían deslizarse sin demasiada presión para encajar en su sitio. Si tienes que forzar el conector, es señal de que hay algún problema. ¡Comprueba si la posición del conector USB es correcta!

TECLADO Y RATÓN

El teclado y el ratón son el medio principal para decirle a Raspberry Pi lo que tiene que hacer; en informática, estos se conocen como *dispositivos de entrada*, a diferencia de la pantalla que es un *dispositivo de salida*.

Conexión de una pantalla

Para el Raspberry Pi 4 y Raspberry Pi 5, conecta el extremo pequeño del cable micro HDMI al puerto micro HDMI más cercano a su puerto USB tipo C como se muestra en la **Figura 2-15**. Conecta el otro extremo a tu pantalla tal.

Para el Raspberry Pi Zero 2 W (**Figura 2-16**), conecta el extremo pequeño del cable mini HDMI al puerto mini HDMI en el lado izquierdo de Raspberry Pi, bajo la ranura para tarjetas microSD. El otro extremo del cable se conecta a tu pantalla.

Figura 2-15
Conectando el cable HDMI a un Raspberry Pi 5

Figura 2-16
Conectando el cable HDMI a un Raspberry Pi Zero

Si la pantalla tiene más de un puerto HDMI, busca el número del puerto junto al conector mismo: tendrás que configurar el televisor para que muestre la señal de esta entrada y así poder ver la pantalla del Raspberry Pi. Si no ves un número de puerto, no te preocupes: puedes ir pasando de una entrada a otra hasta que encuentres la señal de vídeo del Raspberry Pi.

CONEXIÓN DE TV

Si tu televisor o monitor no tiene un conector HDMI, eso no significa que no puedas usar tu Raspberry Pi. Con cables adaptadores, disponibles en cualquier tienda de electrónica, podrás convertir el puerto micro o mini HDMI de Raspberry Pi a DVI-D, DisplayPort o VGA para usarlo con monitores de otros ordenadores.

Conexión de un cable de red (opcional)

Para conectar tu Raspberry Pi a una red cableada, usa un cable de red (conocido como cable Ethernet) y conéctalo en el puerto Ethernet de la placa con el clip de plástico orientado hacia abajo (**Figura 2-17**). Empuja el conector en el puerto hasta que oigas un clic. Si tienes que desconectar el cable, presiona el clip de plástico hacia el conector y retira el cable con cuidado.

El otro extremo del cable de red debe conectarse a cualquier puerto libre del concentrador, conmutador o enrutador de tu red de la misma manera en que lo conectaste al Raspberry Pi.

Conexión de una fuente de alimentación

La conexión del Raspberry Pi a una fuente de alimentación es el paso final en el proceso de instalación del hardware. Es lo último que necesitarás hacer antes de empezar a configurar el software. Tu Raspberry Pi se encenderá en cuanto se conecte a una fuente de alimentación activa.

Para el Raspberry Pi 4 y Raspberry Pi 5, conecta el extremo USB-C del cable de la fuente de alimentación al conector de alimentación USB-C de la placa como se muestra en la **Figura 2-18**. El conector puede ir en cualquier dirección y debería encajar fácilmente. Si la fuente de alimentación tiene un cable extraíble, asegúrate de que el otro extremo esté conectado al cuerpo de la fuente de alimentación.

¡ADVERTENCIA!

Un Raspberry Pi 5 necesita una fuente de alimentación de 5 V capaz de suministrar 5 A de corriente y un cable USB-C con especificación E-Mark. Si conectas una fuente de alimentación con menos corriente, incluida la oficial de Raspberry Pi 4, los puertos USB del Raspberry Pi 5 solo funcionarán con dispositivos de bajo consumo de corriente.

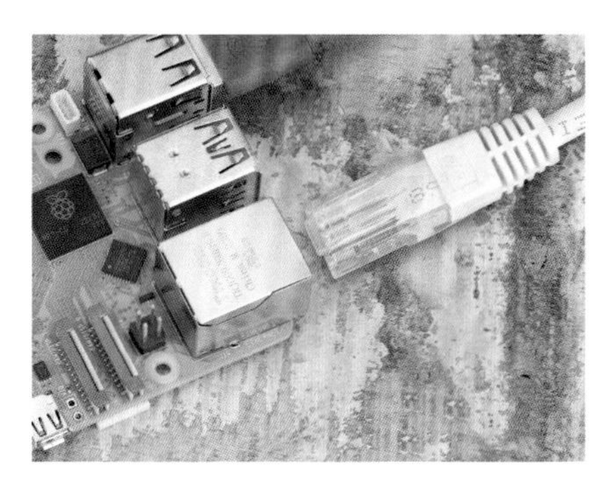

Figura 2-17
Conectando un Raspberry Pi 5 a Ethernet

Figura 2-18
Alimentando un Raspberry Pi 5

Para el Raspberry Pi Zero 2 W conecta el extremo micro USB del cable de la fuente de alimentación al puerto micro USB de l lado derecho de la placa. El conector solo puede entrar en una dirección así que asegúrate de que la orientación es la correcta antes de insertarlo con cuidado.

¡Enhorabuena: ya has montado tu Raspberry Pi!

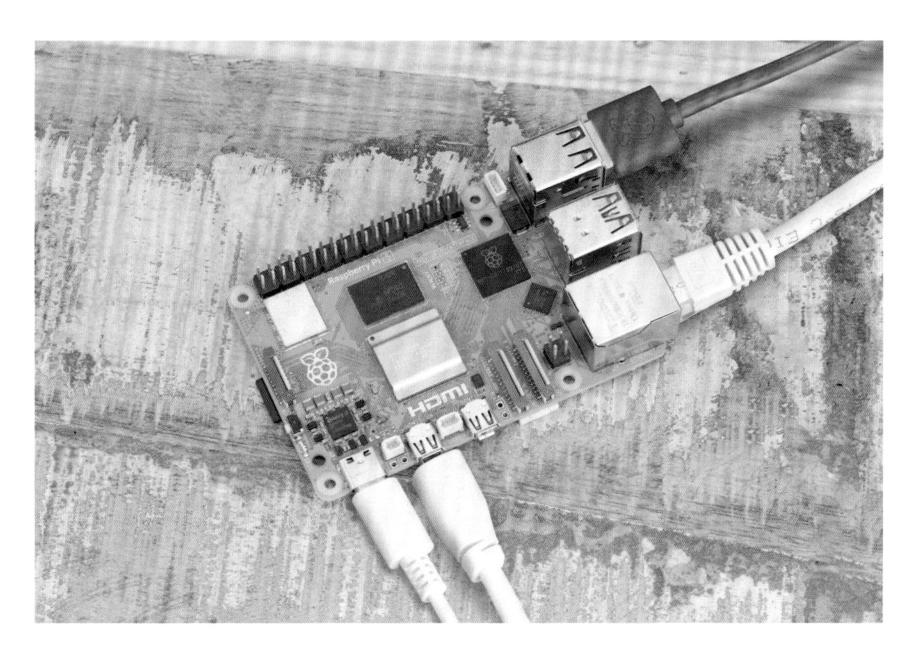

Figura 2-19 ¡Tu Raspberry Pi está listo para comenzar!

Por último, conecta la fuente de alimentación a una toma de corriente, enciende la toma y tu Raspberry Pi entrará en funcionamiento inmediatamente.

Al iniciar se mostrará brevemente un cubo con los colores del arco iris, seguido de una pantalla informativa con un logotipo de Raspberry Pi. Puede que también aparezca una pantalla azul cuando el sistema operativo modifique su tamaño para poder aprovechar el espacio total de la tarjeta microSD. Si ves una pantalla negra espera unos minutos, pues cuando un Raspberry Pi se inicia por primera vez tiene que realizar algunas tareas en segundo plano que pueden tomar un poco de tiempo.

Al cabo de un rato verás el asistente de bienvenida del Sistema Operativo Raspberry Pi, como se muestra en la **Figura 2-20**. El sistema operativo está listo para que lo configures, lo que aprenderás a hacer en el Capítulo 3, *Uso de Raspberry Pi*.

Figura 2-20 El asistente de bienvenida del sistema operativo Raspberry Pi

Instalación del Raspberry Pi 400

A diferencia del Raspberry Pi 4, el Raspberry Pi 400 viene con un teclado incorporado y la tarjeta microSD ya instalada. Todavía tendrás que conectar algunos cables para poder empezar a usarlo, pero eso solo tomará unos minutos.

Conexión de un ratón

El teclado del Raspberry Pi 400 ya está conectado y solo tienes que añadir el ratón. Toma el cable USB del extremo del ratón e insértalo en cualquiera de los tres puertos USB (2.0 o 3.0) del panel posterior del Raspberry Pi 400. Si quieres reservar los dos puertos USB 3.0 de alta velocidad para otros accesorios, usa el puerto USB 2.0 blanco.

El conector USB debería encajar en su sitio sin demasiada presión (**Figura 2-21**). Si tienes que forzar el conector, es señal de que hay algún problema. ¡Comprueba si la posición del conector USB es correcta!

Conexión de una pantalla

Conecta el extremo más pequeño del cable micro HDMI al puerto micro HDMI más cercano a la ranura microSD del Raspberry Pi 400. Conecta el otro extremo del cable a tu pantalla como se muestra en la **Figura 2-22**. Si la pantalla tiene más de un puerto HDMI, busca el número del puerto junto al conector: tendrás que configurar el televisor o el monitor para que muestre la señal de video de esta entrada y así poder ver la pantalla del Raspberry Pi. Si no ves un número de puerto, no te preocupes: puedes ir pasando de una entrada a otra hasta que encuentres y así poder Raspberry Pi.

Figura 2-21
Conectando un cable USB a un Raspberry Pi 400

Figura 2-22
Conectando el cable HDMI a un Raspberry Pi 400

Conexión de un cable de red (opcional)

Para conectar tu Raspberry Pi 400 a una red cableada usa un cable de red (conocido como cable Ethernet) y conéctalo en el puerto Ethernet del Raspberry Pi 400 con el clip de plástico orientado hacia arriba (**Figura 2-23**). Empuja el conector en el puerto hasta que oigas un clic. Si tienes que desconectar el cable, presiona el clip de plástico hacia el conector y retira el cable con cuidado.

El otro extremo del cable de red debe conectarse a cualquier puerto libre del concentrador, conmutador o enrutador de tu red de la misma manera en que lo conectaste al Raspberry Pi 400.

Conexión de una fuente de alimentación

La conexión del Raspberry Pi 400 a una fuente de alimentación es el último paso en el proceso de instalación del hardware. Es lo último que necesitarás hacer antes de empezar a configurar el software. El Raspberry Pi 400 no tiene

Figura 2-23 Conectando un Raspberry Pi 400 a Ethernet

un interruptor de encendido y se encenderá en cuanto se conecte a una fuente de alimentación con corriente.

Primero, conecta el extremo USB tipo C del cable de alimentación al conector que estás usando USB tipo C del Raspberry Pi. Puede ir en cualquier dirección y debería encajar fácilmente. Si la fuente de alimentación tiene un cable extraíble, asegúrate de que el otro extremo esté conectado al cuerpo de la fuente de alimentación.

Por último, conecta la fuente de alimentación a una toma de corriente y enciende la toma: Tu Raspberry Pi 400 entrará en funcionamiento inmediatamente. ¡Enhorabuena: ya has montado tu Raspberry Pi 400 (**Figura 2-24**)!

Al iniciar se mostrará brevemente un cubo con los colores del arco iris, seguido de una pantalla informativa con un logotipo de Raspberry Pi. Puede que también aparezca una pantalla azul cuando el sistema operativo modifique su tamaño para poder aprovechar el espacio total de la tarjeta microSD. Si ves una pantalla negra espera unos minutos, pues cuando un Raspberry Pi se inicia por primera vez tiene que realizar algunas tareas en segundo plano que podrían tomar un poco de tiempo.

Al cabo de un rato verás el asistente de bienvenida del Sistema Operativo Raspberry Pi como se muestra en la **Figura 2-20**. El sistema operativo está listo para que lo configures, lo que aprenderás a hacer en el Capítulo 3, *Uso de Raspberry Pi*.

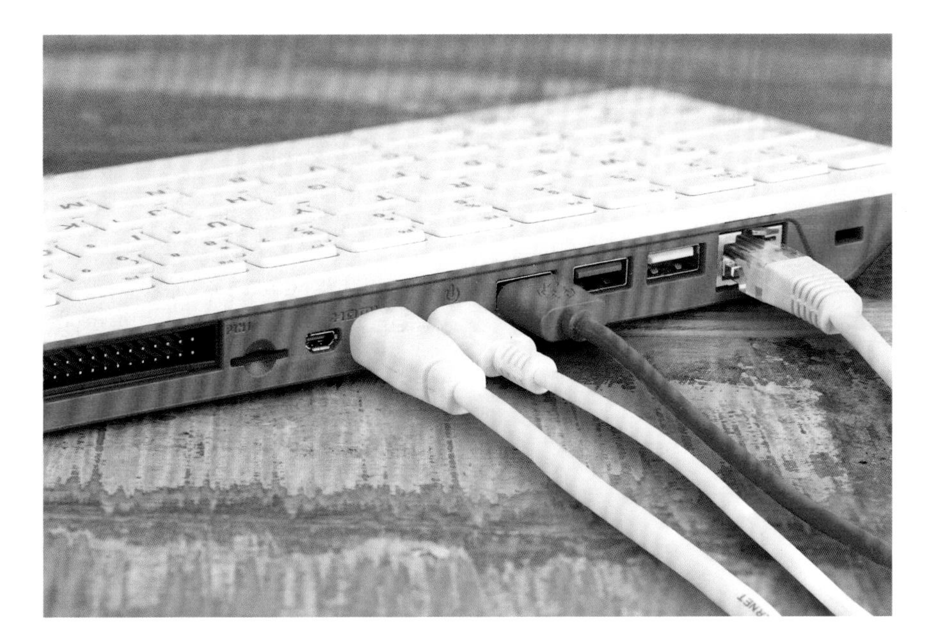

Figura 2-24 ¡Tu Raspberry Pi 400 está totalmente conectado!

Capítulo 3

Uso de Raspberry Pi

Aprende sobre el sistema operativo Raspberry Pi.

Un Raspberry Pi es capaz de ejecutar una amplia gama de programas de software y diversos sistemas operativos que son el software principal que hace que un ordenador funcione. El más popular de estos, y el oficial, es Raspberry Pi OS. Se basa en Debian Linux, ha sido adaptado especialmente para Raspberry Pi y trae una gran cantidad de programas preinstalados y listos para usar.

Puede que antes solo hayas usado Microsoft Windows o macOS de Apple, pero no te preocupes: Raspberry Pi OS se basa en los mismos principios intuitivos de ventanas, iconos, menús y punteros (WIMP) así que seguramente no tardarás en acostumbrarte.

Sigue leyendo para empezar y conocer más sobre el software incluido.

El asistente de bienvenida

La primera vez que ejecutes Raspberry Pi OS verás el asistente de bienvenida (**Figura 3-1**). Esta útil herramienta te ayudará a realizar cambios en las opciones del sistema (lo que llamamos *configuración*) según cómo y dónde vayas a usar tu Raspberry Pi.

Haz clic en **Next** y elige tu país, tu idioma y tu zona horaria (**Figura 3-2**). Si utilizas un teclado en inglés (EE. UU.), haz clic en la casilla de verificación para asegurarte de que el sistema operativo Raspberry Pi use la distribución de teclas correcta. Y si quieres que la interfaz del escritorio y los programas se vean en inglés, independientemente del idioma de tu país, haz clic en la casilla **Use English language** para seleccionarla. Cuando termines, haz clic en **Next**.

Figura 3-1 El asistente de bienvenida

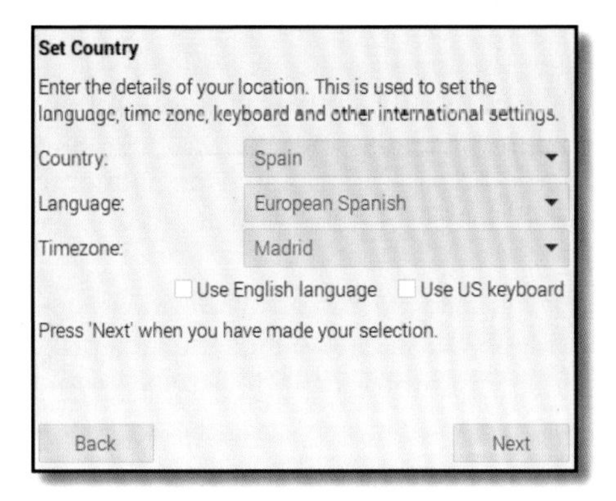

Figura 3-2 Seleccionar un idioma, entre otras opciones

En la siguiente pantalla se te pedirá que elijas un nombre y una contraseña para tu cuenta de usuario (**Figura 3-3**). Elige un nombre. Puede ser el que tú quieras, pero debe empezar con una letra y solo puede contener letras en minúsculas, dígitos y guiones. Luego tendrás que crear una contraseña que sea fácil de recordar. Se te pedirá que la escribas dos veces, para estar seguros de que no contiene errores que bloqueen tu acceso a la nueva cuenta. Cuando hayas escrito el nombre y la contraseña de tu elección, haz clic en **Next**.

En la siguiente pantalla podrás seleccionar tu red Wi-Fi de una lista (**Figura 3-4**).

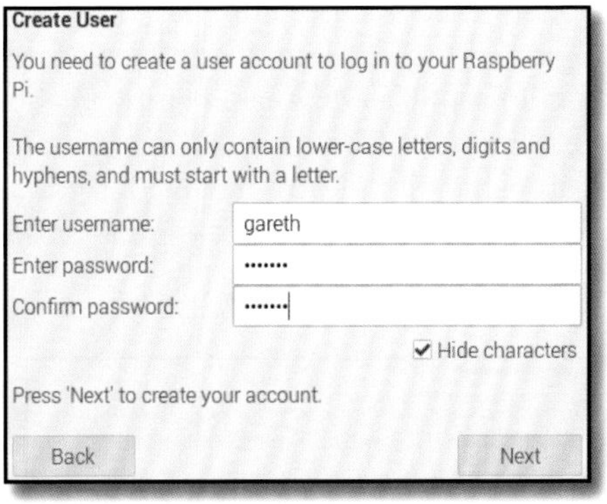

Create User
You need to create a user account to log in to your Raspberry Pi.
The username can only contain lower-case letters, digits and hyphens, and must start with a letter.
Enter username:
gareth
Enter password:
Confirm password:
Hide characters
Press 'Next' to create your account.
Back
Next

Figura 3-3 Estableciendo una contraseña nueva

Select Wireless Network
Select your wireless network from the list.
chromecast
Coffeeshop
Event Booking
Press 'Next' to connect, or 'Skip' to continue without connecting.
Back
Skip
Next

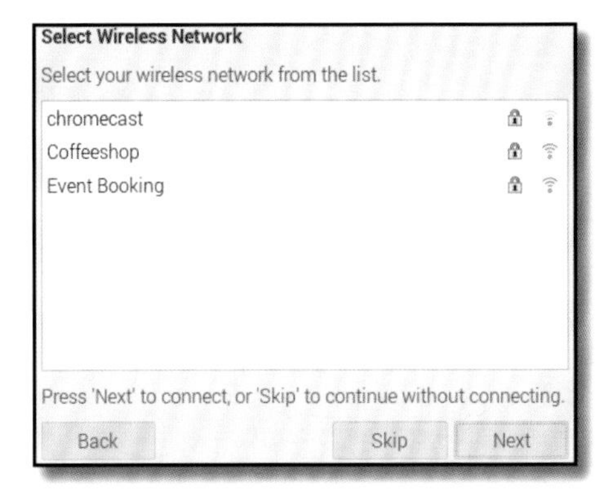

Figura 3-4 Eligiendo una red inalámbrica

RED INALÁMBRICA

La opción de conectividad inalámbrica integrada solo está disponible en los Raspberry Pi 3, 4, y 5, y en las familias Raspberry Pi Zero W y Zero 2 W. Si quieres usar otro modelo de Raspberry Pi con una red inalámbrica, necesitarás un adaptador USB para Wi-Fi.

Recorre la lista de redes. Cuando encuentres el nombre de tu red, haz clic en él y luego en **Next**. Si tu red inalámbrica es segura (debería serlo), se te pedirá su contraseña (también denominada "clave previamente compartida"). Si no usas una contraseña propia, la predeterminada suele figurar en una tarjeta suministrada con el enrutador, o en la base o la parte posterior de éste. Haz clic en **Next** para conectarte a la red. Si no quieres conectarte, haz clic en **Skip**.

Ahora se te pedirá que elijas tu *navegador web* entre los dos que vienen preinstalados en Raspberry Pi OS: Chromium de Google (el predeterminado) y Firefox de Mozilla (**Figura 3-5**). De momento, mantén Chromium seleccionado para que sea más sencillo seguir esta guía. Posteriormente podrás cambiar a Firefox si lo prefieres. Además, si cambias el navegador predeterminado, también podrás optar por desinstalar el otro navegador para ahorrar espacio en tu tarjeta microSD. Solo deberás marcar la casilla cuando veas esa opción y hacer clic en el botón **Next**.

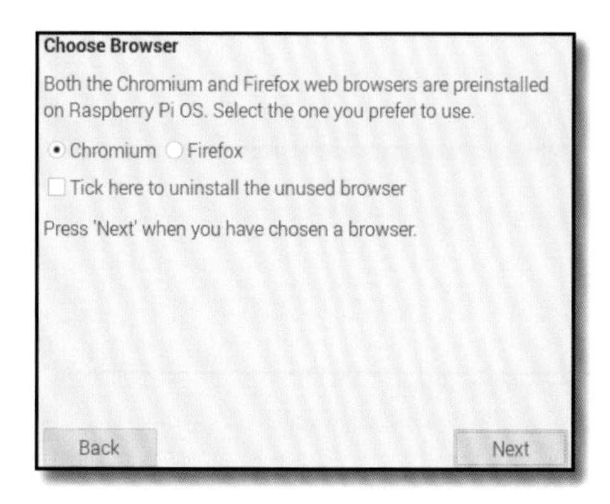

Figura 3-5 Seleccionando un navegador

La siguiente pantalla te permitirá buscar e instalar actualizaciones para Raspberry Pi OS y los otros programas de software del Raspberry Pi (**Figura 3-6**). El sistema operativo Raspberry Pi se actualiza periódicamente para corregir errores, agregar funciones y mejorar el rendimiento. Si deseas instalar estas actualizaciones, haz clic en **Next**. De lo contrario, haz clic en **Skip**. La descarga de las actualizaciones puede tardar varios minutos, así que deberás ser paciente.

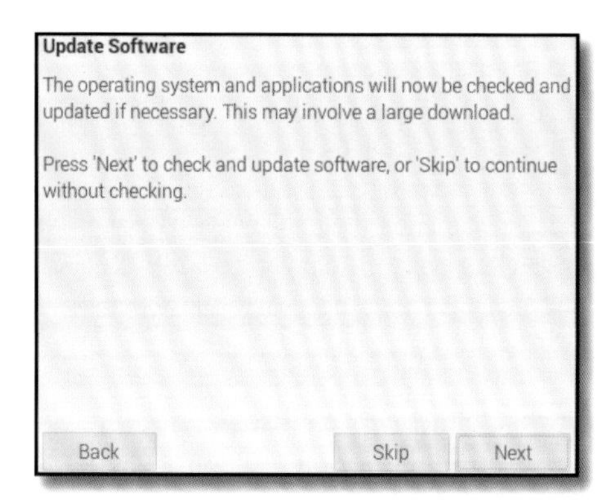

Figura 3-6 Buscando actualizaciones

Después de instalarse las actualizaciones verás el mensaje "System is up to date". Haz clic en el botón **Aceptar**.

En la pantalla final del asistente de bienvenida (**Figura** 3-7) hay algo más de información: ciertos cambios realizados solo entrarán en vigor después de reiniciar tu Raspberry Pi. Haz clic en el botón **Restart** para reiniciarla. Notarás que ya no vuelve a aparecer el asistente. Ahora tienes todo listo para empezar a usar tu Raspberry Pi.

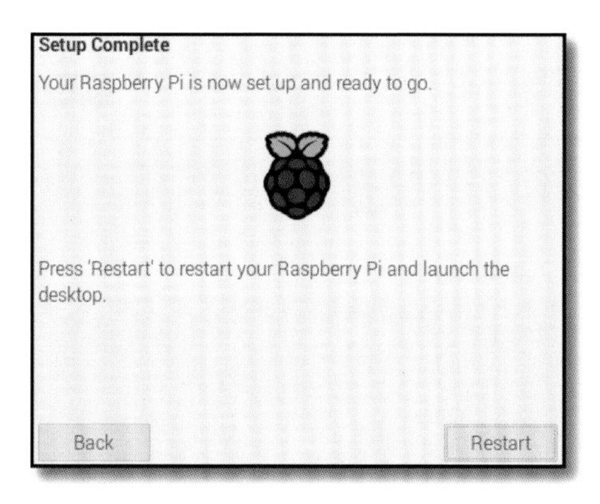

Figura 3-7 Reiniciando el Raspberry Pi

¡ADVERTENCIA!

Si, después de iniciarse tu Raspberry Pi ves el mensaje "this power supply is not capable of supplying 5A" en la esquina superior derecha de la pantalla, significa que estás usando una fuente de alimentación que no puede suministrar los 5 V a 5 A requeridos por el Raspberry Pi 5. Deberías sustituir esa fuente de alimentación por una compatible con este modelo, como por ejemplo la fuente de poder de 27W de Raspberry Pi. Aunque puedes pasar por alto esta advertencia, ciertos dispositivos USB de alta potencia no funcionarán.

Si en algún momento ves en tu pantalla un mensaje de "low voltage warning", seguido del símbolo de un relámpago deberías dejar de usar tu Raspberry Pi hasta sustituir la fuente de alimentación por una adecuada.

El escritorio

La versión de Raspberry Pi OS instalada en la mayoría de las placas Raspberry Pi se denomina "sistema operativo Raspberry Pi con escritorio", en alusión a la interfaz gráfica de usuario principal (**Figura 3-8**). La mayor parte de este escritorio está ocupada por una imagen que se usa como fondo de pantalla (o “papel tapiz”) (**A** en **Figura 3-8**), sobre el que aparecerán los programas que vayas ejecutando.

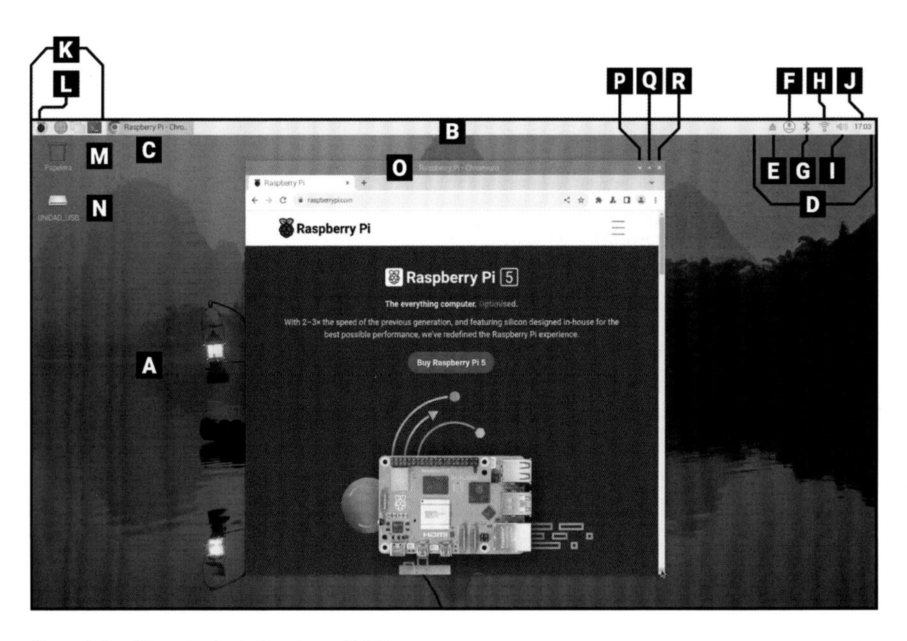

Figura 3-8 El escritorio de Raspberry Pi OS

- **A** Fondo de pantalla
- **B** Barra de tareas
- **C** Tarea
- **D** Bandeja del sistema
- **E** Icono de actualización de software
- **F** Expulsión de dispositivos
- **G** Icono de Bluetooth
- **H** Icono de red
- **I** Icono de volumen
- **J** Reloj
- **K** Iniciador de aplicaciones
- **L** Menú (o icono de Raspberry Pi)
- **M** Icono de la papelera
- **N** Icono de unidad extraíble
- **O** Barra de título de la ventana
- **P** Minimizar
- **Q** Maximizar
- **R** Cerrar

En la parte superior del escritorio está la barra de tareas (**B**) desde la que puedes abrir los programas instalados en el sistema. Estos programas aparecerán también como tareas (**C**) en la barra antes mencionada. En la parte derecha de la barra de menús se encuentra la *bandeja del sistema* (**D**). Si tienes conectados al Raspberry Pi dispositivos de *almacenamiento extraíbles*, por ejemplo unidades de memoria flash USB o pendrives, verás un símbolo de expulsión (**E**); al hacer clic en él podrás extraer de modo seguro ese tipo de dispositivos. El icono de actualización de software (**F**) solo aparecerá cuando estén disponibles actualizaciones de Raspberry Pi OS y sus aplicaciones. En el extremo derecho está el reloj (**J**). Si haces clic en él, se abrirá un calendario digital (**Figura 3-9**).

Figura 3-9 El calendario digital

Junto a este calendario verás el icono de un altavoz (**I**). Haz clic en él con el botón izquierdo del ratón para ajustar el volumen de audio del sistema. O puedes utilizar el botón derecho si quieres elegir la salida de audio que debe usar el Raspberry Pi. Junto al altavoz encontrarás el icono de red (**H**). Si tienes conexión a una red inalámbrica verás la intensidad de la señal de esa red representada por una serie de barras en el mismo icono. Si la conexión es a una red con cable entonces verás dos flechas. Al hacer clic en el icono de red aparecerá una lista con las redes inalámbricas cercanas disponibles (**Figura 3-10**). Y si haces clic en el icono de Bluetooth (**G**) podrás conectarte a un dispositivo Bluetooth cercano.

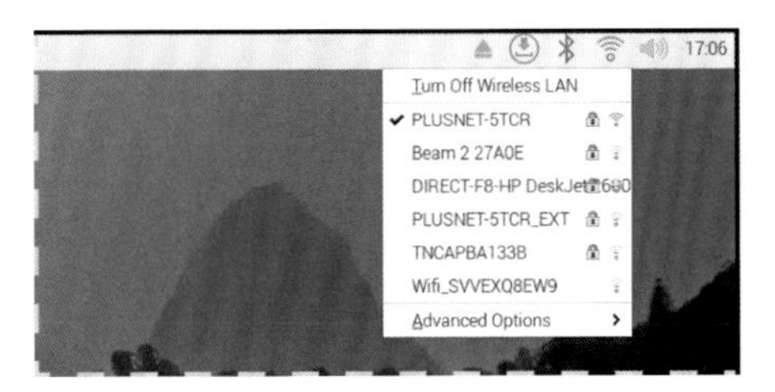

Figura 3-10 Listado de redes inalámbricas disponibles

En el lado izquierdo de la barra de menús se encuentra el *iniciador de aplicaciones* (**K**); ahí encontrarás los programas que se han instalado junto con el sistema operativo Raspberry Pi. Algunos de ellos aparecen como iconos de acceso directo y otros están ocultos en el menú que puedes abrir haciendo clic en el icono con la imagen de una frambuesa que se encuentra en el extremo izquierdo de la barra de tareas. Este es el icono de Raspberry Pi (**L**): raspberry significa "frambuesa" en inglés (**Figura 3-11**).

Figura 3-11 El menú de Raspberry Pi

Los programas del menú están divididos en categorías y el nombre de cada categoría indica su utilidad. Por ejemplo, la categoría **Programación** contiene software que te ayudará a escribir tus propios programas, como se explica a partir del Capítulo 4, *Programar con Scratch 3*, mientras que la categoría Juegos es ideal para pasar el rato.

En esta guía no se detallan todos los programas que vienen instalados, pero puedes probarlos y experimentar con ellos libremente para aprender más. En el escritorio verás también la papelera (**M**) y los dispositivos de almacenamiento externo (**N**) conectados a tu Raspberry Pi.

El navegador web Chromium

Para practicar con tu Raspberry Pi puedes comenzar con cargar el navegador web Chromium: abre el menú haciendo clic en el icono de Raspberry Pi que se encuentra en la esquina superior izquierda del escritorio. Luego mueve el puntero del ratón hacia la categoría Internet y haz clic en **Navegador web Chromium** para cargarlo.

Si has utilizado el navegador Chrome de Google en algún otro ordenador antes Chromium te resultará familiar. Chromium te permite visitar sitios web, reproducir vídeos, jugar y comunicarte con gente de todo el mundo en foros y sitios de chat.

Maximiza la ventana de Chromium para que ocupe toda la pantalla. En la parte superior derecha de esta ventana verás tres iconos (**O**): haz clic en el icono del medio, el de la flecha que apunta hacia arriba (**Q**). Este es el botón para *ma-*

ximizar. A la izquierda del icono de maximizar está el de *minimizar* (**P**), que ocultará la ventana hasta que hagas clic en ella en la barra de tareas ubicada en la parte superior de la pantalla. La x a la derecha del icono de maximizar es el icono de *cerrar* (**R**) y hace exactamente eso: cierra la ventana.

CERRAR Y GUARDAR

No deberías cerrar una ventana antes de haber guardado cualquier trabajo realizado en ella. Aunque muchos programas te alertarán para que guardes tu trabajo cuando hagas clic en el botón de cerrar, otros podrían no hacerlo.

La primera vez que ejecutes el navegador web Chromium se debería cargar automáticamente el sitio web de Raspberry Pi como se muestra en la **Figura 3-12**. De no ser así (o para visitar otros sitios web), haz clic en la barra de direcciones que está ubicada en la parte superior de la ventana de Chromium (el cuadro blanco alargado con el icono de una lupa en la esquina izquierda), escribe **raspberrypi.com** (o la dirección de la página que quieras visitar) y pulsa la tecla **ENTER** en el teclado. Observarás que se ha cargado el sitio web de Raspberry Pi (o de la dirección que ingresaste.

La barra de direcciones también se puede usar para hacer búsquedas: prueba buscar "Raspberry Pi", "sistema operativo Raspberry Pi" o "retro gaming" escribiendo esos términos en la barra de direcciones y presionando la tecla **ENTER** en el teclado.

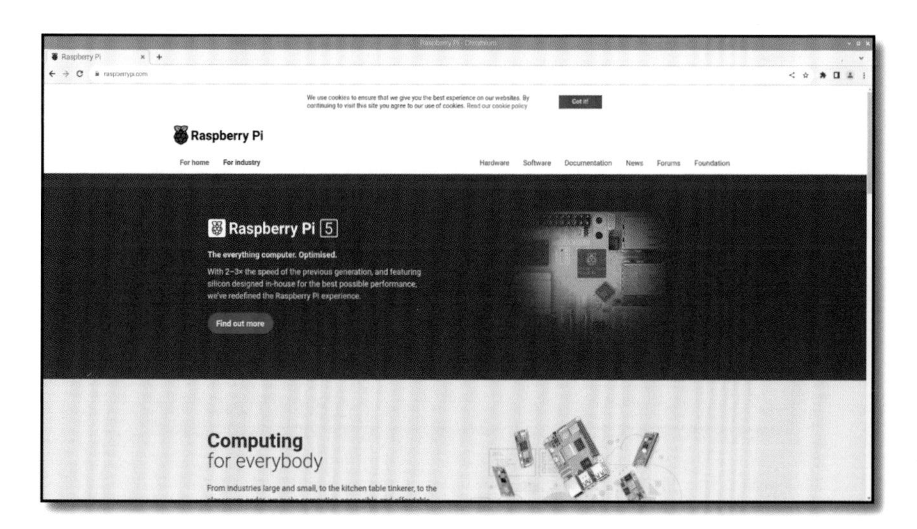

Figura 3-12 El sitio web de Raspberry Pi en Chromium

Al cargar Chromium por primera vez podrían aparecer varias *pestañas* en la parte superior de la ventana. Para cambiar a una pestaña distinta haz clic en ella. Para cerrar una pestaña sin cerrar el navegador haz clic en la x del lado derecho de la pestaña que quieres cerrar.

Para abrir una nueva pestaña (algo muy práctico si deseas tener varios sitios web abiertos sin aumentar el número de ventanas abiertas de Chromium) puedes hacer clic en el botón de pestaña situado a la derecha de la última de la lista o mantener pulsada la tecla **CTRL** en el teclado y pulsar luego la tecla **T** antes de soltar finalmente la tecla **CTRL** que presionaste antes.

Cuando termines de usar Chromium haz clic en el botón de cerrar ubicado en la esquina superior derecha de la ventana.

El Gestor de archivos

Todos los archivos que guardes (programas, vídeos, imágenes, etc.) irán a tu *directorio de inicio*. Para ver los contenidos de este directorio vuelve a hacer clic en el icono de Raspberry Pi para abrir el menú, mueve el puntero del ratón a la categoría **Accesorios** y haz clic en **Gestor de archivos PCManFM** para cargarlo (**Figura 3-13**).

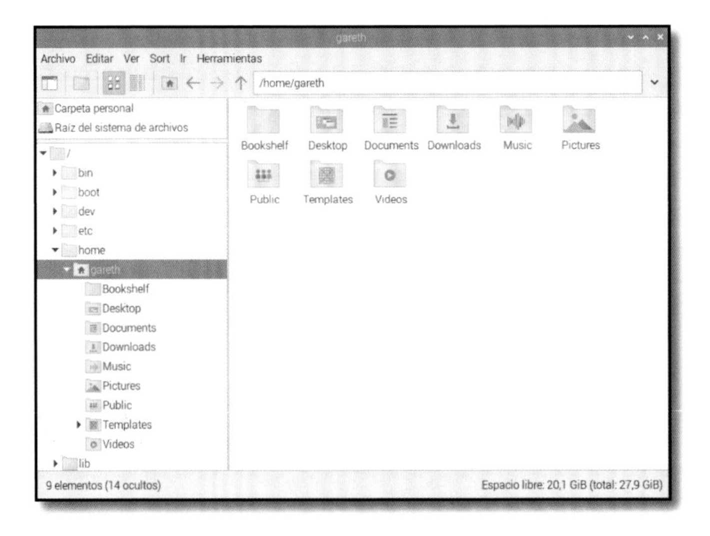

Figura 3-13 El Gestor de archivos

El Gestor de archivos te permite navegar por los archivos y las carpetas o *directorios* ubicados tanto en la tarjeta microSD del Raspberry Pi, como en cualquier dispositivo de almacenamiento extraíble (por ejemplo, unidades flash USB) que esté conectado a sus puertos. Cuando lo abras por primera vez, el Gestor de archivos irá automáticamente a tu directorio de inicio. Ahí encontrarás otras carpetas, denominadas *subdirectorios*, que al igual que el menú, están organizadas por categorías.

Los subdirectorios principales son:

- **Bookshelf** — Contiene copias digitales de libros y revistas de Raspberry Pi Press. Puedes leer y descargar libros con la aplicación Bookshelf ubicada en la sección de ayuda del menú.

- **Desktop** — Esta carpeta es lo que verás la primera vez que cargues Raspberry Pi OS. Si guardas un archivo aquí, aparecerá en el escritorio, lo que hará que sea más fácil encontrarlo y cargarlo.

- **Documents** — Aquí se guardarán la mayoría de los archivos de texto que crees, desde tus historias y cuentos hasta tus recetas y demás.

- **Downloads** — Cuando descargas un archivo de Internet con el navegador web Chromium, este se guarda automáticamente en esta carpeta.

- **Music** — Aquí puedes guardar la música que crees o descargues.

- **Pictures** — Esta carpeta está destinada a imágenes, dibujos o fotos, o en términos técnicos, *archivos de imagen*.

- **Public** — Aunque la mayoría de tus archivos son privados, cualquier archivo que guardes en la carpeta Public estará disponible para todos los que usen tu Raspberry Pi, incluso si tienen su propio nombre de usuario y contraseña.

- **Templates** — Esta carpeta contiene todas las plantillas (documentos en blanco con estructuras o diseños básicos ya existentes) creadas por ti o instaladas por alguna de tus aplicaciones.

- **Videos** — Una carpeta para vídeos y la primera en la que buscarán contenido la mayoría de los programas de reproducción de vídeo.

La ventana del Gestor de archivos se divide en dos paneles principales: el izquierdo, que muestra los directorios de tu Raspberry Pi, y el derecho que muestra los archivos y subdirectorios del directorio seleccionado en el panel izquierdo.

Si conectas un dispositivo de almacenamiento extraíble al puerto USB del Raspberry Pi, aparecerá una ventana en la que podrás indicar si quieres abrirlo en el Gestor de archivos (**Figura 3-14**). Haz clic en **Aceptar** y podrás ver los archivos y directorios que contiene la unidad.

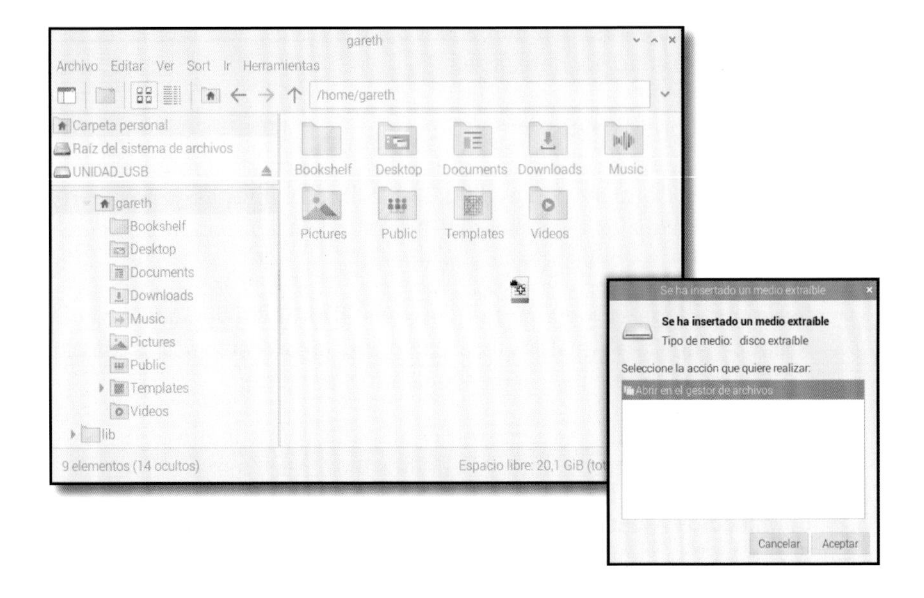

Figura 3-14 Insertando un dispositivo de almacenamiento extraíble

Puedes *arrastrar y soltar* fácilmente archivos entre la tarjeta microSD del Raspberry Pi y un dispositivo extraíble. Teniendo abiertos tanto el directorio de inicio como el dispositivo extraíble en ventanas distintas del Gestor de archivos, mueve el puntero del ratón al archivo que quieras copiar, haz clic en él y mantén pulsado el botón izquierdo del ratón, desliza el puntero a la otra ventana y suelta el botón (**Figura 3-15**).

Un método fácil para copiar un archivo consiste en hacer clic en él una vez, hacer clic en el menú **Editar** y luego en **Copiar**, hacer clic en la otra ventana y en su menú **Editar** y finalmente hacer clic en la opción **Pegar**.

La opción Cortar, también disponible en el menú Editar, es similar a Copiar, pero al Cortar el archivo de la ubicación original se elimina después de crear la copia. Ambas opciones también se pueden utilizar a través de los métodos abreviados de teclado **CTRL+C** (copiar) o **CTRL+X** (cortar), y **CTRL+V** (pegar).

MÉTODOS ABREVIADOS DE TECLADO

Cuando quieras ejecutar un método abreviado como **CTRL+C**, deberás mantener pulsada la primera tecla (**CTRL**), pulsar la segunda tecla (**C**) y finalmente soltar ambas teclas.

Cuando termines de experimentar, cierra el Gestor de archivos haciendo clic en el botón cerrar del extremo derecho de la ventana. Si tienes abierta más de

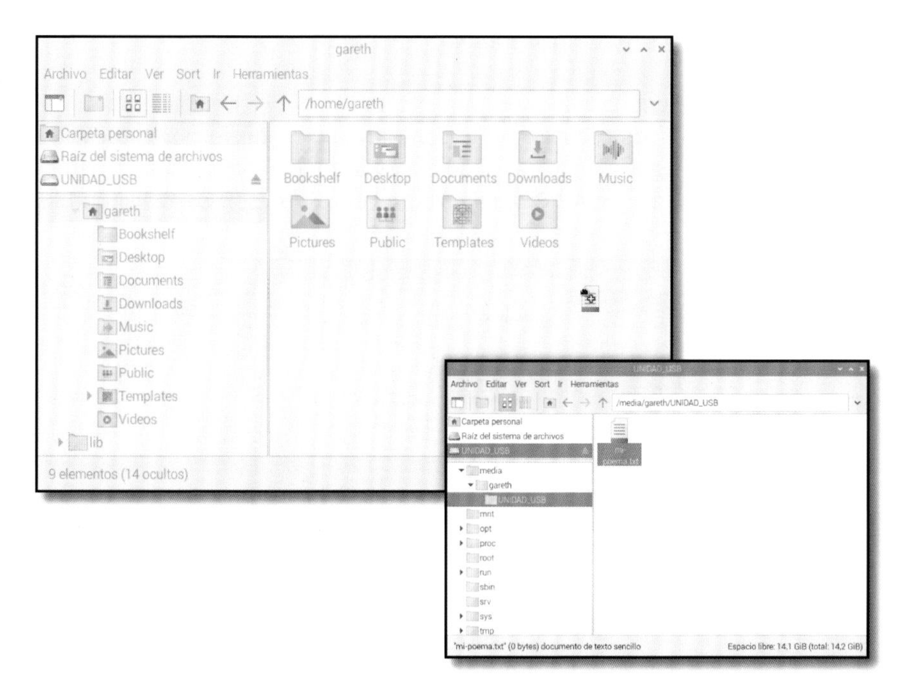

Figura 3-15 Arrastrar y soltar un archivo

una ventana asegúrate de cerrarlas todas. Si tenías conectado un dispositivo de almacenamiento extraíble al Raspberry Pi y quieres desconectarlo, entonces haz clic en el botón de expulsión ubicado en la parte superior derecha de la pantalla, busca el dispositivo en la lista y haz clic en él antes de extraerlo.

EXTRACCIÓN DE DISPOSITIVOS

Utiliza siempre el botón de expulsión antes de desconectar un dispositivo de almacenamiento externo. De lo contrario, los archivos podrían dañarse y quedar inutilizables.

Herramienta Recommended Software

El sistema operativo Raspberry Pi viene con varios programas ya instalados, pero es compatible con muchos más. En la herramienta **Recommended Software** encontrarás una selección de los mejores de esos programas.

Ten en cuenta que la herramienta Recommended Software necesita una conexión a Internet. Si tienes tu Raspberry Pi conectado, haz clic en el icono de Raspberry Pi, lleva el puntero del ratón a la sección **Preferencias** y haz clic en

Recommended Software. La herramienta se cargará y empezará a descargar información sobre el software disponible.

Al cabo de unos segundos aparecerá una lista de paquetes de software compatibles (**Figura 3-16**). Los programas disponibles se organizan por categorías. Haz clic en una categoría en el panel de la izquierda para ver el software disponible en ella. Haz clic en **All Programs** para ver todo el software disponible.

Figura 3-16 La herramienta Recommended Software

Si un programa tiene una marca de verificación, eso significa que este ya está instalado en tu Raspberry Pi. Si no, puedes hacer clic en la casilla correspondiente para ponerle la marca e indicar que debe instalarse. Puedes marcar tantos programas como quieras antes de instalarlos todos en una sola operación, pero, si utilizas una tarjeta microSD más pequeña de lo recomendado es posible que no tengas suficiente espacio para todos.

APLICACIONES PREINSTALADAS

Algunas versiones de Raspberry Pi OS vienen con más software instalado que otras. Si la herramienta **Recommended Software** indica (mediante una marca en la casilla correspondiente) que Code the Classics ya está instalado, puedes optar por instalar alguno de los otros programas presentes en la lista.

Tu Raspberry Pi puede realizar tareas de todo tipo gracias al software disponible para su sistema operativo. Entre estos programas se incluye una selección de juegos escritos para el libro *Code the Classics, Volume 1*, un recorrido por la historia del gaming que te enseña a escribir tus propios juegos con Python. Puedes encontrar el libro en **store.rpipress.cc**.

Para instalar el paquete de juegos de *Code the Classics*, búscalo en la herramienta Recommended Software y haz clic en su casilla para marcarla. Puede que tengas que bajar por la lista de aplicaciones para llegar a él. Verás aparecer el texto *(will be installed)* a la derecha de la aplicación que has seleccionado como se muestra en la **Figura 3-17**.

Figura 3-17 Seleccionando Code the Classics para instalarlo

Haz clic en **Apply** para instalar el software. Se te pedirá que indiques tu contraseña. La instalación podría tardar hasta un minuto, dependiendo de la velocidad de tu conexión a Internet (**Figura 3-18**). Al finalizar el proceso, verás un mensaje indicando que la instalación se ha completado. Haz clic en **Aceptar** para cerrar el cuadro de diálogo y luego en el botón **Close** para cerrar la herramienta **Recommended Software**.

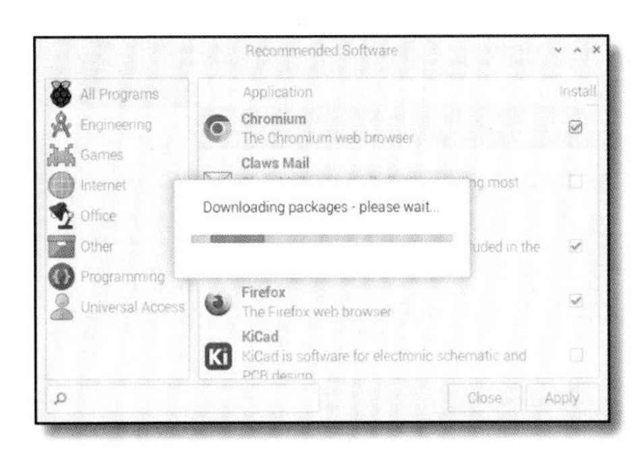

Figura 3-18 Instalando Code the Classics

Si cambias de opinión respecto al software que has instalado, puedes desinstalarlo para liberar espacio. Simplemente vuelve a cargar la herramienta **Recommended Software**, localiza el programa en la lista y haz clic en la casilla para eliminar la marca. Al hacer clic en **Apply**, el software se eliminará, pero si lo has usado para crear y guardar archivos en tu carpeta Documents, esos archivos se conservarán.

En la categoría de preferencias del menú de Raspberry Pi encontrarás también otra herramienta para instalar o desinstalar programas, llamada **Add/Remove Software**. Esta herramienta ofrece una amplia selección de programas de software, además del recomendado.

En el Apéndice B, *Instalar y desinstalar software*, se explica cómo utilizar la herramienta **Add/Remove Software.**

La suite de productividad LibreOffice

Para probar qué otras cosas más puedes hacer con tu Raspberry Pi, haz clic en el icono de Raspberry Pi, mueve el puntero del ratón a la categoría **Oficina** y haz clic en **LibreOffice Writer**. De esta forma cargarás el procesador de texto de LibreOffice (**Figura 3-19**), parte de una popular suite de productividad de código abierto.

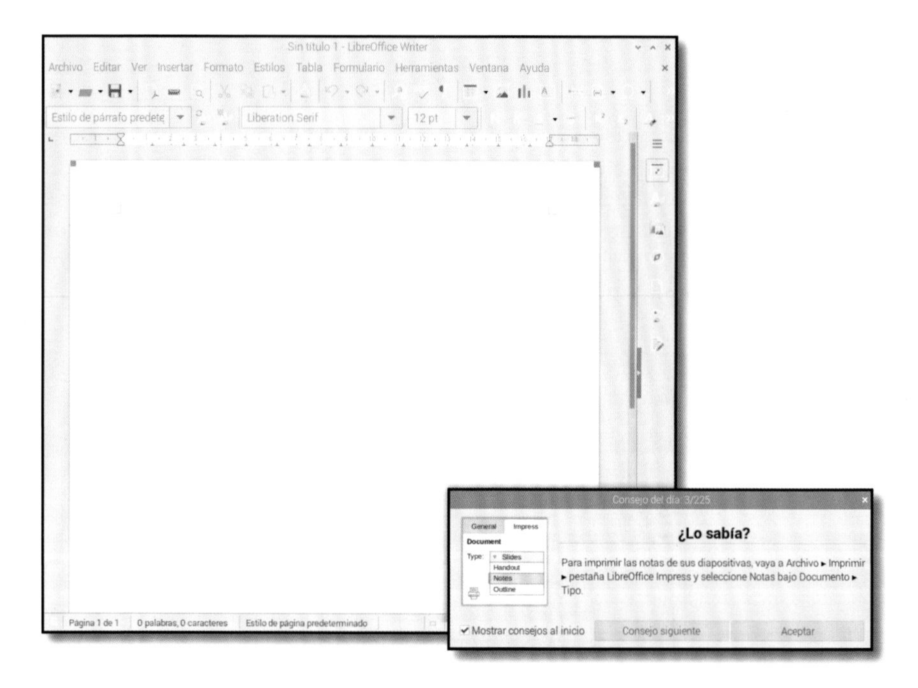

Figura 3-19 El programa LibreOffice Writer

¿NO ENCUENTRAS LIBREOFFICE?

Si no ves la categoría **Oficina** en el menú de Raspberry Pi o no encuentras LibreOffice Writer en ella, puede que el programa no esté instalado. Regresa a la herramienta **Recommended Software** e instálalo antes de continuar con esta sección.

Un procesador de texto te permite escribir y darle formato a documentos: puedes cambiar tanto el estilo de la letra como su color y el tamaño, añadir efectos e incluso insertar imágenes, gráficos, tablas y otros contenidos. Además, puedes comprobar si has cometido errores en la escritura: los errores ortográficos y gramaticales se resaltan en rojo y en verde, respectivamente, mientras escribes.

Empieza escribiendo un párrafo para experimentar con el formato. Explora los iconos disponibles en la parte superior de la ventana para descubrir sus funciones: mira si puedes hacer cosas como aumentar el tamaño de la letra o cambiar su color. Si tienes dudas acerca de cómo hacerlo, simplemente pasa el puntero del ratón por encima de cada icono y verás aparecer una descripción de lo que hace – a esto se le conoce como "tool tip". Cuando todo esté a tu gusto, haz clic en el menú **Archivo** y en la opción **Guardar** para guardar tu trabajo (**Figura 3-20**). Dale un nombre y haz clic en el botón **Guardar**.

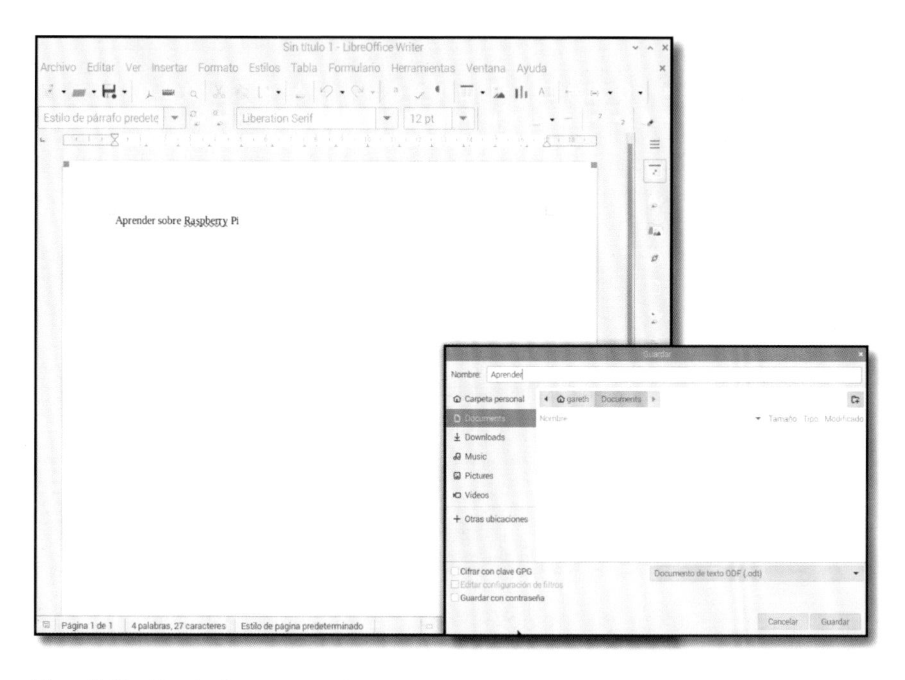

Figura 3-20 Guardando un documento

LibreOffice Writer es sólo uno de los componentes de la suite de productividad LibreOffice. Los otros, también disponibles en la sección Oficina del menú de Raspberry Pi, son:

- **LibreOffice Base** — Una base de datos para almacenar información, consultarla rápidamente y analizarla.
- **LibreOffice Calc** — Una hoja de cálculo, para gestionar números y crear gráficos.
- **LibreOffice Draw** — Un programa de ilustración, para crear imágenes y diagramas.

- **LibreOffice Impress** — Un programa de presentación para crear diapositivas y hacer presentaciones.

- **LibreOffice Math** — Un editor de fórmulas, para crear fórmulas matemáticas con un formato adecuado y que además puede utilizarse en otros documentos.

GUARDA TU TRABAJO

Acostúmbrate a guardar tu trabajo, incluso aunque no lo hayas terminado aún. Te evitará muchos problemas en caso de haber un corte de corriente que interrumpa tu proceso creativo justo en el mejor momento.

LibreOffice también está disponible para otros ordenadores y sistemas operativos. Puedes descargarlo gratis desde **libreoffice.org** e instalarlo en cualquier ordenador con Microsoft Windows, Apple macOS o Linux. Puedes cerrar LibreOffice Writer haciendo clic en el botón cerrar ubicado en la esquina superior derecha de la ventana.

AYUDA

La mayoría de programas incluyen un menú de ayuda que tiene de todo, desde información sobre qué es el programa hasta guías sobre cómo usarlo. Si algún programa te está resultando muy complicado, busca el menú de ayuda para orientarte.

La Herramienta Configuración de Raspberry Pi

El último programa que trataremos en este capítulo es la herramienta **Configuración de Raspberry Pi**, que se parece mucho al asistente de bienvenida que hemos visto al principio: te permite cambiar varias de las opciones de Raspberry Pi OS. Para cargar esta herramienta haz clic en el icono de Raspberry Pi, mueve el puntero del ratón para seleccionar la categoría **Preferencias** y luego haz clic en **Configuración de Raspberry Pi** (**Figura 3-21**).

La herramienta se compone de cinco pestañas. La primera es **Sistema** y es en donde puedes cambiar la contraseña de tu cuenta, definir un nombre de host (el que el Raspberry Pi usa en tu red local con cable o inalámbrica) y modificar otras opciones, entre ellas la del navegador web predeterminado. Es probable que la mayoría de estas opciones no necesiten cambios. Haz clic en la pestaña **Display** para pasar a la siguiente categoría. Aquí puedes modificar las opciones de pantalla si es preciso para adaptarlas a tu TV o monitor.

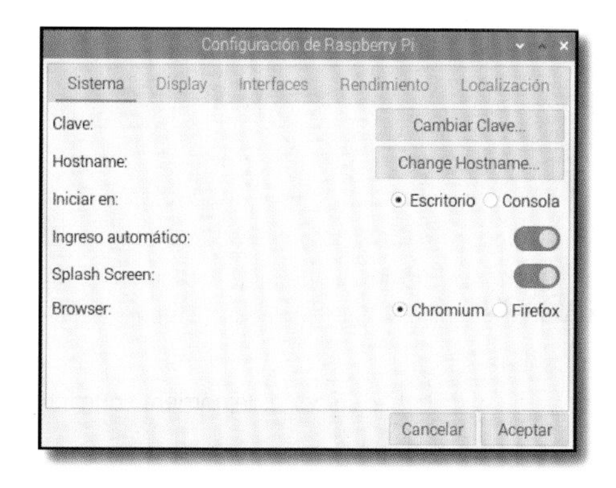

Figura 3-21 Herramienta Configuración de Raspberry Pi

MÁS DETALLES

Esta es solo una mirada rápida y muy general a la herramienta. Encontrarás más detallas sobre cada una de sus opciones en el Apéndice E, *La Herramienta Configuración de Raspberry Pi*.

La pestaña **Interfaces** contiene varias opciones, todas ellas (excepto **Serial Console** y **Serial Port**) inicialmente desactivadas. Solo debes modificar estas opciones si vas a añadir hardware nuevo y únicamente en caso de que así lo indique el fabricante de dicho hardware. Las excepciones a esta regla son: **SSH**, que habilita "Secure Shell" y te permite iniciar sesión en tu Raspberry Pi desde otro ordenador de tu red usando un cliente SSH; **VNC**, que habilita un "ordenador de red virtual" y te permite ver y controlar el escritorio del sistema Raspberry Pi desde otro ordenador de tu red usando un cliente VNC; y **Remote GPIO**, que te permite usar los pines GPIO de Raspberry Pi desde otro ordenador de tu red. Conocerás más detalles sobre esto en el Capítulo 6, *Informática física con Scratch y Python*.

Haz clic en la pestaña **Rendimiento** para ver la cuarta categoría. Aquí es donde configuras el **overlay file system**, una forma de trabajar con tu Raspberry Pi sin escribir cambios en la tarjeta microSD. En la mayoría de los casos esto no es necesario, por lo que casi todos los usuarios dejan esta sección tal como está.

Por último, haz clic en la pestaña **Localización** para ver esta categoría. Aquí puedes cambiar tu configuración regional, que controla cosas como el idioma usado en Raspberry Pi OS y cómo se muestran los números. También puedes cambiar aquí la zona horaria y la distribución del teclado y establecer tu país para fines relacionados al uso de Wi-Fi. De momento, haz clic en **Cancelar** para cerrar la herramienta sin realizar ningún cambio.

¡ADVERTENCIA!

Las reglas sobre las frecuencias que puede usar una radio Wi-Fi varían de un país a otro. Si el país configurado en la herramienta Configuración de Raspberry Pi es distinto del país en que te encuentras, es probable que tengas problemas al intentar conectarte a tus redes e incluso podría ser ilegal bajo la legislación local de licencias de radio, así que ¡mejor no lo hagas!

Actualizaciones de software

El sistema operativo Raspberry Pi recibe actualizaciones frecuentes con las que se añaden funciones nuevas o se corrigen errores. Si un Raspberry Pi está conectado a una red mediante un cable Ethernet o Wi-Fi, comprobará automáticamente si hay actualizaciones y te informará si hay alguna disponible para instalar mostrando un icono con la imagen de una flecha hacia abajo dentro de un círculo en la bandeja del sistema.

Si ves ese icono en la parte superior derecha del escritorio, es porque hay actualizaciones listas para instalar. Haz clic en el icono y luego en **Install Updates** para descargarlas e instalarlas. Si quieres conocer qué actualizaciones son las que se encuentran disponibles antes de descargarlas, haz clic en **Show Updates** para ver una lista de ellas (**Figura 3-22**).

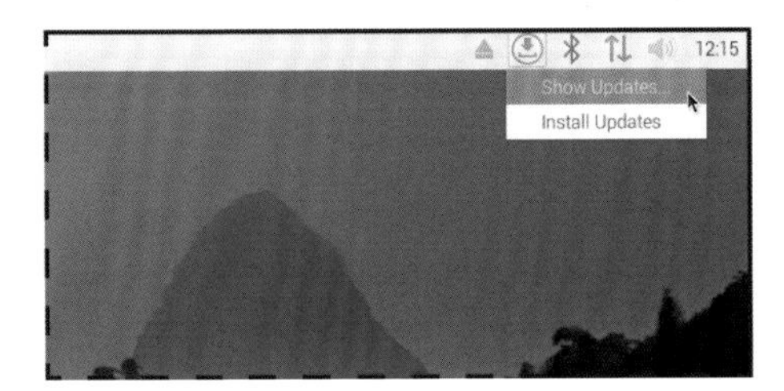

Figura 3-22 Usando la herramienta de actualizaciones de software

El tiempo que tarden en instalarse dependerá de cuántas haya y lo rápida que sea tu conexión a Internet. En cualquier caso la actualización debería tardar solo unos minutos. Después de instalarse las actualizaciones el icono desaparecerá de la bandeja del sistema hasta que vuelva a haber alguna disponible para instalar.

Algunas actualizaciones se diseñan para mejorar la seguridad de Raspberry Pi OS, por lo que es importante usar la herramienta de actualizaciones de software para mantener al día el sistema operativo.

Apagado

Ahora que ya has explorado el escritorio del sistema Raspberry Pi es el momento de aprender algo muy importante: cómo apagar correctamente tu Raspberry Pi. Al igual que cualquier ordenador, un Raspberry Pi mantiene los archivos en los que estás trabajando en una *memoria volátil* que se borra al apagar el sistema. Para preservar los documentos que estás creando será suficiente con guardar cada uno de ellos: así cada archivo se moverá de la memoria volátil a la *memoria no volátil* (la tarjeta microSD) y no correrás el riesgo de perder nada de tu trabajo.

Sin embargo, los documentos en los que estás trabajando no son los únicos archivos abiertos. El propio sistema operativo Raspberry Pi mantiene abiertos toda una serie de archivos y si apagas tu Raspberry Pi con estos archivos aún abiertos, el sistema podría dañarse y requerir una reinstalación.

Para evitar que eso suceda, debes asegurarte de indicar al sistema operativo Raspberry Pi que guarde y cierre todos sus archivos y se prepare para la desconexión o *apagado* del sistema.

Haz clic en el icono de Raspberry Pi, ubicado en la esquina superior izquierda del escritorio, y luego en **Shutdown**. Se abrirá una ventana con tres opciones (**Figura 3-23**): **Shutdown**, **Reboot** y **Logout**. **Shutdown** será la que más utilices: al hacer clic en esta opción se indica al sistema Raspberry Pi que cierre todos los programas archivos abiertos y que luego apague el equipo. Cuando la pantalla se vuelva negra, espera unos segundos hasta que la luz destellante verde de tu Raspberry Pi se apague. En este punto será seguro apagar o desconectar la fuente de alimentación.

Si pulsas una vez el botón que se encuentra a bordo del Raspberry Pi 5, la misma ventana con 3 opciones (**Shutdown**, **Reboot** y **Logout**) que aparece. Vuelve a pulsar el botón de encendido cuando esta ventana sea visible y Raspberry Pi se apagará de forma segura.

Si mantienes el botón de encendido pulsado durante más tiempo, se realizará un *apagado forzado*, equivalente a una interrupción de corriente. Solo deberías hacer eso si tu Raspberry Pi no responde a tus instrucciones y no puedes apagarlo de otro modo, ya que existe el riesgo de que se dañen tus archivos o los del sistema operativo.

Para volver a encender tu Raspberry Pi, desconecta y reconecta el cable de la fuente de alimentación; o apaga y enciende el interruptor en la toma de pared. En el caso del Raspberry Pi 5 también puedes usar el botón de la placa para volver a encenderla.

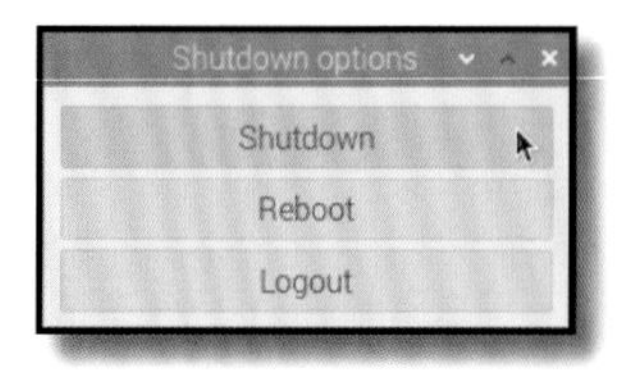

Figura 3-23
Apagando el Raspberry Pi

La opción de reinicio realiza un proceso de apagado similar al de **Shutdown** pues lo cierra todo, pero en lugar de apagar el Raspberry Pi lo reinicia como si hubieras seleccionado **Shutdown** y luego desconectado y reconectado el cable de alimentación.

Tendrás que usar la opción **Reboot** si realizas cambios que requieran un reinicio del sistema operativo (como la instalación de actualizaciones en el software principal) o si hay software que ha tenido algún fallo (se ha *bloqueado)* ha dejado al Raspberry Pi OS en un estado temporalmente inutilizable.

Logout es útil si tienes más de una cuenta de usuario en tu Raspberry Pi: esta opción cierra cualquier programa que tengas abierto y te lleva a la página de inicio de sesión, en la que se te pedirá que introduzcas un nombre de usuario y una contraseña. Si seleccionas esta opción involuntariamente y quieres volver a entrar al sistema simplemente escribe el nombre de usuario y la contraseña que creaste en el asistente de bienvenida al principio de este capítulo.

¡ADVERTENCIA!

Nunca debes desconectar el cable de alimentación del Raspberry Pi ni apagar la fuente de alimentación en la toma de pared si antes no has apagado el ordenador. Hacerlo podría ocasionar que el sistema operativo se dañe y que se pierdan los archivos que has creado o descargado.

Capítulo 4

Programar con Scratch 3

Aprende a programar usando Scratch, un lenguaje de programación basado en bloques.

Usar un Raspberry Pi no solo se trata de usar programas creados por otros: también puedes crear tus propias aplicaciones a partir de prácticamente cualquier idea que puedas imaginar. Tengas o no experiencia previa creando tus propios programas (proceso conocido como *programación* o *codificación*) seguramente encontrarás en Raspberry Pi una gran plataforma de creación y experimentación.

La clave para una experiencia accesible en programación en Raspberry Pi es Scratch, un lenguaje de programación visual desarrollado por el Instituto Tecnológico de Massachusetts (MIT). Mientras que los lenguajes de programación tradicionales requieren instrucciones de texto para que el ordenador las lleve a cabo (algo así como escribir una receta para hacer un pastel), con Scratch construyes tu programa paso a paso utilizando bloques, que son porciones de código predefinido disfrazados de piezas de rompecabezas codificadas por colores.

Scratch es estupendo como primer lenguaje para programadores principiantes de cualquier edad. Y a pesar de su aspecto sencillo es un entorno de programación potente y totalmente funcional que puedes usar para crear todo tipo de cosas, desde juegos simples y animaciones hasta complejos proyectos de robótica interactiva.

La interfaz de Scratch 3

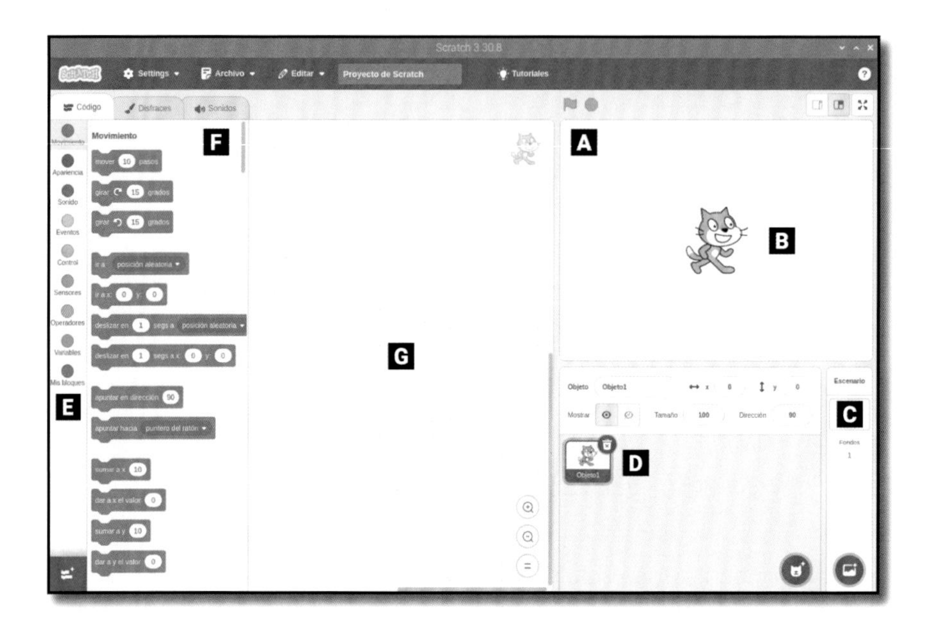

A **Área del escenario**

B **Objeto**

C **Controles del escenario**

D **Lista de objetos**

E **Paleta de bloques**

F **Bloques**

G **Área de código**

Como los actores de una obra de teatro, tus personajes se mueven por el escenario (**A**) controlados por tu programa de Scratch. Estos personajes se denominan objetos (**B**). Para cambiar el escenario, por ejemplo, para añadir tu propio fondo, utiliza los controles de escenario (**C**). Todos los objetos que hayas creado o cargado se encuentran en la lista de objetos (**D**).

Todos los bloques disponibles para tu programa aparecen en la paleta de bloques (**E**) que contiene categorías codificadas por colores. Los bloques (**F**) son porciones de código predefinido. Puedes crear tus programas en el área de código (**G**) arrastrando y colocando bloques de tu paleta de bloques para formar secuencias de comandos o "scripts".

VERSIONES DE SCRATCH

Hay dos versiones de Scratch disponibles para el sistema operativo Raspberry Pi: Scratch y Scratch 3. Este libro está escrito pensando en Scratch 3, que solo es compatible con Raspberry Pi 4, Raspberry Pi 5 y Raspberry Pi 400.

INSTALANDO SCRATCH

Si no encuentras Scratch 3 en el menú **Programación**, es posible que no esté instalado en tu versión del sistema operativo Raspberry Pi. Consulta «Herramienta Recommended Software» a la página 43 y sigue esas instrucciones para instalar Scratch 3 desde la categoría Programación. Luego, una vez instalado, vuelve aquí.

Tu primer programa con Scratch: ¡Hola mundo!

Scratch 3 se ejecuta en Raspberry Pi igual que cualquier otro programa: haz clic en el icono de Raspberry Pi para cargar el menú de Raspberry Pi, lleva el cursor a la sección **Programación** y haz clic en Scratch 3. La interfaz de usuario de Scratch 3 tardará solo unos segundos en aparecer. Es posible que aparezca un mensaje sobre recopilación de datos: puedes hacer clic en **Compartir mis datos de uso con el Equipo de Scratch** si te parece bien enviar datos de uso al equipo de Scratch o haz clic en **No compartir mis datos de uso con el Equipo de Scratch** si prefieres no hacerlo. Scratch terminará de cargarse cuando hayas elegido una de las opciones.

La mayoría de los lenguajes de programación utilizan instrucciones escritas para decirle al ordenador lo que debe hacer, pero Scratch es diferente. Para empezar, haz clic en la categoría **Apariencia** de la paleta de bloques que se ubica en la parte izquierda de la ventana de Scratch. Verás que se muestran los bloques de esa categoría, de color morado. Localiza el bloque decir ¡Hola!, haz clic en él con el botón izquierdo del ratón y mantenlo pulsado mientras arrastras el cursor al área de código, situada en el centro de la ventana de Scratch; luego suelta el botón (**Figura 4-1**).

Fíjate en la forma del bloque que acabas de colocar: tiene una hendidura arriba y un saliente en la parte inferior correspondiente. Es como la pieza de un rompecabezas: te indica que el bloque puede tener algo encima y debajo. Para este programa, eso que puede tener encima es un *activador*.

En la paleta de bloques, haz clic en la categoría **Eventos** (en dorado) y luego haz clic y arrastra al área de código el bloque al hacer clic en ; a este tipo de bloque se le denomina *sombrero*. Colócalo de forma que la parte saliente inferior encaje en la hendidura superior del bloque decir ¡Hola! y suelta el

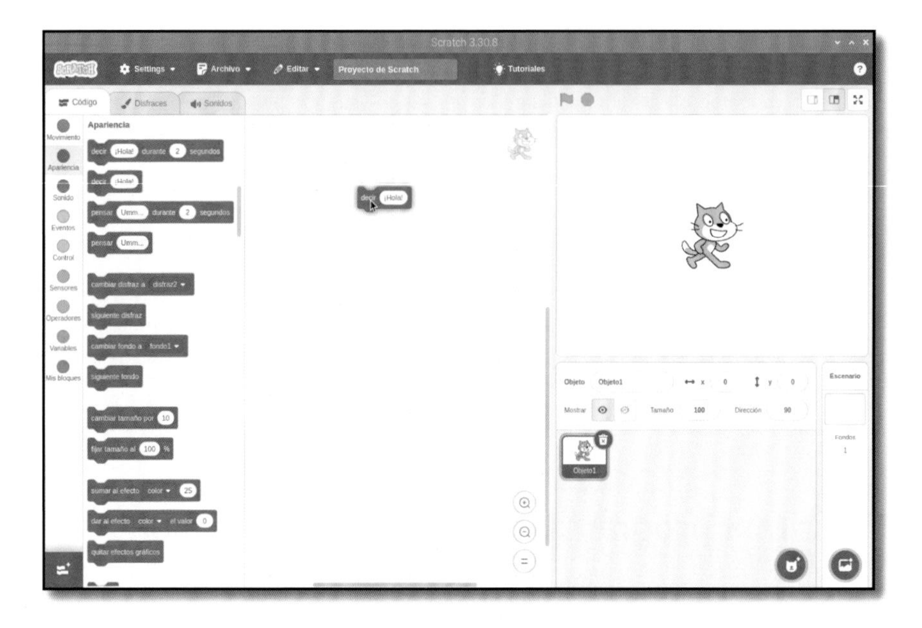

Figura 4-1 Arrastrar y soltar el bloque en el área de código

botón cuando veas un contorno blanco aparecer. No hace falta una gran precisión: en cuanto el bloque esté lo suficientemente cerca encajará en su sitio. Si no es así, vuelve a hacer clic en él y mantén el botón pulsado para ajustar su posición.

Ya tienes tu programa completo. Para hacerlo funcionar, o sea para *ejecutarlo*, haz clic en el icono de la bandera verde situado en la esquina superior izquierda del área de escenario. Si todo ha salido bien, el objeto gato te saludará desde el escenario con un alegre "`¡Hola!`" (**Figura 4-2**) – ¡tu primer programa es un éxito!

Antes de continuar, asigna un nombre a tu programa y guárdalo. Haz clic en el menú **Archivo**, luego en **Guardar en tu ordenador**. Escribe un nombre y haz clic en el botón **Guardar** (**Figura 4-3**).

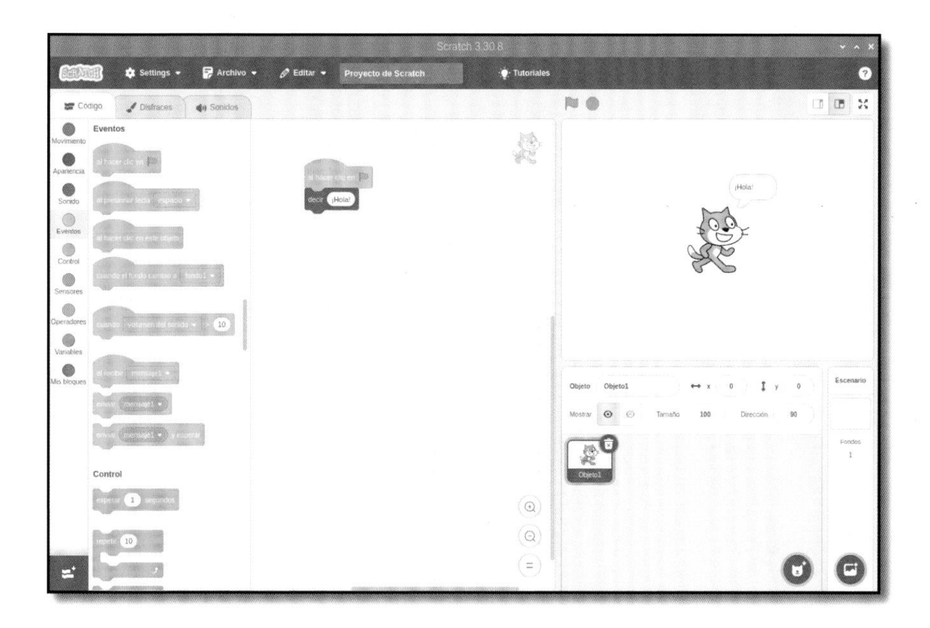

Figura 4-2 Haz clic en la bandera verde sobre el escenario y el gato dirá "Hola"

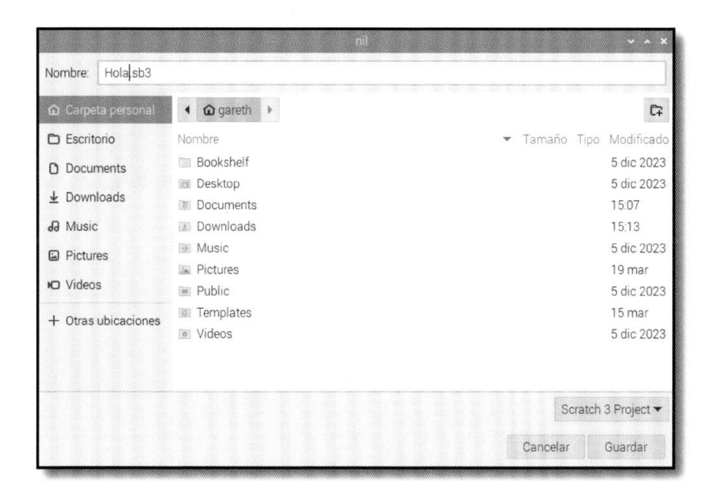

Figura 4-3 Guarda tu programa con un nombre fácil de recordar

¿QUÉ MÁS PUEDE DECIR?

Algunos bloques de Scratch se pueden modificar. Por ejemplo, haz clic en la palabra "`¡Hola!`" y escribe otra cosa. Luego vuelve a hacer clic en la bandera verde y observa lo que ocurre en el escenario.

Pasos siguientes: secuenciación

Tu programa tiene dos bloques pero solo una instrucción real: decir "`¡Hola!`" cada vez que se ejecuta el programa. Para que haga más cosas, debes aprender a *secuenciar*. Los programas informáticos, incluso los más simples, se componen de una lista de instrucciones, igual que en una receta de cocina. Cada instrucción sigue a la instrucción anterior en una progresión lógica denominada *secuencia lineal*.

Para empezar, haz clic en el bloque decir ¡Hola! del área de código y arrástralo desde el área de código y de vuelta a la paleta de bloques (**Figura 4-4**). Esto elimina ese bloque del programa y nos deja solo con el bloque **activador**, al hacer clic en .

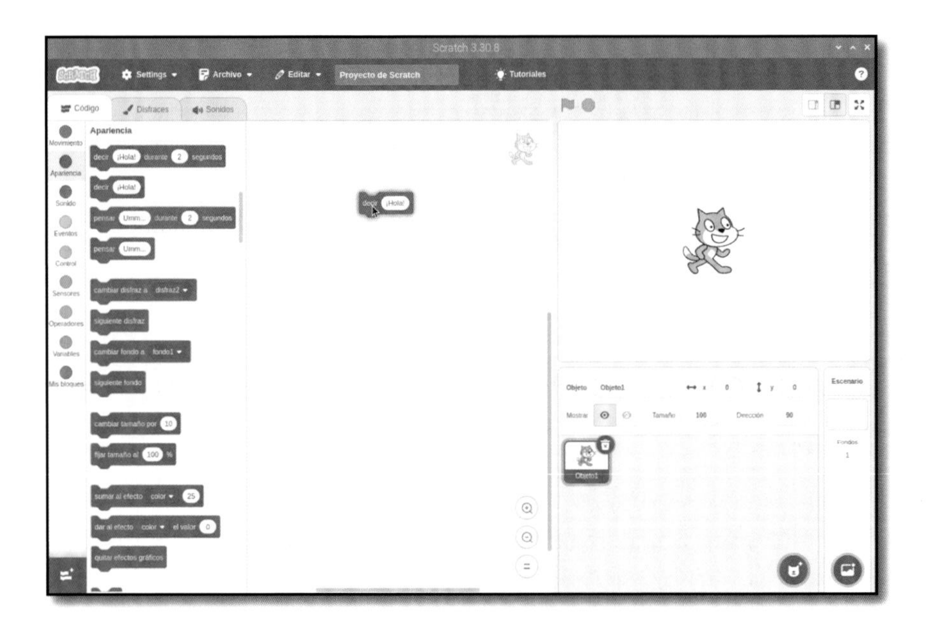

Figura 4-4 Para eliminar un bloque, simplemente arrástralo fuera del área de código

Haz clic en la categoría **Movimiento** en la paleta de bloques y luego haz clic en el bloque mover 10 pasos, arrástralo y colócalo bajo el bloque activador en el área de código.

Como su nombre indica, este bloque le dice a tu objeto (el gato) que se mueva un número definido de pasos en la dirección hacia la que está mirando.

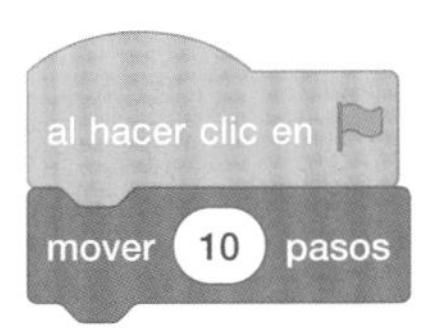

Ahora añade más instrucciones a tu programa para crear una *secuencia*: haz clic en la categoría **Sonido**, de color rosa, haz clic en el bloque tocar sonido Miau hasta que termine y arrástralo para que encaje bajo el bloque mover 10 pasos. Luego aumentemos más pasos a la secuencia: haz clic otra vez en la categoría **Movimiento**, arrastra otro bloque mover 10 pasos y colócalo debajo de tu bloque **Sonido**, pero esta vez cambia el número `10` a `-10` para crear un bloque mover -10 pasos.

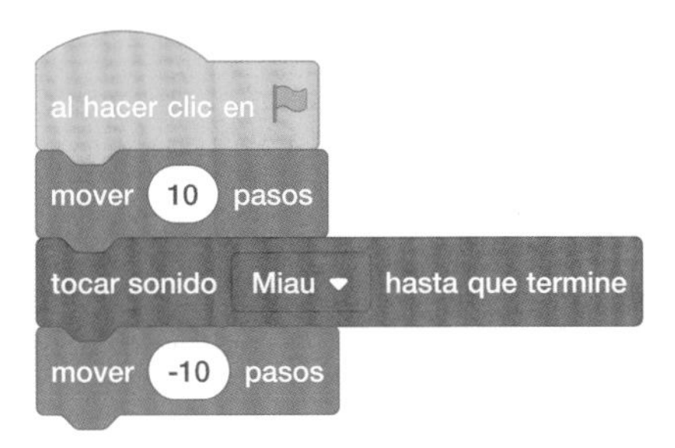

Haz clic en la bandera verde ubicada sobre el escenario para ejecutar el programa. Verás que el gato se mueve hacia la derecha, emite un maullido (para oírlo necesitarás usar auriculares o tener altavoces conectados a tu Raspberry Pi) y luego regresa a su posición inicial. Cada vez que hagas clic en la bandera verde el gato repetirá estas acciones.

¡Enhorabuena! Has creado una secuencia de instrucciones que Scratch ejecuta de una en una y de arriba a abajo. Pero aunque Scratch esté ejecutando las instrucciones de la secuencia de una en una, lo hace rapidísimo, y para comprobarlo vamos a hacer la siguiente prueba: elimina el bloque tocar sonido Miau hasta que termine haciendo clic en el bloque inferior mover -10 pasos y arrastrándolo para separarlo. Luego arrastra el bloque tocar sonido Miau hasta que termine a la paleta de bloques para eliminarlo y sustitúyelo por el bloque más simple iniciar sonido Miau. Finalmente vuelve a arrastrar tu bloque mover -10 pasos y hazlo encajar de nuevo en la parte inferior de tu programa.

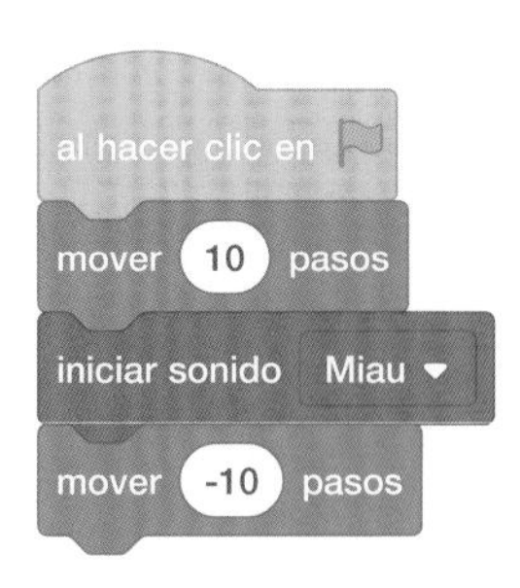

Haz clic en la bandera verde para volver a ejecutar tu programa. Parece que esta vez el gato no se ha movido. El objeto *se está* moviendo, pero avanza y retrocede tan rápidamente que parece estar inmóvil. Esto sucede porque al usar el bloque iniciar sonido Miau el programa no espera a que el sonido termine de reproducirse antes de proceder con el paso siguiente. Tu Raspberry Pi "piensa" con tanta rapidez que la siguiente instrucción (la de regresar a la posición inicial) se ejecuta antes de que veas al gato moverse.

Hay otra forma de arreglarlo además de usar el bloque tocar sonido Miau hasta que termine que usamos originalmente: haz clic en la categoría **Control** (de color naranja claro) en la paleta de bloques y luego haz clic en el bloque esperar 1 segundos y arrástralo para colocarlo entre el bloque iniciar sonido Miau y el bloque inferior mover -10 pasos.

Haz clic en la bandera verde para ejecutar el programa por última vez y verás que después de moverse a la derecha el gato espera un segundo antes de volver a su posición anterior. Esto se conoce como *retardo* y es esencial para controlar cuánto tarda en ejecutarse tu secuencia de instrucciones.

> **RETO: AÑADIR MÁS PASOS**
>
> Intenta añadir más pasos a tu secuencia y cambiar los valores de los pasos existentes. ¿Qué ocurre cuando el número de pasos en un bloque mover pasos no coincide con el número de pasos en otro? ¿Qué ocurre si intentas reproducir un sonido mientras aún hay otro sonando?

Bucles

La secuencia que has creado hasta ahora se ejecuta solo una vez. Al hacer clic en la bandera verde el gato se mueve y maúlla y luego del último movimiento el programa se detiene hasta que vuelves a hacer clic en la bandera verde. Sin embargo, esto no tiene que ser así, pues Scratch incluye un tipo de bloque de **Control** denominado *bucle*.

Haz clic en la categoría **Control** en paleta de bloques y localiza el bloque por siempre. Haz clic en él, arrástralo al área de código y colócalo bajo el bloque al hacer clic en y sobre el primer bloque mover 10 pasos.

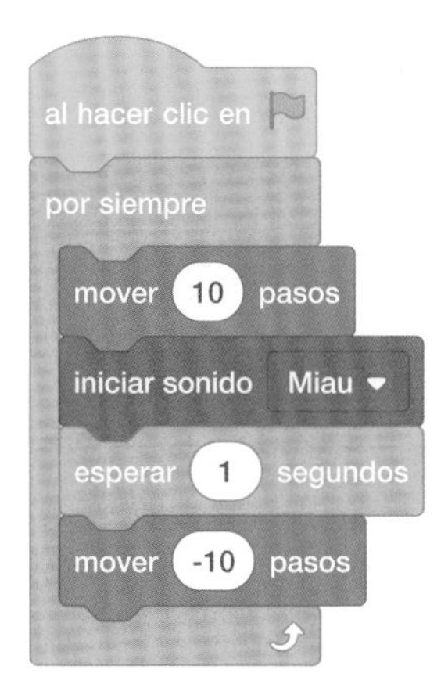

El bloque **por siempre** en forma de C aumenta de tamaño automáticamente para rodear a los otros bloques de la secuencia. Haz clic en la bandera verde para ver rápidamente el efecto del bloque por siempre: ahora, en lugar de ejecutarse una vez y detenerse, tu programa se ejecuta una y otra vez, literalmente para siempre. En programación a esto se conoce como *bucle infinito*, o sea, un ciclo o bucle que nunca termina.

Si el maullido constante llegara a ser molesto, llegara a ser molesto clic en el octógono rojo ubicado junto a la bandera verde, sobre el área del escenario. Para cambiar el tipo de bucle, arrastra el primer bloque mover 10 pasos, y los bloques debajo de él, y sácalos del bloque por siempre. Luego, colócalos bajo el bloque al hacer clic en ⚑. Haz clic en el bloque por siempre y arrástralo a la paleta de bloques para eliminarlo y luego arrastra el bloque repetir 10 y hazlo encajar bajo el bloque al hacer clic en ⚑ asegurándote de que rodee a los demás bloques.

Haz clic en la bandera verde para ejecutar tu nuevo programa. Al principio parece que hace lo mismo que tu versión original: repetir la secuencia de instrucciones una y otra vez. Pero esta vez, en lugar de continuar indefinidamente, el bucle terminará después de diez repeticiones. Es lo que se conoce como *bucle definido*: tú defines cuándo debe finalizar. Los bucles son herramientas eficaces y la mayoría de los programas (especialmente los juegos y los programas de detección) utilizan abundantemente bucles infinitos y bucles definidos.

¿QUÉ OCURRE AHORA?

¿Qué ocurre si cambias el número en el bloque de bucle a uno mayor? ¿Y si lo cambias a uno menor? ¿Qué ocurre si escribes 0 en el bloque de bucle?

Variables y condicionales

Los últimos conceptos que debes entender antes de empezar a crear programas reales con Scratch están muy relacionados entre sí: son las *variables* y las *condicionales*. Una variable, como su nombre indica, es un valor que puede variar (es decir, cambiar) con el tiempo y bajo el control del programa. Una variable tiene dos propiedades principales: su nombre y el valor que almacena. Ese valor puede ser un número, pero también puede ser un texto, un valor verdadero-falso (lo que se denomina *valores booleanos*) o incluso estar completamente vacío (lo que se denomina *valor nulo*).

Las variables son herramientas potentes. Piensa en las cosas que necesitan seguimiento en un juego: la salud de un personaje, la velocidad del objeto en movimiento, el nivel del juego y la puntuación. Todas esas cosas se siguen como variables.

Antes de continuar haz clic en el menú **Archivo** y guarda el programa existente haciendo clic en **Guardar en tu ordenador**. Si has guardado el programa anteriormente se te preguntará si quieres sobrescribirlo, sustituyendo la copia guardada por tu nueva versión actualizada. A continuación, haz clic en **Archivo** y luego en **Nuevo** para iniciar un nuevo proyecto en blanco (haz clic en **Aceptar** cuando se te pregunte si quieres sustituir el contenido del proyecto actual). Haz clic en la categoría naranja **Variables** en la paleta de bloques y luego haz clic en el botón **Crear una variable**. Escribe `bucles` como nombre de la variable (**Figura 4-5**), y luego haz clic en **Aceptar**. Verás aparecer una serie de bloques nuevos en la paleta de bloques.

Figura 4-5 Asigna un nombre a tu nueva variable

Haz clic en el bloque dar a bucles el valor 0 y arrástralo al área de código. Esto indica a tu programa que *inicialice* la variable con un valor de 0. A continuación, haz clic en la categoría **Apariencia** de la paleta de bloques, arrastra el bloque decir ¡Hola! durante 2 segundos y colócalo debajo del bloque dar a bucles el valor 0 .

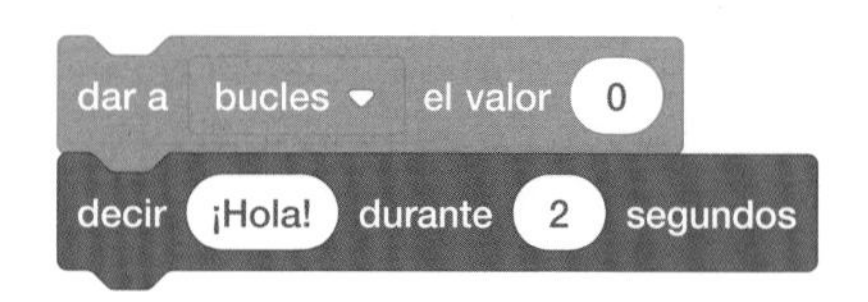

Como ya hemos visto antes, los bloques decir ¡Hola! hacen que el gato diga lo que aparece escrito en ellos. Ahora, en lugar de escribir el mensaje directamente en el bloque, puedes usar una variable. Vuelve a hacer clic en la categoría **Variables** de la paleta de y busca el bloque redondeado llamado bucles que aparece al principio de la lista y que tiene además una casilla de verificación junto a él. A este tipo de bloques se les conoce como *bloque informador*. Arrastra este bloque y colócale sobre la palabra `¡Hola!` en tu bloque decir ¡Hola! durante 2 segundos. Así se crea un nuevo bloque combinado: decir bucles durante 2 segundos.

Haz clic en la categoría **Eventos** de la paleta de bloques, selecciona el bloque al hacer clic en y arrástralo para colocarlo encima de tu secuencia de bloques. Haz clic en la bandera verde ubicada sobre el área del escenario y verás que el gato dice "`0`" (**Figura 4-6**), que es el valor que has asignado a la `bucles`.

Figura 4-6 Esta vez el gato dirá el valor de la variable

Pero las variables son modificables. Haz clic en la categoría **Variables** de la paleta de bloques, haz clic en el bloque sumar a bucles 1 y arrástralo a la parte inferior de tu secuencia.

A continuación, haz clic en la categoría **Control**, luego en el repetir 10 bloque y arrástralo para que encaje directamente debajo de tu bloque dar a bucles el valor 0 y rodee a los demás bloques de tu secuencia.

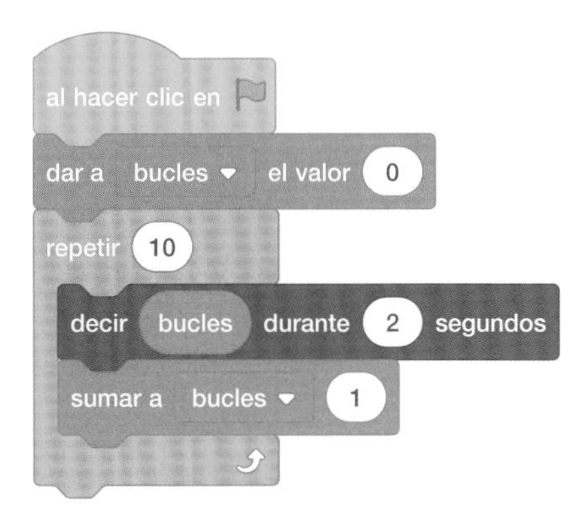

Vuelve a hacer clic en la bandera verde. Esta vez verás que el gato cuenta de 0 a 9. Esto funciona porque ahora tu programa está cambiando, o *modificando*, la propia variable: cada vez que el bucle se ejecuta, el programa añade una unidad al valor de la variable `bucles` (**Figura 4-7**).

CONTAR DESDE CERO

Aunque el bucle que has creado se ejecuta diez veces, el gato solo cuenta hasta nueve. Esto ocurre porque nuestra variable empieza con un valor cero, y entre cero y nueve, ambos incluidos, hay diez números. Esa es la razón por la cual el programa se detiene antes de que el gato diga "10". Para cambiar esto puedes fijar el valor inicial de la variable en 1 en lugar de en 0.

Además de modificarla, puedes hacer más cosas con una variable. Haz clic en el bloque decir bucles durante 2 segundos y arrástralo para separarlo del bloque repetir 10. Luego colócalo debajo del bloque repetir 10. Haz clic en el bloque repetir 10 y arrástralo a la paleta de bloques para eliminarlo y sustitúyelo con un bloque repetir hasta que. Asegúrate de que este bloque esté conectado a la parte inferior del bloque dar a bucles el valor 0. Debería rodear a los otros dos bloques de tu secuencia. A continuación, haz clic en la categoría **Operadores**, identificada por el color verde en la paleta de bloques, haz clic en el bloque de forma hexagonal ( ) = ( ), y arrástralo y colócalo en el espacio también hexagonal del bloque repetir hasta que.

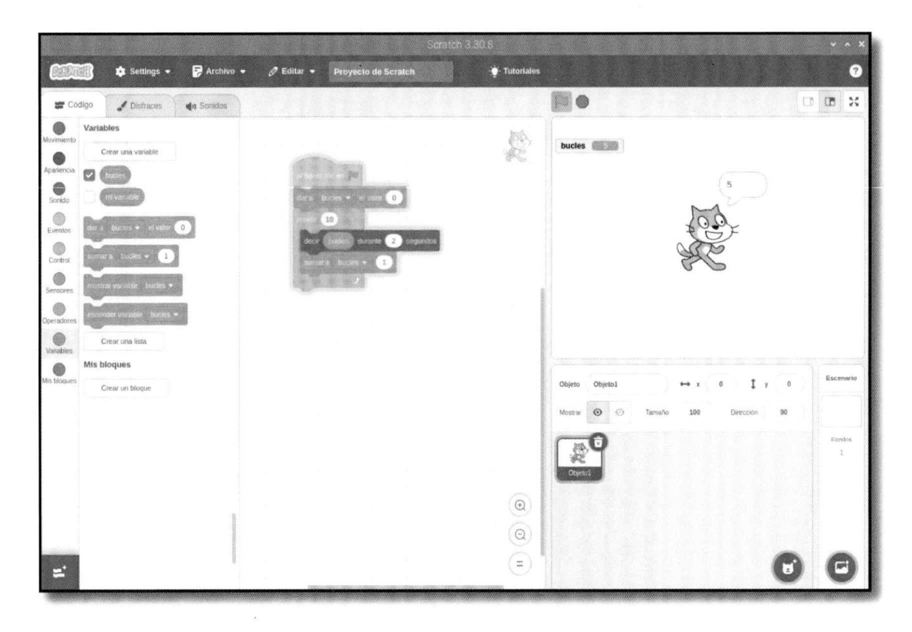

Figura 4-7 Gracias al bucle, ahora el gato cuenta hacia delante

Este bloque de tipo **Operadores** te permite comparar dos valores, incluidos aquellos almacenados en variables. Haz clic en la categoría **Variables**, arrastra el bloque bucles al espacio vacío del bloque (=), y luego haz clic en el espacio que contiene el valor 50 y escribe ahí el número 10.

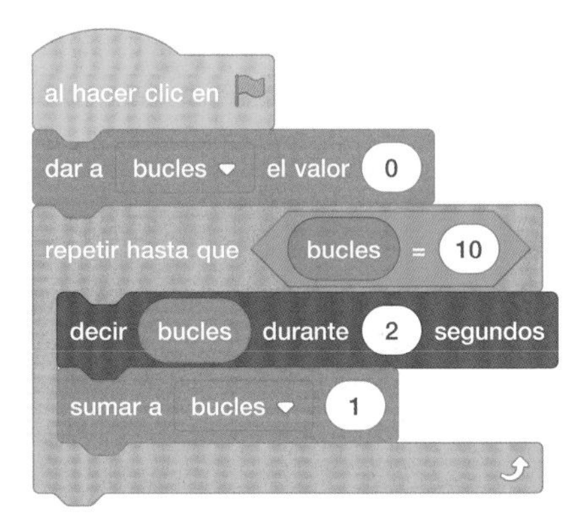

Haz clic en la bandera verde ubicada sobre el área de escenario y verás que el programa funciona igual que antes: el gato cuenta de 0 a 9 (**Figura 4-8**) y luego el programa se detiene. Esto se debe a que el bloque repetir hasta que funciona exactamente igual que el bloque repetir 10, pero en lugar de contar el número de repeticiones lo que hace es comparar el valor de la variable **`bucles`**

con el valor que has escrito a la derecha del bloque. Cuando la variable `bucles` llega a 10, el programa se detiene.

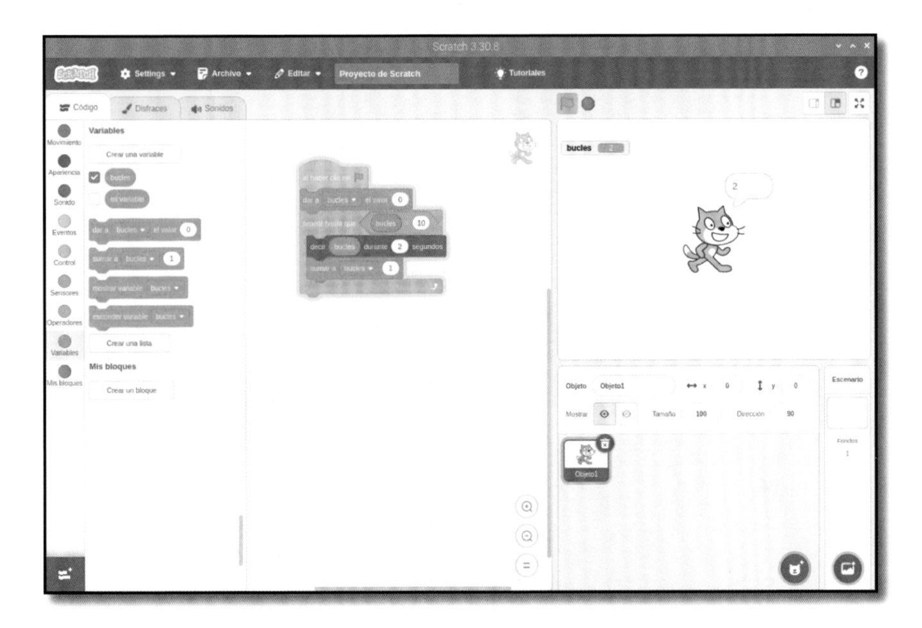

Figura 4-8 Usando un bloque "repeat until" con un operador de comparación

Esto se conoce como *operador de comparación* porque compara dos valores. Haz clic en la categoría **Operadores** de la paleta de bloques, y localiza los otros dos bloques con forma hexagonal encima y debajo del que contiene el símbolo `=`. Estos también son operadores de comparación: `<` compara dos valores y se activa cuando el valor de la izquierda es menor que el de la derecha y `>` se activa cuando el valor de la izquierda es mayor que el de la derecha.

Haz clic en la categoría **Control**, localiza el bloque si entonces, haz clic en él, arrástralo al área de código y colócalo justo debajo del bloque decir bucles durante 2 segundos. Rodeará automáticamente el bloque sumar a bucles 1, por lo que deberás hacer clic en ese bloque, arrastrarlo para moverlo a la parte inferior de tu bloque si entonces y conectarlo a él. Haz clic en la categoría **Apariencia** de la paleta de bloques, haz clic en el bloque decir ¡Hola! durante 2 segundos y arrástralo para colocarlo dentro del bloque si entonces. Haz clic en la categoría **Operadores** de la paleta de bloques, haz clic en el bloque ( ) > ( ) y arrástralo para colocarlo dentro del espacio hexagonal del bloque si entonces.

El bloque si entonces es un bloque **condicional**, lo que significa que los bloques que se coloquen dentro de él solo se ejecutarán cuando se cumpla una condición determinada. Haz clic en la categoría **Variables** de la paleta de bloques, arrastra el bloque informador bucles hasta el espacio vacío en tu bloque ( ) > ( ), haz clic en el espacio que contiene `50` y escribe el número `5`. Por último, haz clic en la palabra `¡Hola!` de tu bloque decir ¡Hola! durante 2 segundos y escribe `¡Eso es alto!`.

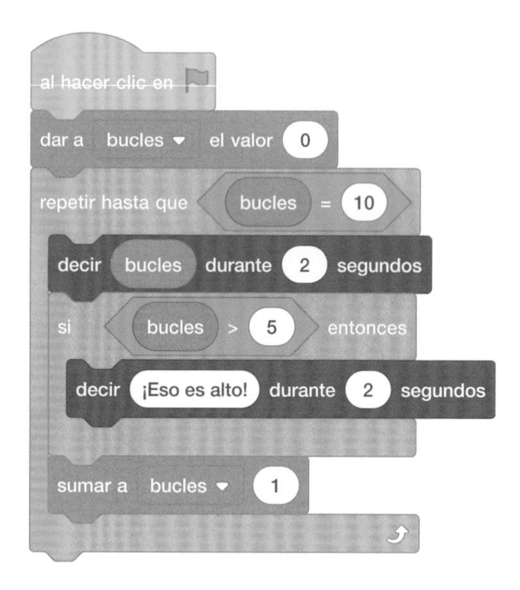

Haz clic en la bandera verde para ejecutar tu programa. Al principio, el programa funcionará como antes, con el gato contando de cero en adelante. Al llegar a 6, el primer número mayor que 5, el bloque si entonces iniciará la activación y el gato comentará lo altos que empiezan a ser los números (**Figura 4-9**). Enhorabuena: ¡Has aprendido a trabajar con variables y condicionales!

RETO: ALTOS Y BAJOS

¿Qué cambios deberías hacer en el programa para que el objeto gato comente lo bajos que son los números inferiores a 5? ¿Puedes cambiarlo para que comente tanto los números altos como los bajos? Experimenta con el bloque si entonces si no para hacerlo más fácil.

Proyecto 1: Cronómetro de reacción para astronautas

Ahora que entiendes cómo funciona Scratch, es hora de hacer algo un poco más interactivo: un cronómetro de reacción, diseñado en honor de Tim Peake, el astronauta británico de la Agencia Espacial Europea, que fue tripulante de la Estación Espacial Internacional.

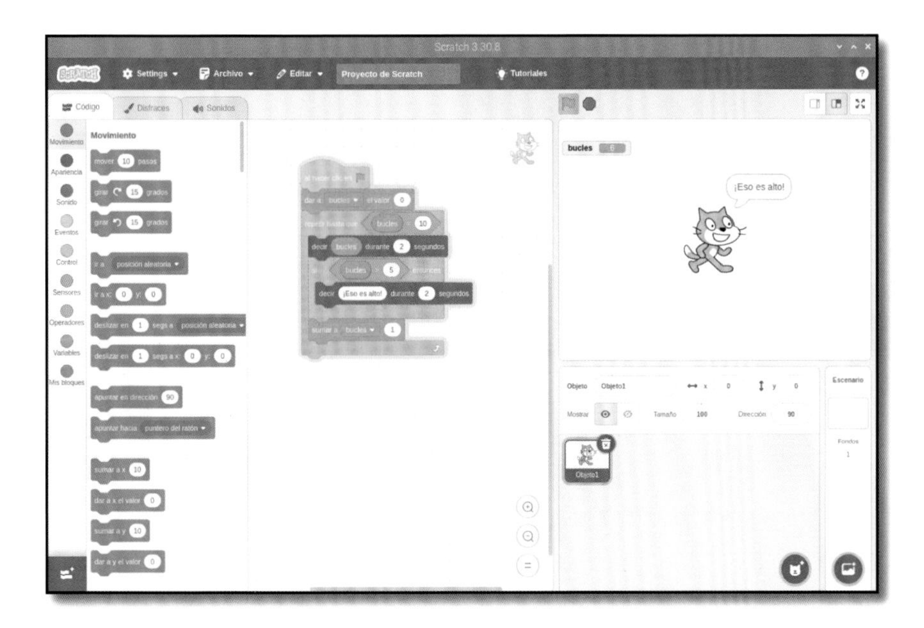

Figura 4-9 El gato hace un comentario al llegar al número 6

Guarda tu programa, si quieres conservarlo, y luego abre un nuevo proyecto haciendo clic en **Archivo** y **Nuevo**. Antes de empezar, asígnale un nombre haciendo clic en **Archivo** y **Guardar en tu ordenador**: llámalo "Cronómetro de reacción para astronautas".

Este proyecto se basa en dos imágenes, un fondo y un objeto, que no se incluyen en los recursos integrados de Scratch. Para descargarlas haz clic en el icono de Raspberry Pi para abrir el menú de Raspberry Pi, lleva el cursor a **Internet** y haz clic en **Navegador web Chromium**. Cuando se cargue el navegador, escribe **rptl.io/astro-bg** en la barra de direcciones y pulsa la tecla **ENTER**. Haz clic con el botón derecho del ratón en la imagen del espacio y luego en **Guardar imagen como**. Elige la carpeta en el panel de la izquierda de la ventana Downloads y finalmente haz clic en el botón **Guardar** (**Figura 4-10**). Vuelve a hacer clic en la barra de direcciones y escribe **rptl.io/astro-sprite** seguido de la tecla **ENTER**.

De nuevo, haz clic con el botón derecho del ratón en la imagen de Tim Peake y haz clic en **Guardar imagen como**, elige la carpeta **Downloads** y haz clic en el botón **Guardar**. Con esas dos imágenes guardadas, ya puedes cerrar Chromium (o dejarlo abierto si lo prefieres) y usar la barra de tareas para volver a Scratch 3.

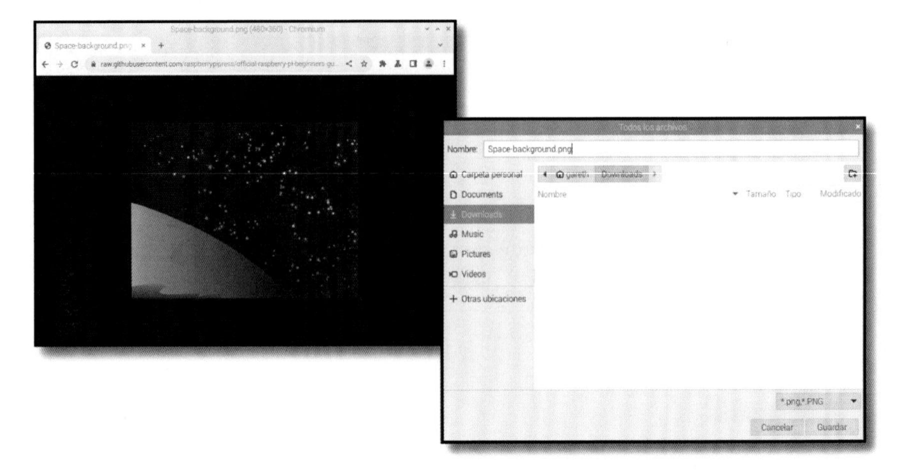

Figura 4-10 Guarda la imagen de fondo

INTERFAZ DE USUARIO

Si has seguido este capítulo desde el principio, ya te deberías haber familiarizado con la interfaz de usuario de Scratch 3. Las siguientes instrucciones de proyecto requieren que sepas dónde están las cosas. Si no recuerdas dónde encontrar algo, usa como referencia la imagen de la interfaz de usuario que se encuentra al principio de este capítulo.

En la lista de objetos haz clic con el botón derecho en el objeto gato y luego haz clic en **borrar**. Mueve el puntero del ratón sobre el icono **Elige un fondo** . A continuación, haz clic en el icono **Carga un fondo** en la lista emergente.

Localiza el archivo **Space-background.png** en la carpeta de **Downloads**, haz clic en él para seleccionarlo y luego haz clic en **Aceptar**. El fondo blanco del escenario se sustituirá por la imagen del espacio y el área de código será reemplazada por el área de fondos (**Figura 4-11**). Aunque puedes dibujar en esta vista, de momento limítate a hacer clic en la pestaña **Código** ubicada en la parte superior de la ventana de Scratch 3.

Carga tu nuevo objeto (o "sprite") moviendo el puntero del ratón sobre el icono **Elige un objeto** . A continuación haz clic en el icono **Subir objeto** que se ubica en la parte superior de la lista emergente. Localiza el archivo **Astronaut-Tim.png** en la carpeta de descargas, haz clic en él para seleccionarlo y luego haz clic en **Aceptar**. El objeto aparecerá en el escenario automáticamente, aunque es posible que no esté centrado: haz clic en el objeto, arrástralo con el ratón y colócalo cerca al centro de la parte inferior del escenario (**Figura 4-12**).

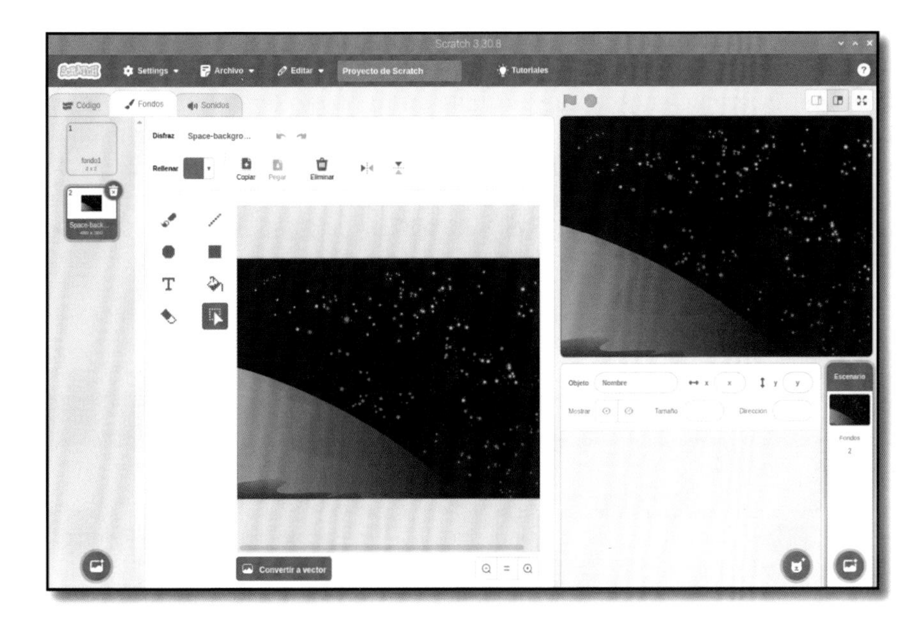
Figura 4-11 El fondo del espacio aparece en el escenario

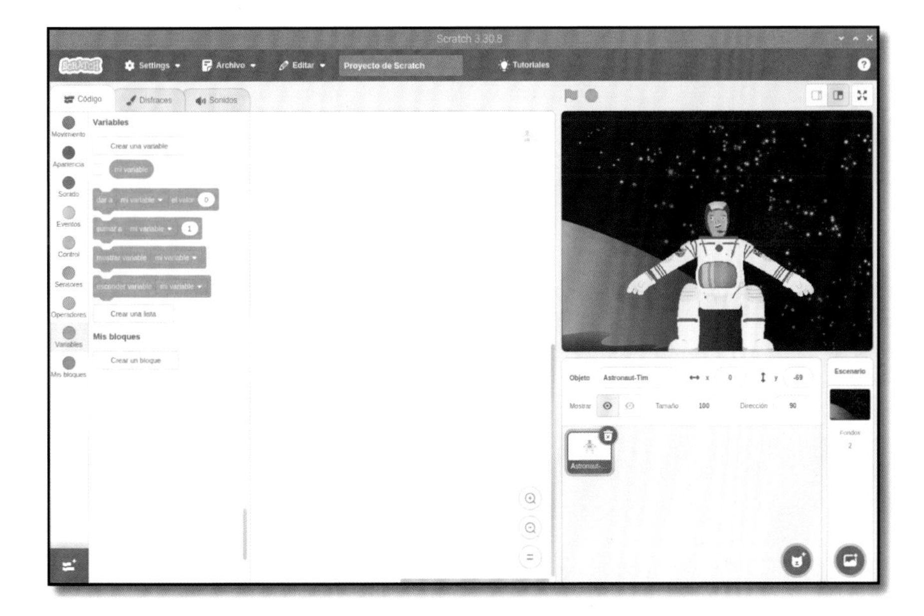
Figura 4-12 Arrastra el objeto astronauta a la parte inferior del escenario

Con el fondo y el objeto en su sitio, ya puedes empezar a crear tu programa. así que haz clic en la pestaña **Código**. Empieza creando una nueva variable llamada **`tiempo`** y asegúrate de seleccionar la opción **Para todos los objetos** antes de hacer clic en **Aceptar**. Haz clic en tu objeto (en el escenario o en el panel de objetos) para seleccionarlo y añade al área de código un bloque al hacer clic en 🏳 de la categoría **Eventos**. A continuación, añade un bloque decir ¡Hola! durante 2 segundos de la categoría **Apariencia** y haz clic en él para cambiar su texto a **`¡Hola! Aquí el astronauta británico de la ESA Tim Peake. ¿Estáis listos?`**.

Añade un bloque esperar 1 segundos de la categoría **Control** y luego un bloque decir ¡Hola!. Cambia este bloque para que diga "**`Presiona la tecla espacio`**", luego añade un bloque reiniciar cronómetro de la categoría **Sensores**. Este bloque controla una variable especial integrada en Scratch para cronometrar acciones y se usará para medir la rapidez con la que reaccionas en el juego.

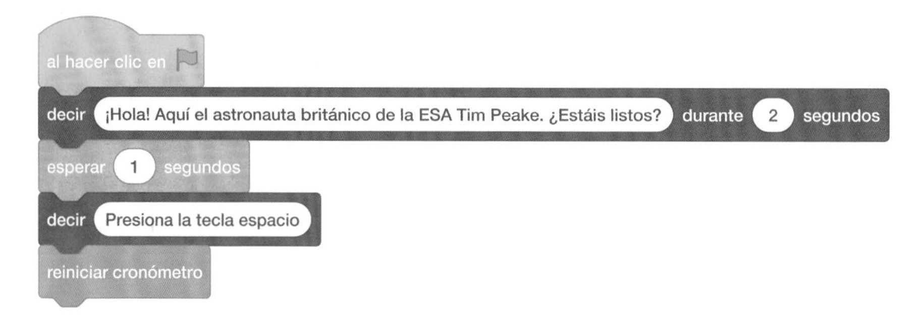

Añade un bloque de **Control** esperar hasta que y luego arrastra un bloque de **Sensores** ¿tecla espacio presionada? a su espacio en blanco. Esto pondrá en pausa el programa hasta que pulses la tecla **ESPACIO** en el teclado, pero el cronómetro seguirá en marcha y eso nos permitirá medir exactamente el tiempo transcurrido desde que se emite el mensaje "**`Presiona la tecla espacio`**" hasta que realmente pulsas la tecla **ESPACIO**.

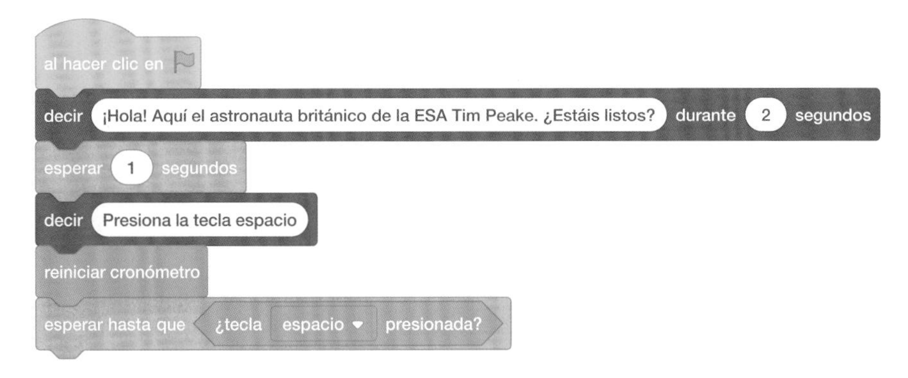

Ahora necesitas que Tim te diga cuánto tiempo has tardado en pulsar la tecla **ESPACIO**, pero de una manera que te sea fácil de leer. Para eso necesitas un bloque unir de la categoría **Operadores**. Este bloque recibe dos valores, que pueden ser incluso aquellos almacenados en variables, y los une uno tras otro. A esto se le llama *concatenación*.

Empieza con un bloque decir ¡Hola!, luego arrastra un bloque de **Operadores** unir y colócalo sobre la palabra **`¡Hola!`**. Haz clic en **`manzana`** y escribe **`Tu tiempo de reacción fue `** (asegúrate de colocar un espacio en blanco al final del texto) y luego arrastra otro bloque **unir** y colócalo encima de **`plátano`** en el segundo cuadro del primer bloque unir. Arrastra un bloque de **valor** cronómetro de la categoría **Sensores** al cuadro que ocupa ahora la posición intermedia y escribe **` segundos`** en el último cuadro, asegurándote de añadir un espacio en blanco al principio del texto.

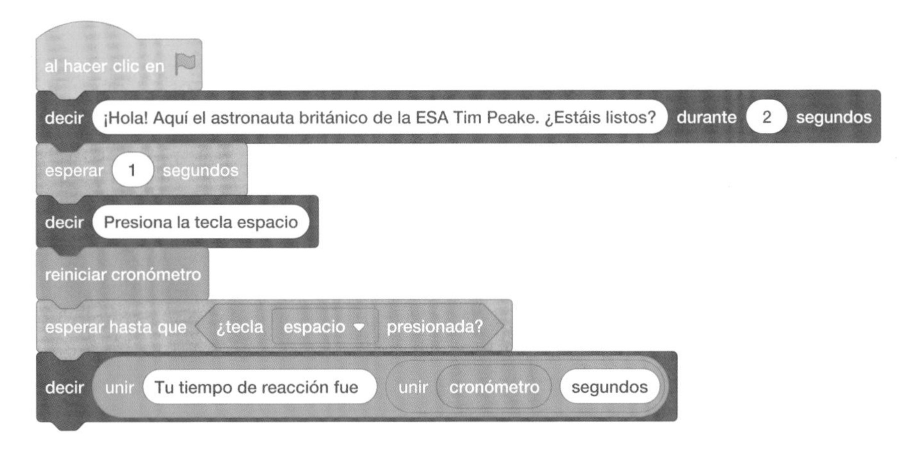

Por último, arrastra un bloque de dar a mi variable el valor 0 de la categoría **Variables** y colócalo al final de tu secuencia. Haz clic en la flecha desplegable junto a "**mi variable**" y haz clic en "**tiempo**" en la lista: Luego, sustituye el **`0`** con un bloque de **valor** cronómetro de la categoría **Sensores**. Ya puedes probar tu juego haciendo clic en la bandera verde que está sobre el área del escenario. Prepárate para pulsar la tecla **ESPACIO** en cuanto veas el mensaje "**Presiona la tecla espacio**" (Figura 4-13).

¡A ver si eres capaz de superar nuestra puntuación máxima!

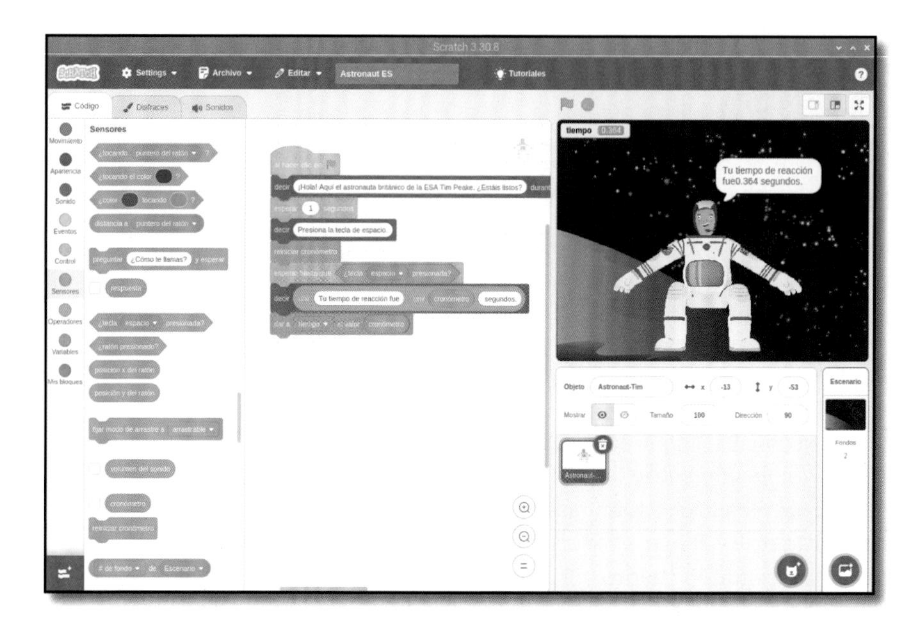

Figura 4-13 ¡A jugar!

Puedes seguir ampliando este proyecto, haciendo que calcule aproximadamente la distancia recorrida por la Estación Espacial Internacional en el tiempo que has tardado en pulsar **ESPACIO**. El cálculo se basa en la velocidad notificada por la estación: 7 kilómetros por segundo. Primero, crea una nueva variable y llámala **distancia**. Observarás que los bloques de la categoría **Variables** cambian automáticamente para mostrar la nueva variable, pero los bloques de la variable tiempo existentes en tu programa permanecen sin cambios.

Añade un bloque dar a distancia el valor 0 y arrastra sobre el **0** un bloque de **Operadores** ( ) * ( ). Este bloque se usa para ejecutar multiplicaciones. Arrastra un bloque de **valor** tiempo, colócalo sobre el primer espacio en blanco del bloque multiplicador y luego escribe el número **7** en su segundo espacio. Cuando termines, el bloque combinado dirá dar a distancia el valor time * 7. El tiempo que has tardado en pulsar **ESPACIO** se multiplicará por siete para obtener la distancia recorrida por la Estación Espacial (ISS) en kilómetros.

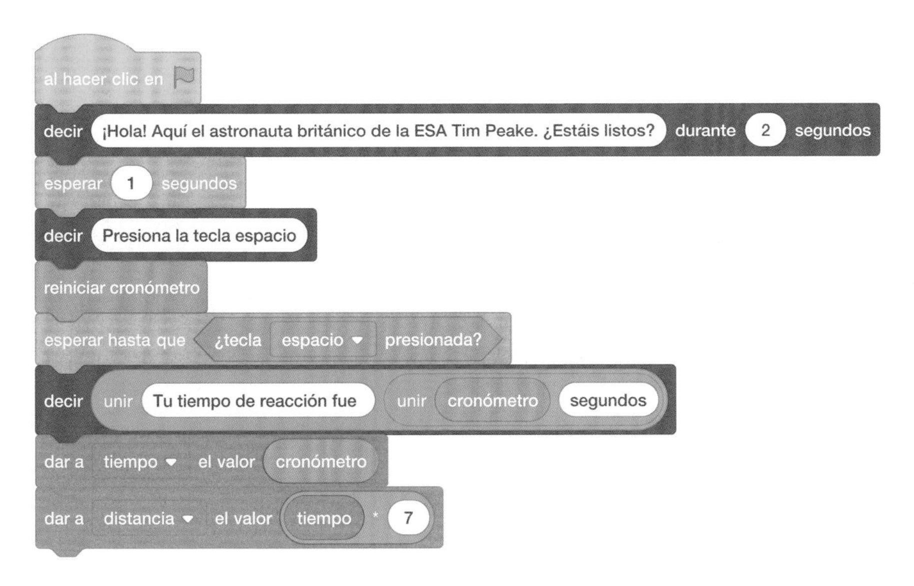

Añade un bloque esperar 1 segundos y cambia el valor de la pausa a **4**. A continuación, arrastra otro bloque decir ¡Hola! hasta el final de tu secuencia y añade dos bloques unir, como ya has hecho anteriormente. En el primer espacio, sobre **manzana**, escribe **En ese tiempo la ISS viaja alrededor de** y no olvides incluir un espacio al final del texto. En el espacio **plátano** escribe **kilómetros.**, y acuérdate otra de vez de añadir un espacio al principio.

Por último, arrastra un bloque de **Operadores** redondear hasta el espacio en **manzana** intermedio y luego arrastra un bloque de **valor** distancia al nuevo espacio en blanco creado. El bloque redondear redondea los números hacia arriba o hacia abajo hasta el entero más cercano, así que en lugar de un número de kilómetros superexacto pero difícil de leer, se obtiene un número entero fácil de leer.

Haz clic en la bandera verde para ejecutar el programa y observa la distancia recorrida por la Estación Espacial en el tiempo que tardas en pulsar la tecla **ESPACIO** (**Figura 4-14**). ¡Acuérdate de guardar tu programa al terminar, para poder cargarlo posteriormente y no tener que hacer todo desde el inicio

RETO: TUS PROPIAS ILUSTRACIONES

Al hacer clic en un objeto o en un fondo y luego en la pestaña **Disfraces** o **Fondos** verás aparecer un editor con herramientas de dibujo. ¿Puedes dibujar tus propios personajes y fondos y editar el código para que tu personaje diga algo diferente?

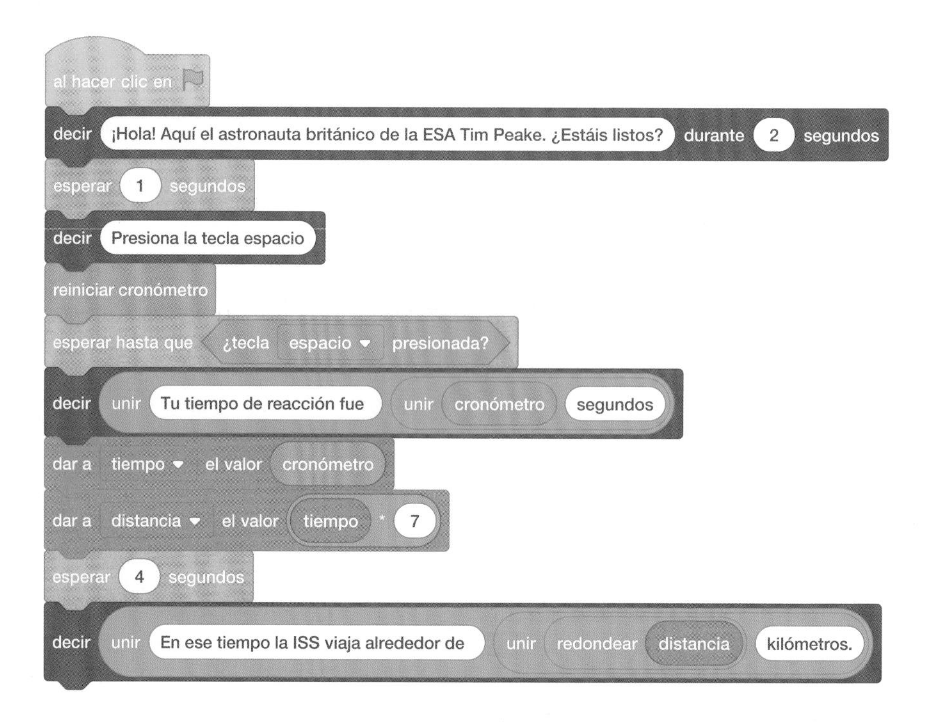

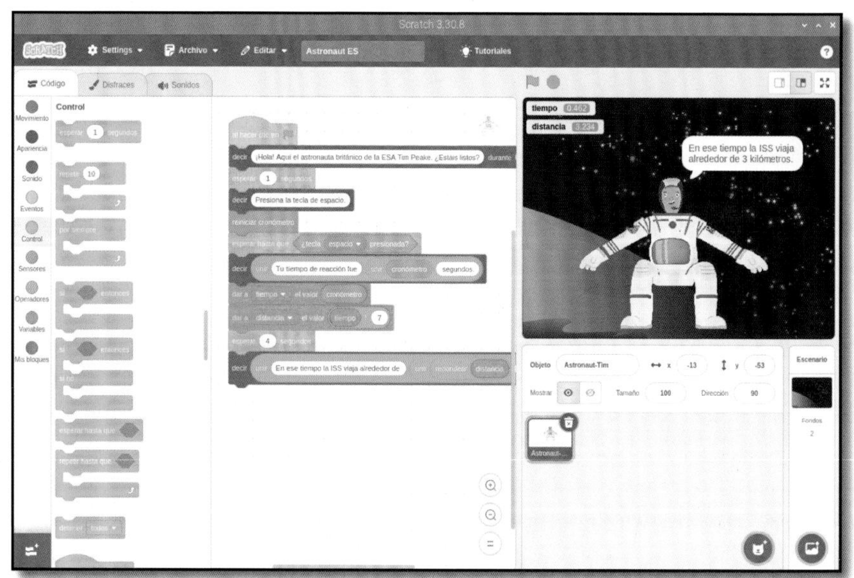

Figura 4-14 Tim te dice la distancia que ha recorrido la Estación Espacial Internacional (ISS)

Proyecto 2: Natación sincronizada

La mayoría de los juegos usan más de un botón. Este proyecto lo demuestra ofreciendo un control de dos botones usando las flechas izquierda y derecha del teclado.

Crea un proyecto y guárdalo con el nombre "Natación sincronizada". Haz clic en **Escenario**, en la sección de control de escenario, y luego en la pestaña **Fondos**, en la parte superior izquierda. Haz clic en el botón **Convertir a mapa de bits** situado debajo el fondo. En la paleta **Rellenar**, elige un color azulado que represente el agua y haz clic en el icono **Rellenar**. A continuación, haz clic en el fondo cuadriculado para rellenarlo de azul (**Figura 4-15**).

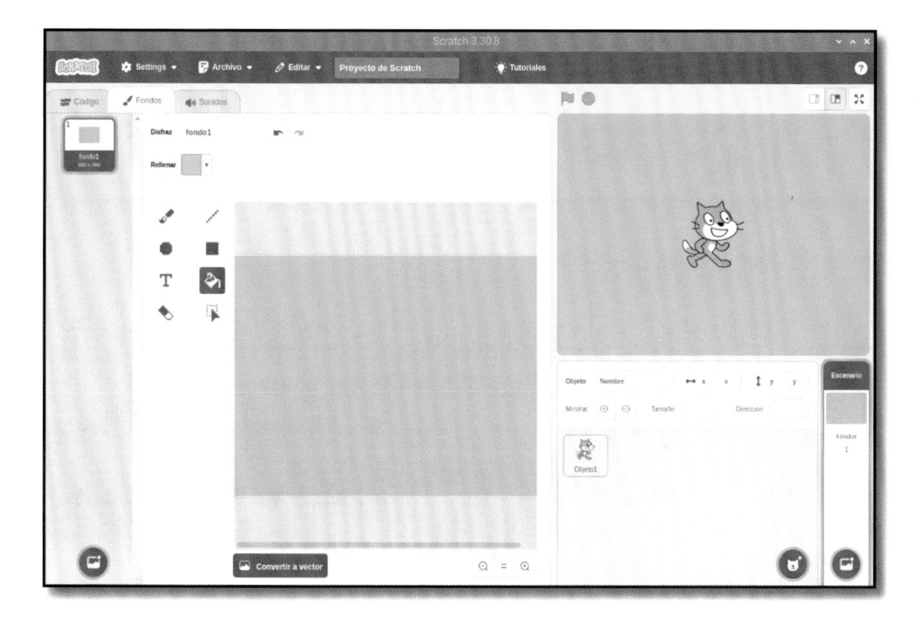

Figura 4-15 Rellena el fondo con color azul

En la lista de objetos, haz clic con el botón derecho en el objeto gato y luego haz clic en **borrar**. A continuación, haz clic en el icono **Elige un objeto** para ver una lista de los objetos integrados en Scratch 3. Haz clic en la categoría **Animales**, luego en "**Cat Flying**" (**Figura 4-16**) y luego en **Aceptar**. Este objeto también es útil para proyectos de natación.

Haz clic en el nuevo objeto y arrastra al área de código dos bloques al presionar tecla espacio de la categoría **Eventos**. Haz clic en la pequeña flecha desplegable junto a la palabra "espacio" en el primer bloque y elige **flecha izquierda**. Arrastra un girar a la izquierda 15 grados bloque de la categoría **Movimiento** y colócalo bajo el bloque al presionar tecla flecha izquierda. Luego haz

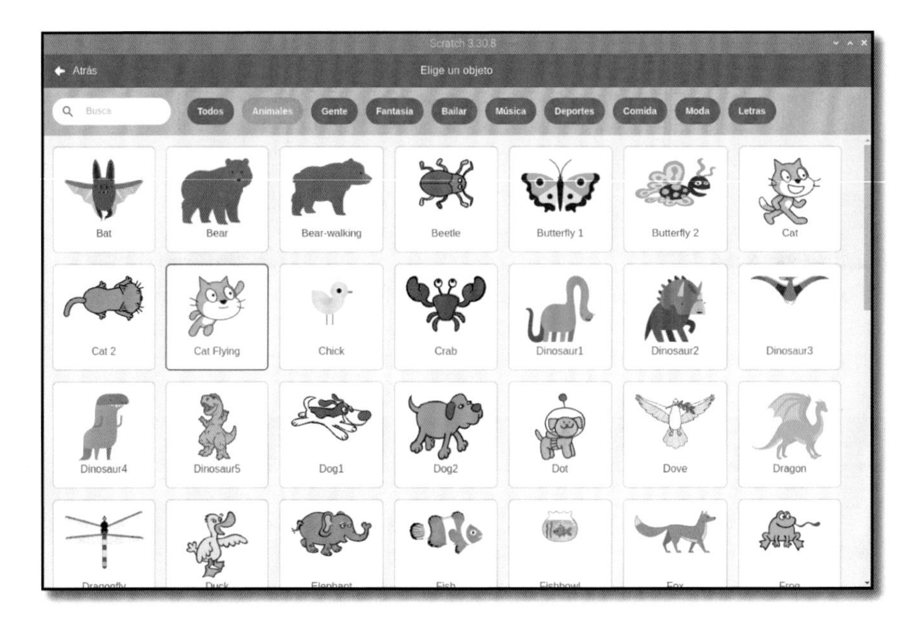

Figura 4-16 Elige un objeto de la biblioteca

lo mismo con tu segundo bloque de **Eventos**, pero en este caso elige la opción **flecha derecha** y usa un girar a la derecha 15 grados bloque.

Pulsa la tecla de flecha izquierda o derecha para probar tu programa. Verás que el gato gira de acuerdo con la tecla que estés presionando en el teclado. ¿Has notado que en esta ocasión no has tenido que hacer clic en la bandera verde? Esto se debe a que los bloques activadores **Eventos** que has usado están activos en todo momento, incluso cuando el programa no está ejecutándose como normalmente hemos hecho.

Repite los pasos anteriores otras dos veces, pero ahora elige **flecha arriba** y **flecha abajo** para los bloques activadores de **Eventos** y agrégales los bloques de **Movimiento** mover 10 pasos y mover -10 pasos respectivamente. Finalmente pulsa las teclas de flecha en el teclado y verás que ahora tu gato puede girar en ambas direcciones y nadar hacia adelante y hacia atrás.

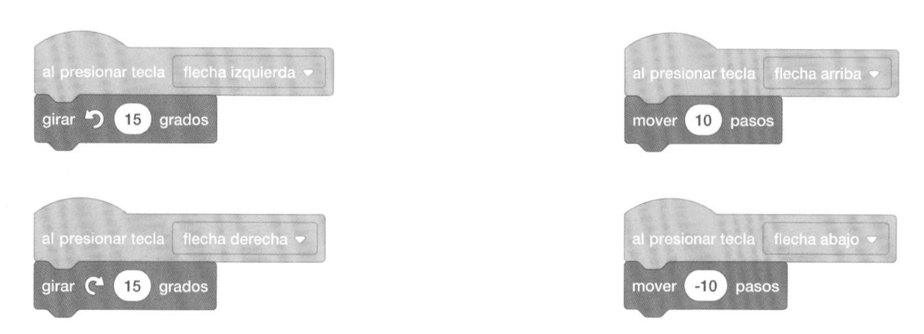

Para hacer el movimiento del gato más realista, puedes cambiar su aspecto, que en Scratch se denomina *disfraz*. Haz clic en el objeto gato y luego en la pestaña **Disfraces**, ubicada sobre la paleta de bloques. Haz clic en el disfraz "**cat flying-a**" y luego en el icono de la papelera que aparece en su esquina superior derecha para eliminarlo. A continuación, haz clic en el disfraz "**cat flying-b**" y usa el cuadro de nombre de la parte superior para renombrarlo a "derecha" (**Figura 4-17**).

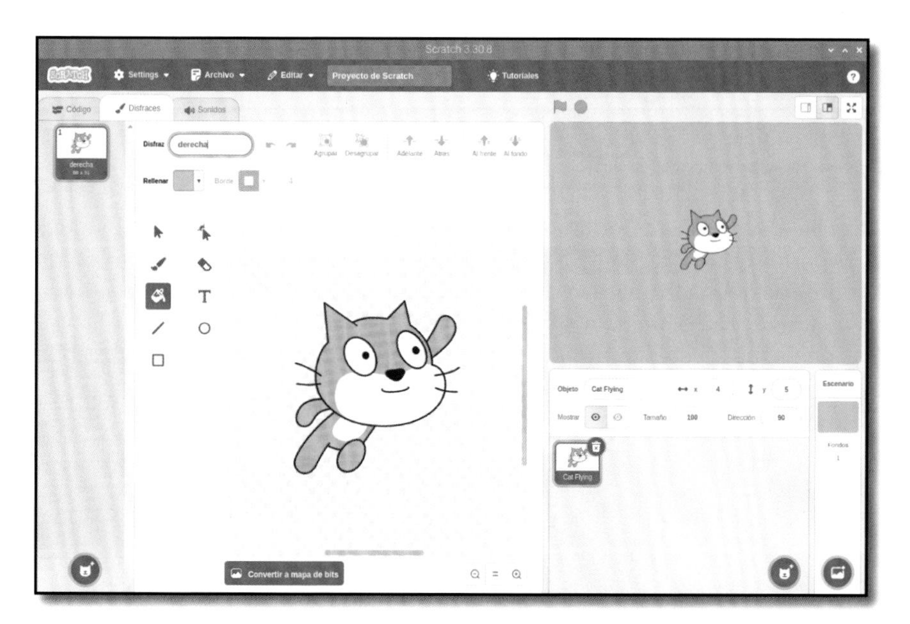

Figura 4-17 Cambiar el nombre del disfraz a "derecha"

Haz clic con el botón derecho en el disfraz que ahora se llama "derecha" y haz clic en **duplicar** para crear una copia. Haz clic en esta copia para seleccionarla y luego en el icono **Seleccionar**. A continuación, haz clic en el icono **Voltear horizontalmente**. Por último, cambia el nombre del disfraz duplicado a "izquierda" (**Figura 4-18**). Al final tendrás dos "disfraces" para tu objeto, uno reflejo exacto del otro: una imagen se llama "derecha" y muestra al gato mirando hacia la derecha y la otra se llama "izquierda" y tiene al gato mirando hacia la izquierda.

Figura 4-18 Duplica el disfraz, voltéalo y colócale de nombre "izquierda"

Haz clic en la pestaña **Código** sobre el área de disfraces, arrastra dos bloques de **Apariencia** cambiar disfraz a izquierda y colócalos bajo tus bloques de **Eventos** de flecha izquierda y flecha derecha. Luego cambia el bloque situado bajo el de flecha derecha a cambiar disfraz a derecha. Vuelve a probar las teclas de flecha y verás que ahora el gato parece mirar hacia la dirección en la que nada.

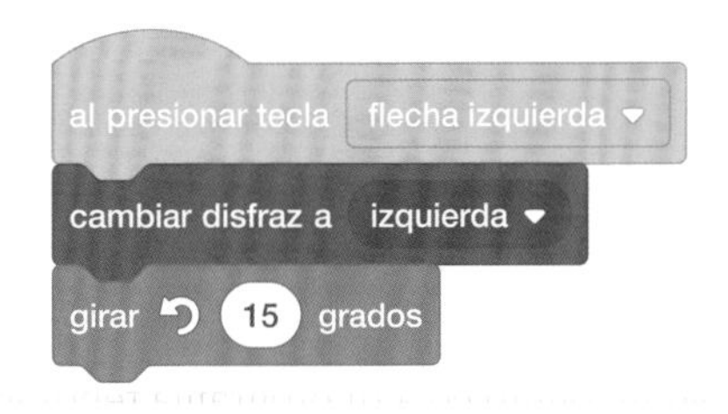

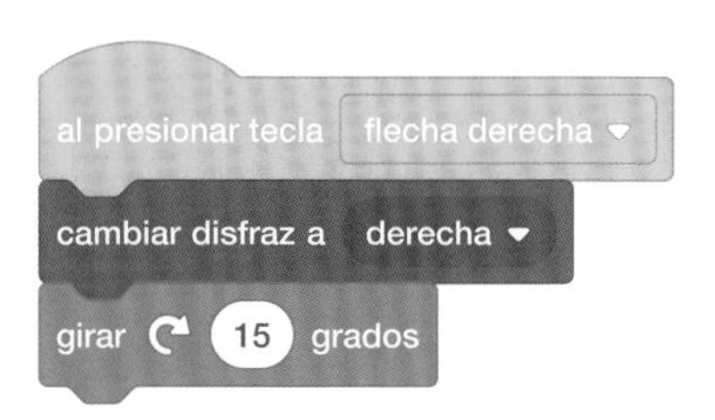

Pero para natación sincronizada de estilo olímpico necesitamos más nadadores y alguna forma de restablecer la posición inicial del objeto gato. Añade un bloque de **Eventos** al hacer clic en y debajo coloca un bloque de **Movimiento** ir a x: 0 y: 0 (cambiando los valores si fuera necesario) y un bloque de **Movimiento** apuntar en dirección 90. Ahora, cuando hagas clic en la bandera verde, el gato se moverá al centro del escenario y mirará a la derecha.

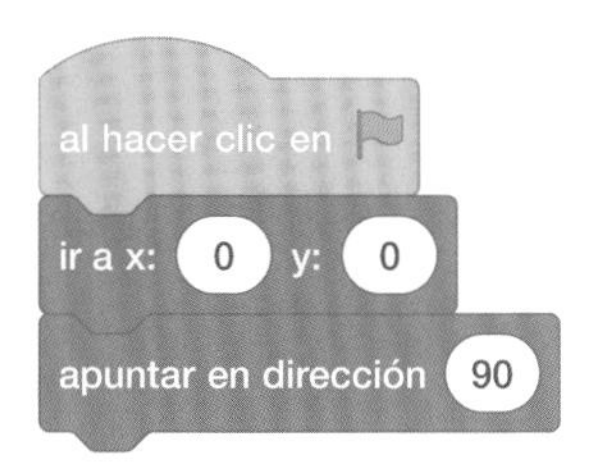

Para crear más nadadores, añade un bloque repetir 6 (debes cambiar el valor predeterminado "**10**") y dentro de él añade un bloque crear clon de mí mismo de la categoría **Control**. Para que los nadadores no naden todos en la misma dirección, añade un bloque girar a la derecha 60 grados encima del bloque crear clon de pero aún dentro del bloque repetir 6. Haz clic en la bandera verde y prueba las teclas de flecha para ver a tus nadadores en acción.

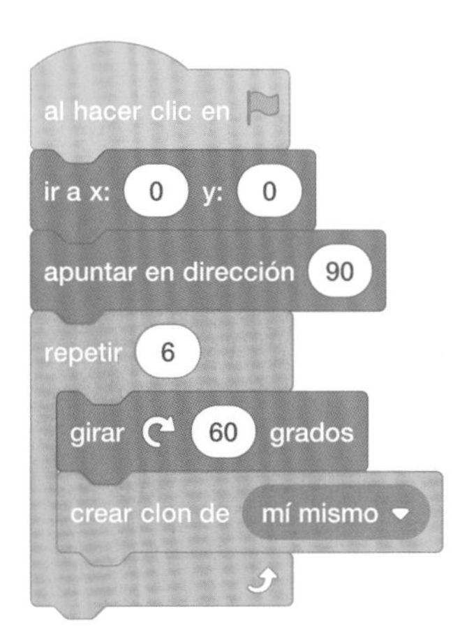

Para darle más el ambiente olímpico a tu programa tendrás que añadir música. Haz clic en la pestaña **Sonidos** situada sobre la paleta de bloques y luego en el icono **Elige un sonido** . Ahora haz clic en la categoría **Bucles** y busca en la lista (**Figura 4-19**) hasta que encuentres algo que te guste. Nosotros hemos elegido "**Dance Around**". Haz clic en el botón **Aceptar** para elegir la música y luego en la pestaña **Código** para volver a abrir el área de código.

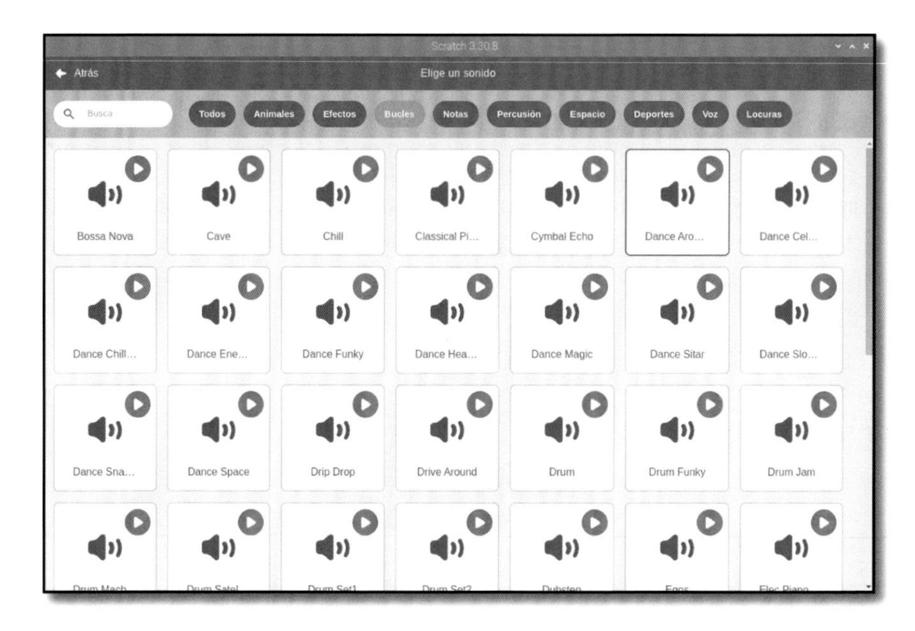

Figura 4-19 Selecciona un bucle de música en la biblioteca de sonidos

Añade otro bloque de **Eventos** al hacer clic en a tu área de código y luego añade un bloque de **Control** por siempre. Dentro de este bloque de **Control**, añade un bloque tocar sonido dance around hasta que termine (recuerda seleccionar en ese bloque el nombre de la pieza musical que elegiste antes) y haz clic en la bandera verde para probar tu nuevo programa. Si quieres detener la música, haz clic en el octógono rojo para detener el programa y silenciar el sonido.

Por último, puedes simular una rutina de baile completa agregando un nuevo activador de eventos a tu programa. Añade un bloque de **Eventos** al presionar tecla espacio, luego un bloque cambiar disfraz a derecha y debajo de este añade un bloque repetir 36 (recuerda cambiar el valor predeterminado de repeticiones). Dentro de este último añade un bloque girar a la derecha 10 grados y un bloque mover 10 pasos.

Haz clic en la bandera verde para iniciar el programa y luego pulsa la tecla **ESPACIO** para probar la rutina nueva (**Figura 4-20**). ¡No olvides guardar tu programa cuando hayas acabado!

> ### RETO: TU PROPIA RUTINA
>
> ¿Puedes crear tu propia rutina de natación sincronizada usando bucles? ¿Qué tendrías que cambiar si quisieras más (o menos) nadadores? ¿Puedes añadir más rutinas de natación que se activen usando distintas teclas del teclado?

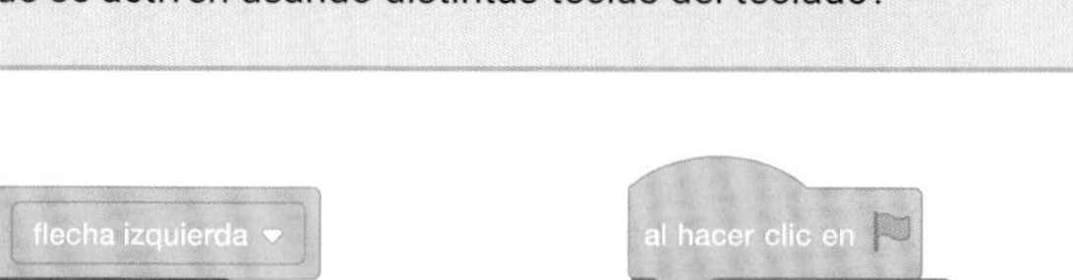

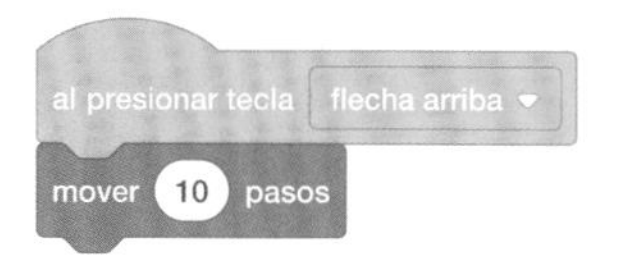
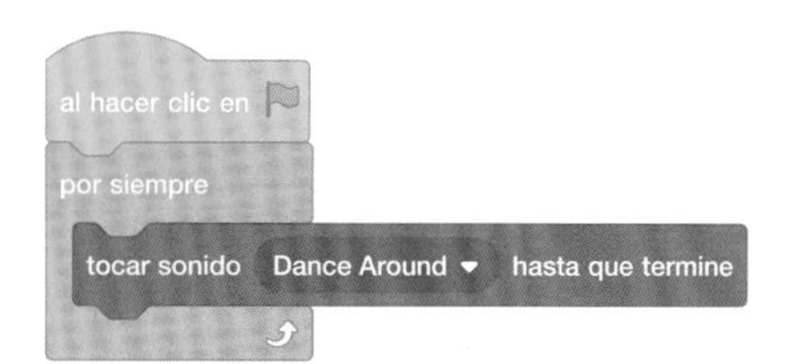
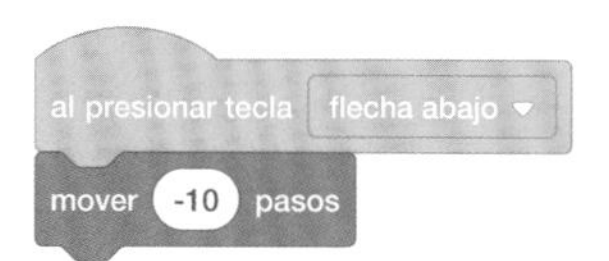

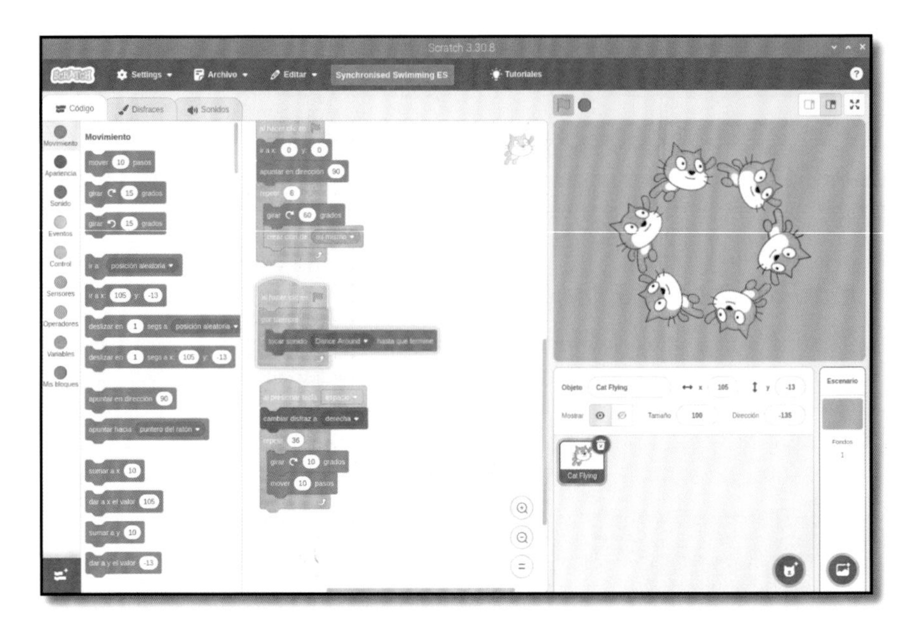

Figura 4-20 La rutina de natación completa

Proyecto 3: Juego de tiro con arco

Como ya tienes bastante experiencia con Scratch, es hora de trabajar en algo un poco más complicado: un juego de tiro con arco en el que el jugador tiene que acertar en la diana usando un arco y una flecha que se mueven al azar.

Para empezar, abre el navegador web Chromium, escribe **rptl.io/archery** en la barra de direcciones y pulsa la tecla **ENTER**. Los recursos para el juego están contenidos en un archivo zip que tendrás que descomprimir. Para hacerlo haz clic con el botón derecho del ratón en el archivo descargado y selecciona **Extraer aquí**. Vuelve a Scratch 3 y haz clic en el menú **Archivo** seguido de **Cargar desde tu ordenador**. Haz clic en **ArcheryResources.sb3** y luego en el botón **Seleccionar**. Se te preguntará si quieres reemplazar el contenido de tu proyecto actual. Si no has guardado los cambios, haz clic en **Cancelar** y guárdalos y luego repite nuevamente los pasos para cargar haz clic en **Aceptar**.

El proyecto que acabas de cargar contiene un fondo y un objeto (**Figura 4-21**), pero no tiene el código requerido para crear un juego: añadir ese código es tu misión. Empieza añadiendo un bloque al hacer clic en y luego un bloque enviar mensaje1. Haz clic en la flecha que apunta hacia abajo (ubicada al final del bloque) y luego en "**Nuevo Mensaje**". Luego escribe "**`nueva flecha`**" y haz clic en el botón **Aceptar**. Ahora el bloque dice enviar nueva flecha.

Figura 4-21 Proyecto de recursos cargado para el juego de tiro con arco

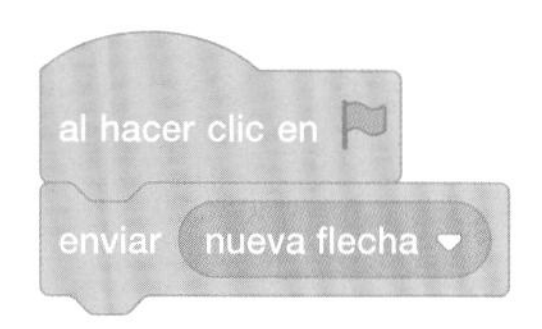

Los mensajes son indicaciones que se envían desde alguna parte de tu programa y que cualquier otra parte puede recibir. Para que se realice una acción a partir de un mensaje, añade un bloque al recibir mensaje1 y usa la flecha al final del bloque para que diga al recibir nueva flecha. Observa que no es necesario que vuelvas a crear el mensaje – es suficiente con hacer clic en la flecha del final del bloque y elegir **nueva flecha** en la lista.

Debajo de tu bloque al recibir nueva flecha añade un bloque ir a x: -150 y: -150 y un bloque fijar tamaño al 400 %. Recuerda que los valores que queremos para estos bloques no son los predeterminados , así que tendrás que cambiarlos después de arrastrar los bloques al área de código. Haz clic en la bandera verde para ver lo que has hecho hasta ahora: el objeto flecha que el jugador utiliza para apuntar al objetivo saltará a la parte inferior izquierda del escenario y su tamaño se cuadruplicará.

Para plantearle un reto al jugador, añade un movimiento oscilante al preparar que simule lo que ocurre cuando el arquero prepara el arco y apunta. Arrastra un bloque por siempre seguido de un deslizar en 1 segs a x: -150 y: -150 bloque. En este último edita el primer cuadro blanco para que diga **0.5** en lugar de **1** y coloca un bloque de **Operadores** número aleatorio entre -150 y 150 en cada uno de los otros dos cuadros blancos. Esto significa que la flecha se moverá por el escenario en una dirección aleatoria y recorriendo una distancia aleatoria: eso hace que sea mucho más difícil dar en el blanco.

Vuelve a hacer clic en la bandera verde para ver la acción de los bloques que has añadido: tu flecha se mueve sin rumbo por el escenario, cubriendo distintas partes de la diana. pero de momento no dispones de un modo de dispararla.

Arrastra al área de código un bloque al presionar tecla espacio, seguido de un bloque de **Control** detener todos. Haz clic en la flecha abajo al final del bloque y cámbiala a un bloque detener otros programas en el objeto.

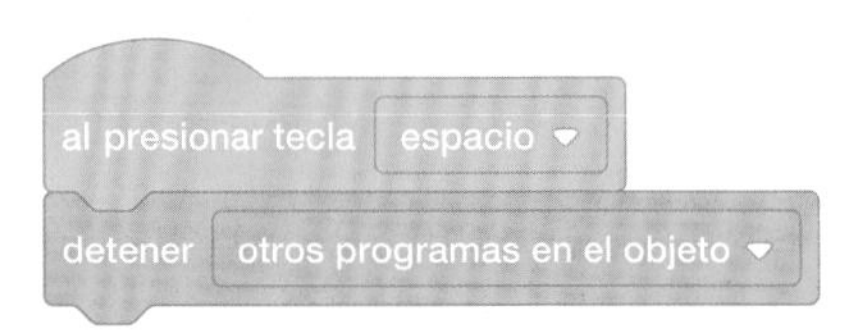

Si detuviste el programa para añadir los bloques nuevos, haz clic en la bandera verde para iniciarlo de nuevo y luego pulsa la tecla **ESPACIO**: verás que el objeto flecha deja de moverse. Es un buen inicio, pero sería mejor hacer que parezca que la flecha vuela hacia la diana. Añade un bloque repetir 50, coloca en su interior un bloque cambiar tamaño por -10 y haz clic en la bandera verde para volver a probar el juego. Esta vez la flecha parece volar hacia la diana.

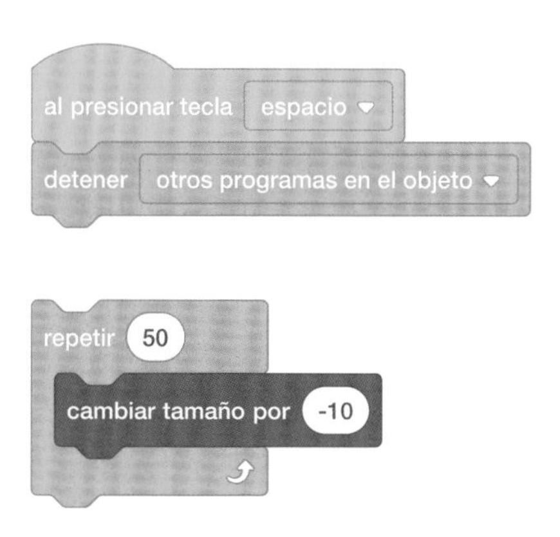

Para que el juego resulte más divertido deberías añadir una manera de registrar la puntuación. En la misma pila de bloques en que hemos estado trabajando añade uno si entonces. Asegúrate de colocar este bloque debajo del bloque repetir 50 y no dentro de él. Ahora coloca un bloque de **Sensores** ¿tocando el color ? en el espacio hexagonal del bloque condicional. Para elegir el color correcto haz clic en el cuadro de color al final del bloque de **Sensores** y luego en el icono **cuentagotas**. Finalmente haz clic en la diana amarilla de tu objetivo en el escenario.

Añade un iniciar sonido cheer y uno decir 200 puntos durante 2 segundos dentro del bloque si entonces para que el jugador sepa que ha ganado puntos. Por último, añade un bloque enviar nueva flecha al final de la pila de bloques, debajo y fuera del bloque si entonces, para darle al jugador una nueva flecha cada vez que dispare la anterior. Haz clic en la bandera verde para iniciar el juego e intenta dar en la diana amarilla: ¡cuando lo hagas se te recompensará con una ovación del público y 200 puntos!

El juego funciona, pero su dificultad es un poco alta. Utilizando lo que has aprendido en este capítulo, intenta otorgar puntos al acertar en otras partes del objetivo aparte de la diana: 100 puntos por el círculo rojo, 50 puntos por el azul, etc.

Si quieres probar más proyectos de Scratch, consulta el Apéndice D, *Más material de referencia*.

```
al hacer clic en [bandera]
enviar (nueva flecha ▾)

al recibir [nueva flecha ▾]
ir a x: (-150) y: (-150)
fijar tamaño al (400) %
por siempre
    deslizar en (0.5) segs a x: (número aleatorio entre (-150) y (150)) y: (número aleatorio entre (-150) y (150))

al presionar tecla [espacio ▾]
detener [otros programas en el objeto ▾]
repetir (50)
    cambiar tamaño por (-10)
si <¿tocando el color [ ]?> entonces
    iniciar sonido (cheer ▾)
    decir (200 puntos) durante (2) segundos
enviar (nueva flecha ▾)
```

RETO: ¿PUEDES MEJORARLO?

¿Cómo harías el juego más fácil? ¿Cómo lo harías más difícil? ¿Puedes usar variables para que la puntuación del jugador aumente a medida que dispara más flechas? ¿Puedes añadir un temporizador de cuenta regresiva para aumentar la tensión del jugador?

Hello,
world!
def
#

Capítulo 5

Programar con Python

Ahora que ya te has familiarizado con Scratch, te mostraremos cómo programar usando texto con Python.

Python, un proyecto que comenzó como pasatiempo y que fue lanzado al público en 1991, se ha convertido en un lenguaje de programación usado en todo tipo de proyectos. Fue creado por Guido van Rossum y debe su nombre al grupo británico de humoristas Monty Python. A diferencia del entorno visual de Scratch, Python se basa en texto: el programador escribe instrucciones, utilizando un lenguaje simplificado y un formato específico y el ordenador las lleva a cabo.

Python es un gran paso adelante para quienes ya han usado Scratch, pues ofrece más flexibilidad y un entorno de programación más "tradicional". Pero eso no quiere decir que sea difícil de aprender: con un poco de práctica, cualquiera puede escribir programas para cualquier tarea, ya sean cálculos simples o juegos increíblemente complicados.

Este capítulo reutiliza términos y conceptos ya introducidos en el Capítulo 4, *Programar con Scratch 3*. Si aún no has hecho los ejercicios de ese capítulo, te recomendamos retroceder y hacerlos. Así te resultará más fácil seguir el material de este capítulo.

Presentación de Thonny, un IDE para Python

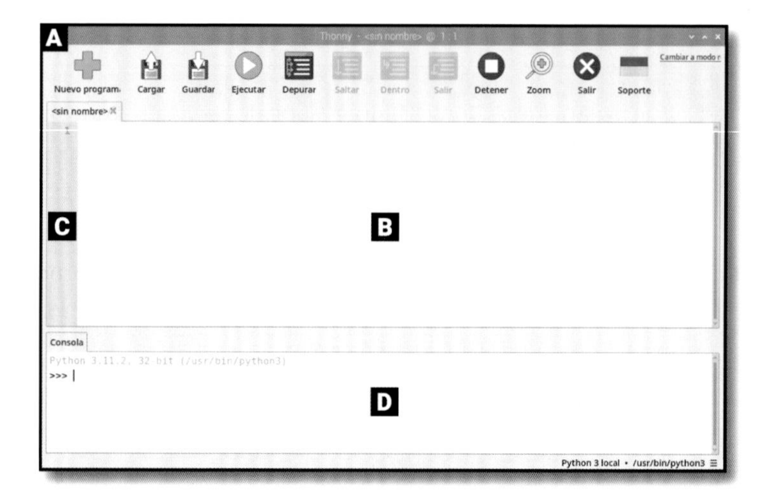

A **Barra de herramientas**

B **Área de script**

C **Números de línea**

D **Shell (consola) de Python**

La interfaz del "modo simple" de Thonny utiliza como menú una barra de iconos (**A**) que te permiten crear, guardar, cargar y ejecutar programas en Python y probarlos de varias maneras. El área de script (**B**) es donde se escriben los programas en Python. Se divide en un área principal para el programa y un pequeño margen lateral para mostrar los números de línea (**C**). El shell de o consola Python (**D**) te permite escribir instrucciones individuales que se ejecutan en cuanto pulsas la tecla ENTER y además proporciona información sobre la ejecución de los programas.

MODOS DE THONNY

Hay dos versiones de interfaz de Thonny: "Regular Mode" y "Simple Mode", más adecuada para principiantes. Este capítulo utiliza Simple Mode, que se carga de forma predeterminada cuando abres Thonny desde la sección **Programación** del menú de Raspberry Pi.

Para cambiar el idioma de Thonny, haz clic en **Python 3 local** en la parte inferior derecha de la ventana de Thonny y luego haz clic en **Configure Interpreter**. Haz clic en la pestaña **General**, elige tu idioma y haz clic en **Aceptar**. Luego cierra Thonny y ábrelo nuevamente.

Tu primer programa en Python: ¡Hola mundo!

Al igual que los otros programas preinstalados en tu Raspberry Pi, Thonny está disponible en el menú: haz clic en el icono de Raspberry Pi, mueve el cursor a la sección **Programación** y haz clic en **Thonny**. Al cabo de unos segundos se cargará la interfaz de usuario de Thonny (Simple Mode de forma predeterminada).

Thonny es un paquete de *entorno de desarrollo integrado (IDE)*, algo que suena complicado, pero que tiene una sencilla explicación. IDE reúne, *o integra*, las diferentes herramientas que necesitas para escribir o *desarrollar* programas en una misma interfaz de usuario, o *entorno*. Hay multitud de entornos IDE disponibles: algunos admiten diversos lenguajes de programación, mientras que otros, como es el caso de Thonny, se centran en un solo lenguaje.

A diferencia de Scratch, que ofrece bloques visuales como base para crear un programa, Python es un lenguaje de programación más tradicional en el que todo se escribe. Para empezar a crear tu primer programa haz clic en el área de shell de Python ubicada en la parte inferior izquierda de la ventana de Thonny y escribe la siguiente instrucción antes de pulsar la tecla **ENTER**:

```
print("¡Hola mundo!")
```

Al pulsar **ENTER**, verás que tu programa empieza a ejecutarse inmediatamente. Python responderá en la misma área de shell con el mensaje ¡Hola mundo! (**Figura 5-1**), tal y como lo indicaste. Eso es porque el shell es una línea directa al *intérprete* de Python cuyo trabajo es examinar tus instrucciones e *interpretar* lo que significan. Esto se conoce como *modo interactivo*. Imagínalo como una conversación cara a cara con alguien: en cuanto terminas de decir algo, la otra persona responde y espera a que tú vuelvas a hablar.

ERROR DE SINTAXIS

Si tu programa no se ejecuta y muestra un mensaje indicando "syntax error" en el área de shell, entonces probablemente hay algún error en lo que has escrito. Python requiere que sus instrucciones se escriban de una forma muy específica: si omites un paréntesis o una comilla o te equivocas al escribir 'print' o lo escribes con P mayúscula, o si añades símbolos extra en algún lugar de una instrucción, tu programa no funcionará. De ser así, vuelve a escribir la instrucción y asegúrate de que coincida exactamente con la versión de esta guía antes de pulsar la tecla **ENTER**.

No es imprescindible que uses Python en modo interactivo. Haz clic en el área de script, en el centro de la ventana de Thonny, y escribe tu instrucción de nuevo:

```
print("¡Hola mundo!")
```

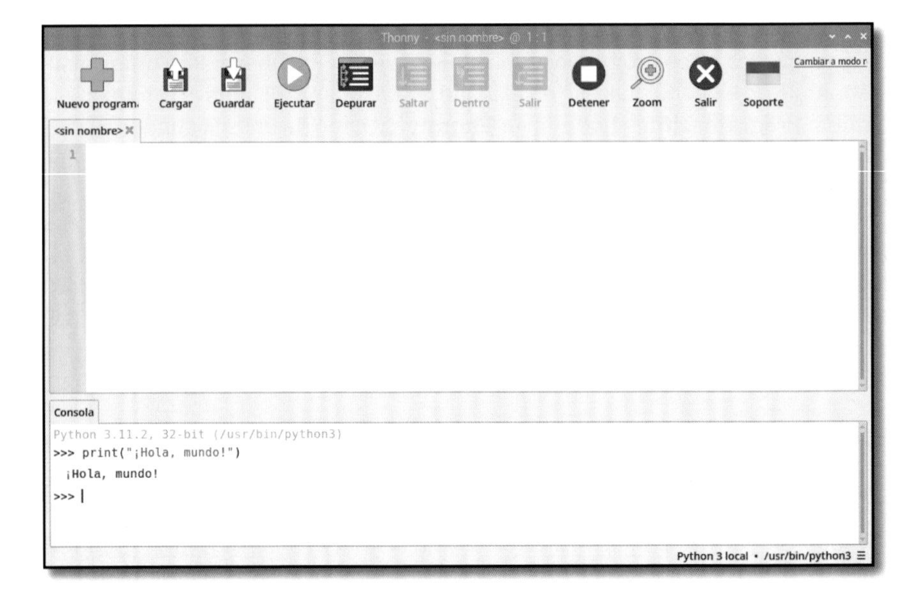

Figura 5-1 Python muestra el mensaje "Hola mundo!" en el área de shell

Esta vez, al pulsar la tecla **ENTER**, verás que simplemente aparece una nueva línea vacía en el área de script. Para que esta versión del programa funcione debes hacer clic en el icono **Ejecutar** de la barra de herramientas de Thonny. Pero antes de eso deberás hacer clic en el icono **Guardar**. Dale un nombre descriptivo a tu programa, como por ejemplo **Hola mundo.py**, y haz clic en el botón **Aceptar**. Después de guardar tu programa haz clic en el icono **Ejecutar** y verás aparecer dos mensajes en el área de shell de Python (**Figura** 5-2):

```
>>> %Run 'Hola mundo.py'
 ¡Hola mundo!
```

La primera de estas líneas es una instrucción de Thonny diciéndole al intérprete de Python que ejecute el programa. La segunda es el resultado del programa, el mensaje que le has dicho a Python que muestre. ¡Enhorabuena! Acabas de escribir y ejecutar tu primer programa en Python, tanto en modo interactivo como en modo script.

RETO: NUEVO MENSAJE

¿Puedes cambiar el mensaje que el programa en Python imprime? Si quisieras añadir más mensajes, ¿usarías el modo interactivo o el modo script? ¿Qué ocurre si eliminas los paréntesis o las comillas del programa y luego intentas ejecutarlo?

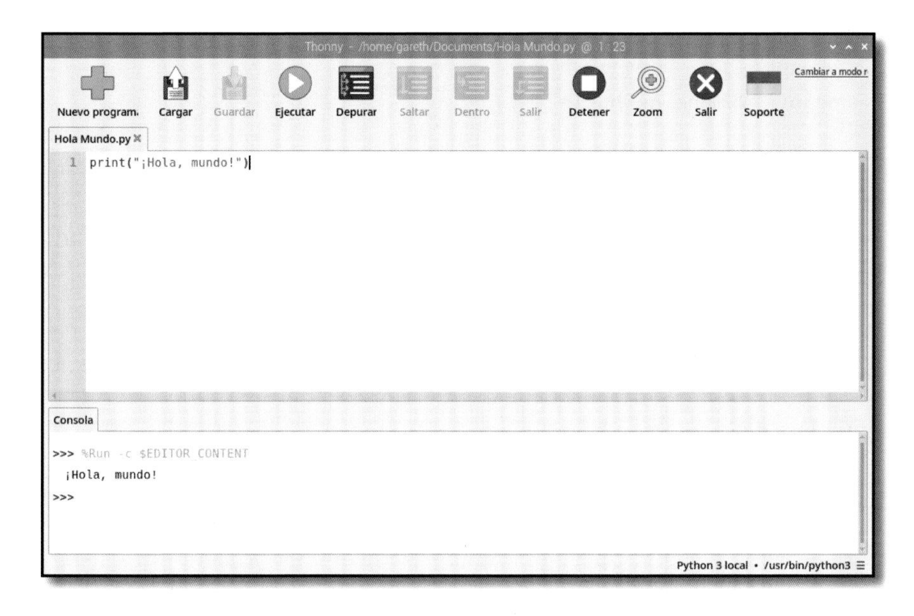

Figura 5-2 Ejecutando el programa simple

Pasos siguientes: bucles y sangría de código

Así como Scratch utiliza pilas de bloques similares a las de un rompecabezas para controlar qué partes del programa se conectan con otras, Python tiene su propia manera de controlar la secuencia en la que se ejecutan los programas: la *sangría*. Haz clic en el icono **Nuevo programa** de la barra de herramientas de Thonny para crear un programa nuevo. No perderás el programa que has creado antes, sino que Thonny creará una nueva pestaña sobre el área de script. Luego escribe:

```
print("¡Empieza el bucle!")
for i in range(10):
```

La primera línea muestra un simple mensaje en el shell, igual que tu programa Hola mundo. La segunda comienza un bucle *definido*, que funciona igual que en Scratch: se asigna al bucle un contador `i` con una serie de números. Esos números los da la instrucción `range`, que indica al programa que comience desde 0 y vaya ascendiendo pero sin llegar al número 10. El símbolo de los dos puntos (`:`) le dice a Python que la siguiente instrucción debe ser parte del bucle.

En Scratch las instrucciones que son parte del bucle se ubican dentro del bloque en forma de C. Python utiliza un enfoque diferente: código con sangría. La siguiente línea comienza con cuatro espacios en blanco, que Thonny debería haber añadido al pulsar **ENTER** después de la línea 2:

```
    print("Número de bucle", i)
```

Los espacios en blanco empujan esta línea hacia adentro, con relación a las otras líneas. Esta sangría es la forma en que Python detecta la diferencia entre las instrucciones fuera del bucle y las instrucciones dentro de él. El código sangrado se considera como *anidado*.

Verás que al pulsar **ENTER** al final de la tercera línea, Thonny automáticamente sangra la siguiente pues asume que será parte del bucle. Para quitar esa sangría simplemente pulsa la tecla **BACKSPACE** una vez antes de escribir la cuarta línea:

```
print("¡Acabó el bucle!")
```

Tu programa de cuatro líneas está ahora completo. La primera línea se encuentra fuera del bucle y solo se ejecutará una vez. La segunda línea establece el bucle. La tercera línea se encuentra dentro del bucle y se ejecutará una vez con cada repetición del bucle. Y la cuarta línea vuelve a estar fuera del bucle.

```
print("¡Empieza el bucle!")
for i in range(10):
    print("Número de bucle", i)
print("¡Acabó el bucle!")
```

Haz clic en el icono **Guardar**, guarda el programa como **Sangría.py**, haz clic en el icono **Ejecutar** y observa el área de shell para ver el resultado del programa (**Figura** 5-3):

```
¡Empieza el bucle!
Número de bucle 0
Número de bucle 1
Número de bucle 2
Número de bucle 3
Número de bucle 4
Número de bucle 5
Número de bucle 6
Número de bucle 7
Número de bucle 8
Número de bucle 9
¡Acabó el bucle!
```

Figura 5-3 Ejecución de un bucle

CONTAR DESDE CERO

Python es un lenguaje de índice cero, lo que significa que empieza a contar desde 0 y no desde 1. Esa es la razón por la que tu programa muestra los números del 0 al 9 en lugar de hacerlo del 1 al 10. Si quieres, puedes modificar este comportamiento cambiando la instrucción `range(10)` a `range(1, 11)`, o usar cualquier otro número que desees.

La sangría es un componente esencial de Python y una de las razones más comunes por las que un programa no funciona según lo previsto. Cuando investigues problemas en un programa (proceso conocido como *depuración*) siempre debes comprobar la sangría, especialmente cuando comiences a anidar bucles dentro bucles.

Python también admite el uso de bucles *infinitos*, que se ejecutan indefinidamente. Para cambiar tu programa de un bucle definido a uno infinito, reemplaza la segunda línea por lo siguiente:

```
while True:
```

Si haces clic en el icono **Ejecutar** verás un error: `name 'i' is not defined`. Esto se debe a que has borrado la línea con la que se creaba y asignaba un valor a la variable `i`.

Para corregirlo, simplemente edita la línea 3 para que deje de usar la variable:

```
print("¡Bucle en ejecución!")
```

Haz clic en el icono **Ejecutar** y si eres rápido verás el mensaje "`¡Empieza el bucle!`" seguido de una cadena interminable de mensajes "`¡Bucle en ejecución!`" (**Figura** 5-4). El mensaje "`¡Acabó el bucle!`" no se imprimirá nunca porque el bucle no tiene fin: cada vez que Python termina de mostrar el mensaje "`¡Bucle en ejecución!`" vuelve al principio del bucle y lo muestra de nuevo.

Figura 5-4 Un bucle infinito se ejecuta constantemente hasta que detienes el programa

Haz clic en el icono **Detener** de la barra de herramientas de Thonny para decirle al programa que deje de hacer lo que está haciendo: eso se conoce como *interrumpir el programa*. Verás aparecer un mensaje en el área de shell de Python y el programa se detendrá sin haber llegado a la línea 4.

RETO: BUCLES

¿Puedes volver a convertir el bucle en definido? ¿Puedes añadir un segundo bucle definido al programa? ¿Cómo añadirías un bucle dentro de otro bucle y cómo crees que debería funcionar?

Condicionales y variables

Las variables en Python, al igual que en todos los lenguajes de programación, no se limitan a controlar los bucles. Crea un nuevo programa haciendo clic en el icono **Nuevo programa** de la barra de herramientas de Thonny y escribe lo siguiente en el área de script:

```
userName = input("¿Cómo te llamas? ")
```

Haz clic en el icono **Guardar**, guarda tu programa como **Prueba del Nombre.py**, haz clic en **Ejecutar** y fíjate en lo que ocurre en el área de shell. Deberías ver un mensaje pidiendo tu nombre. Escribe tu nombre en el área de shell y pulsa **ENTER**. Como esa es la única instrucción del programa, no pasará nada más (**Figura 5-5**). Si quieres hacer algo con los datos que has colocado en la variable, tendrás que añadir más líneas a tu programa.

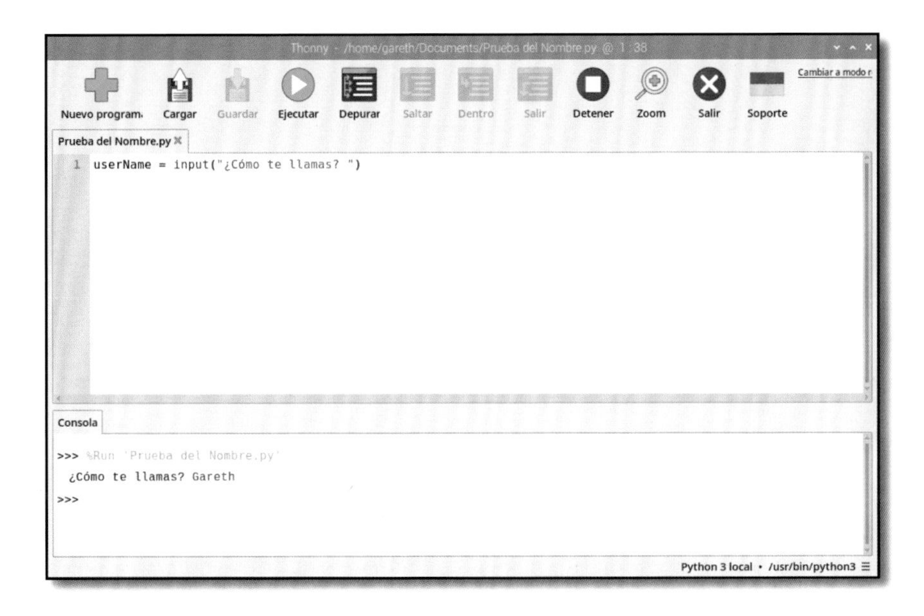

Figura 5-5 La función `input` te permite pedir al usuario que introduzca algún texto

Para que tu programa haga algo útil con el nombre añade una *instrucción condicional* escribiendo lo siguiente:

```
if userName == "Clark Kent":
    print("¡Eres Superman!")
else:
    print("¡No eres Superman!")
```

Recuerda que cuando Thonny vea que tu código necesita tener una sangría la aplicará automáticamente. Sin embargo Thonny no sabe cuándo debe dejar de aplicarla, así que tendrás que borrar los espacios antes de escribir `else:`.

Haz clic en **Ejecutar** y escribe tu nombre en el área de shell. A menos que de verdad te llames Clark Kent, verás el mensaje "¡No eres Superman!". Vuelve a hacer clic en **Ejecutar** y esta vez escribe el nombre "Clark Kent", asegurándote de escribirlo exactamente como en el programa, con C y K mayúsculas. Esta vez, el programa reconoce que realmente eres Superman (**Figura 5-6**).

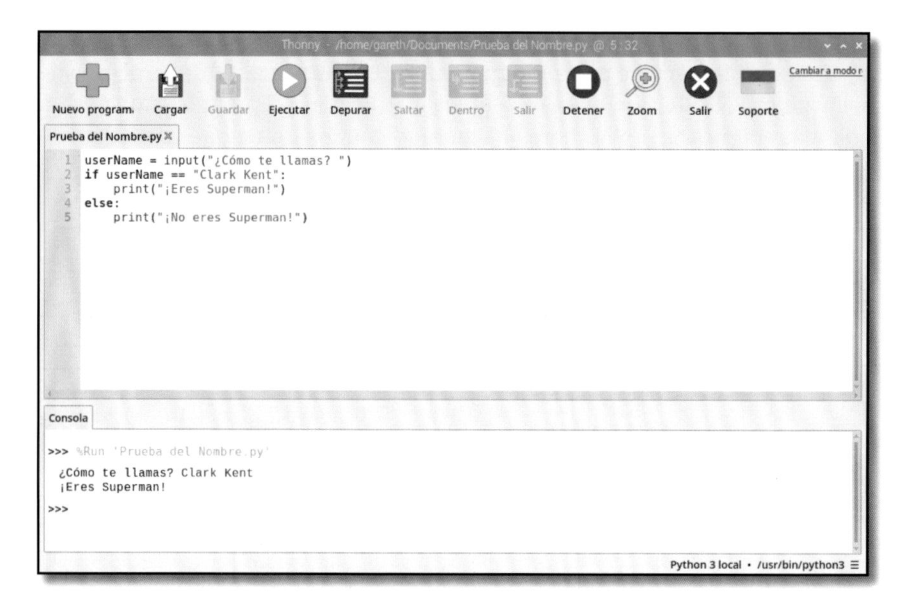

Figura 5-6 ¿No deberías estar salvando el mundo?

El símbolo `==` indica a Python que haga una comparación directa para comprobar si la variable `userName` concuerda con el texto (denominado *cadena*) especificado en tu programa. Si trabajas con números hay otras comparaciones que puedes hacer: `>` para ver si un número es mayor que otro número, `<` para ver si es menor, `=>` para ver si es igual o mayor que, `=<` para ver si es igual o menor que. También está `!=`, que significa no igual a y es justo lo contrario de `==`. Estos símbolos se conocen como *operadores de comparación*.

USANDO = Y ==

La clave para usar variables es aprender la diferencia entre `=` y `==`. Recuerda: `=` significa "hacer que esta variable sea igual a este valor", mientras que `==` significa "comprobar si la variable es igual a este valor". ¡Si te confundes al usarlos, es muy probable que tus programas no funcionen correctamente!

También puedes usar operadores de comparación en bucles. Elimina las líneas de la 2 a la 5 y escribe lo siguiente en su lugar:

```
while userName != "Clark Kent":
    print("No eres Superman. ¡Vuelve a intentarlo!")
    userName = input ("¿Cómo te llamas? ")
print("¡Eres Superman!")
```

Vuelve a hacer clic en el icono **Ejecutar** . Esta vez en lugar de finalizar el programa seguirá preguntando tu nombre hasta que confirme que eres Superman (**Figura 5-7**), de modo similar a una contraseña muy simple. Para salir del bucle escribe "Clark Kent" o haz clic en el icono **Detener** en la barra de herramientas de Thonny. ¡Enhorabuena: ahora ya sabes usar condicionales y operadores de comparación!

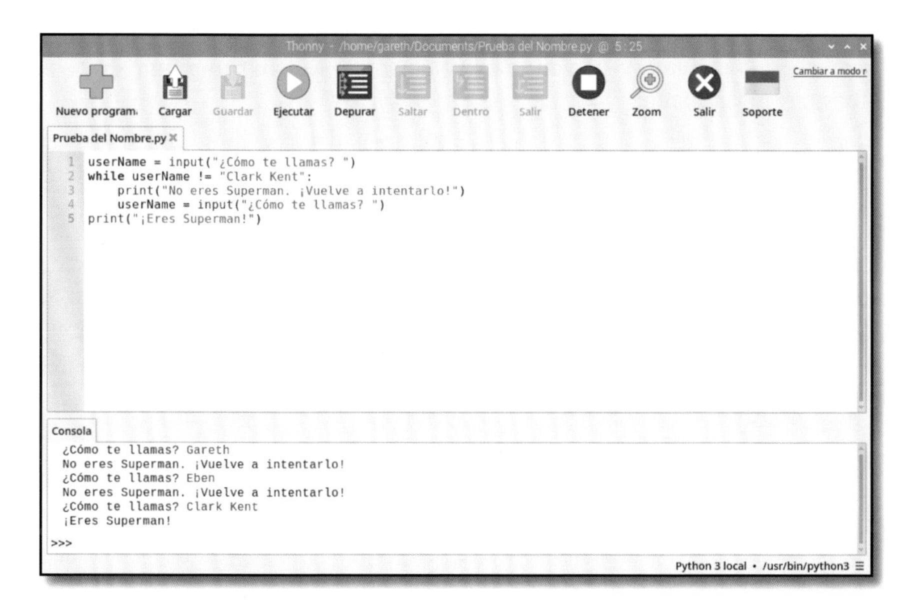

Figura 5-7 El programa insiste hasta que digas que te llamas Clark Kent

RETO: AÑADIR MÁS PREGUNTAS

¿Puedes cambiar el programa para que haga más de una pregunta y almacene las respuestas en múltiples variables? ¿Puedes hacer un programa que utilice condicionales y operadores de comparación y que muestre si un número ingresado por el usuario es mayor o menor que 5, como el programa que creaste en el Capítulo 4, *Programar con Scratch 3*?

Proyecto 1: Copos de nieve con Turtle

Ahora que entiendes cómo funciona Python ha llegado el momento de experimentar con gráficos y crear un copo de nieve usando una herramienta conocida como *turtle*.

Las "tortugas" son robots con forma de tortuga diseñados para moverse en línea recta, girar, y levantar y bajar un lápiz. Tanto si es un robot físico o uno digital, una tortuga, al moverse, empezará a dibujar una línea o detendrá esa acción. A diferencia de otros lenguajes, entre ellos Logo y sus muchas variantes, Python no tiene integrada una herramienta "tortuga", sino que usa una *biblioteca* de código adicional para adquirir esa funcionalidad. Las bibliotecas son paquetes de código que añaden nuevas instrucciones y que permiten expandir las capacidades de Python. Puedes añadir estas bibliotecas a tus programas mediante el comando `import`.

Crea un programa nuevo haciendo clic en el icono **Nuevo programa** y escribe en él lo siguiente:

```
import turtle
```

Cuando escribas instrucciones incluidas en una biblioteca debes usar el nombre de la biblioteca seguido de un punto y luego el nombre de la instrucción. Como puede ser engorroso tener que escribir todo eso una y otra vez, puedes asignar una instrucción a una variable con un nombre más corto. Aunque podría bastar con una sola letra, parece una buena idea usar uno que sirva también como nombre de mascota para la tortuga. Escribe lo siguiente:

```
pat = turtle.Turtle()
```

Para probar tu programa, tendrás que crear alguna tarea para la tortuga. Escribe:

```
pat.forward(100)
```

Haz clic en el icono **Guardar**, guarda el programa como **Copos de nieve de tortuga.py** y haz clic en el icono **Ejecutar**. Se abrirá una ventana titulada "Turtle Graphics" en la que se mostrará el resultado de tu programa: tu tortuga, Pat, avanzará 100 unidades trazando una línea recta (**Figura 5-8**).

Vuelve a la ventana principal de Thonny. Si está oculta detrás de la ventana de Turtle Graphics haz clic en el botón de minimizar en dicha ventana o haz clic en la entrada de Thonny que se encuentra en la barra de tareas de la parte superior de la pantalla. Cuando la ventana de Thonny esté en primer plano, haz clic en **Detener** para cerrar la ventana de Turtle Graphics.

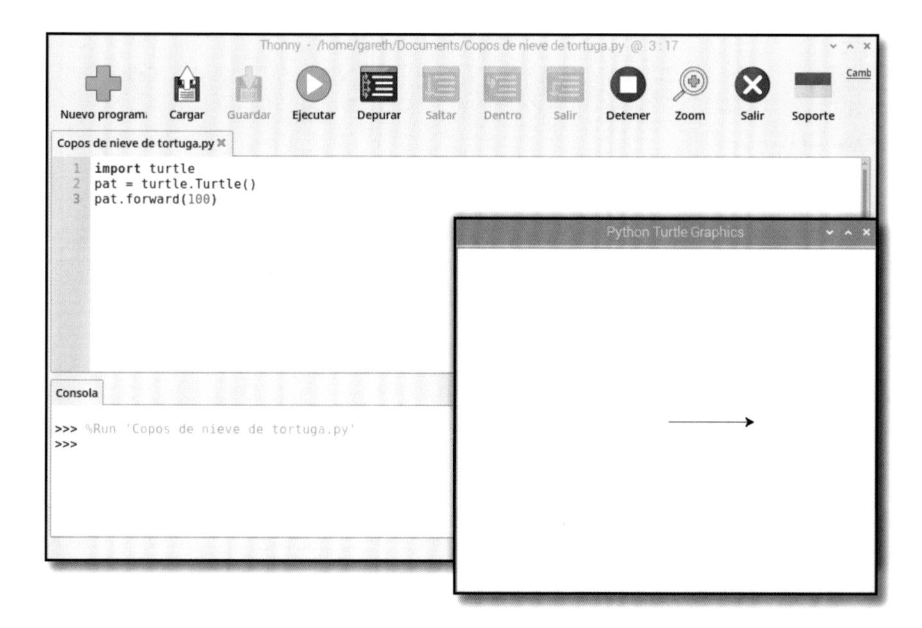

Figura 5-8 La tortuga se mueve hacia adelante para dibujar una línea recta

Escribir cada instrucción de movimiento a mano para dibujar algo más complejo sería tedioso, así que borra la línea 3 y crea un bucle que se encargue del trabajo de crear formas:

```
for i in range(2):
    pat.forward(100)
    pat.right(60)
    pat.forward(100)
    pat.right(120)
```

Ejecuta tu programa y Pat dibujará un paralelogramo (**Figura 5-9**).

Para convertir el paralelogramo en una forma parecida a un copo de nieve haz clic en el icono **Detener** de la ventana principal de Thonny y crea un bucle alrededor del bucle existente añadiendo lo siguiente como línea 3:

```
for i in range(10):
```

Luego añade lo siguiente en la parte inferior de tu programa:

```
    pat.right(36)
```

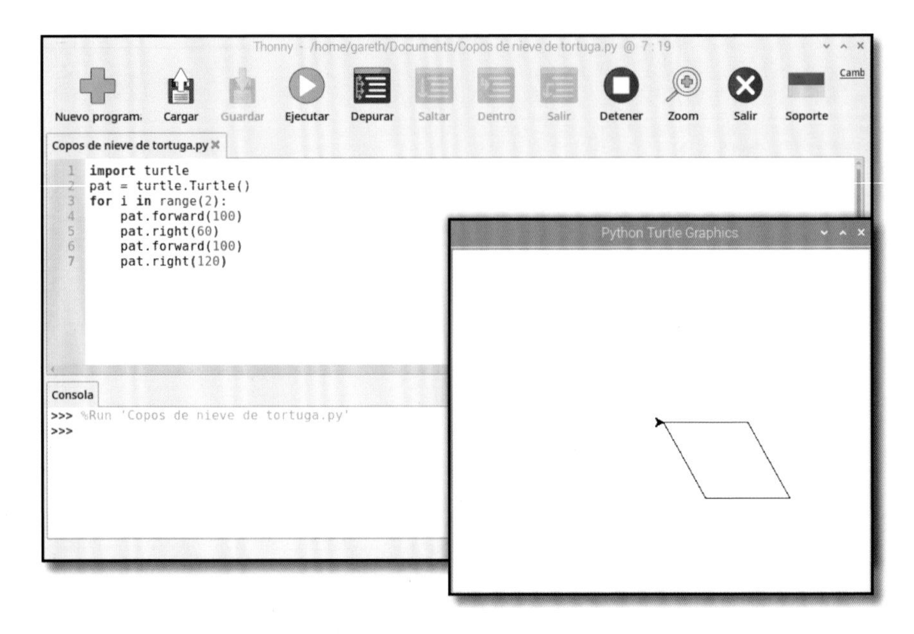

Figura 5-9 Puedes dibujar formas combinando giros y movimientos

El programa no se ejecutará tal como está porque el bucle existente no está sangrado correctamente. Para corregirlo haz clic al principio de cada línea en el bucle existente (líneas de la 4 a la 8) y pulsa la tecla **ESPACIO** cuatro veces para corregir la sangría. Tu programa debería verse así:

```
import turtle
pat = turtle.Turtle()
for i in range(10):
    for i in range(2):
        pat.forward(100)
        pat.right(60)
        pat.forward(100)
        pat.right(120)
    pat.right(36)
```

Haz clic en el icono **Ejecutar** y observa la tortuga: dibujará un paralelogramo como antes, pero al terminar girará 36 grados y seguirá dibujando hasta que haya diez paralelogramos superpuestos en la pantalla que formarán una especie de copo de nieve (**Figura 5-10**).

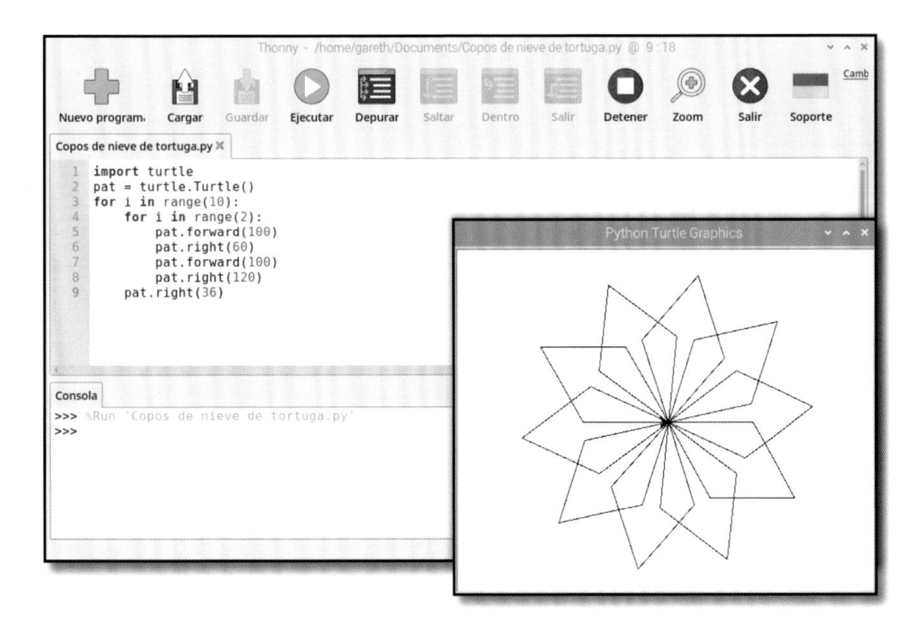

Figura 5-10 Repitiendo la forma para crear una más compleja

Mientras que una tortuga robótica puede dibujar en un solo color en un trozo de papel grande, la tortuga simulada de Python puede utilizar una gama de colores. Añade lo siguiente como nuevas líneas 3 y 4, empujando hacia abajo las líneas existentes:

```
turtle.Screen().bgcolor("blue")
pat.color("cyan")
```

Ejecuta tu programa de nuevo y verás el efecto del nuevo código: el color de fondo de la ventana de Turtle Graphics ha cambiado a azul y el copo de nieve es de color azul verdoso o cian (**Figura 5-11**).

También puedes elegir los colores al azar desde una lista usando la biblioteca `random`. Vuelve a la parte superior de tu programa e inserta esto como línea 2:

```
import random
```

Cambia el color de fondo en lo que ahora es la línea 4 de "blue" (azul) a "grey" (gris) y luego crea una variable llamada `colours` como una nueva línea 5:

```
colours = ["cyan", "purple", "white", "blue"]
```

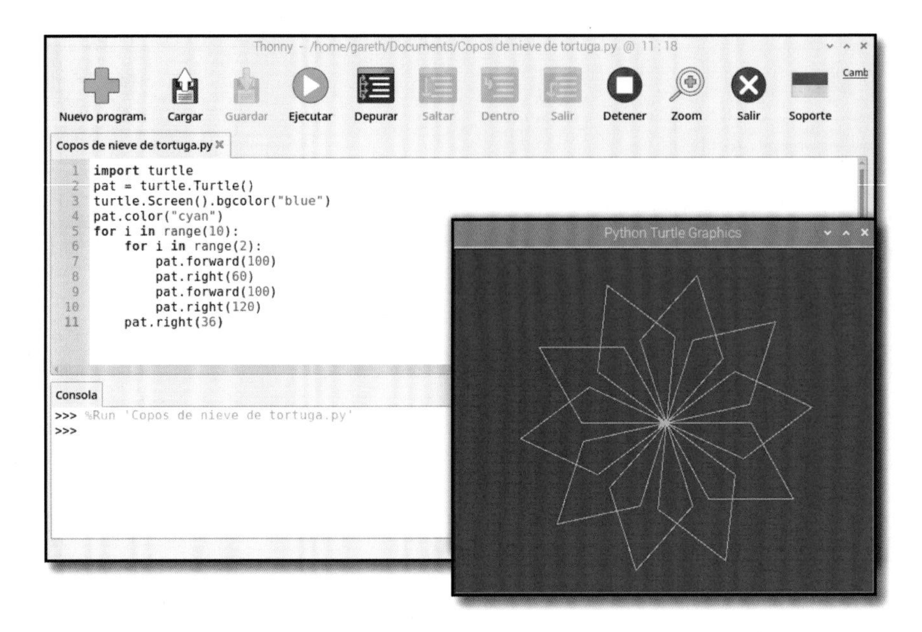

Figura 5-11 Cambiando los colores del fondo y de los copos de nieve

Este tipo de variable se denomina *lista* y está delimitado por corchetes. En este caso la lista contiene posibles colores para los segmentos de copos de nieve, pero aún hay que decirle a Python que elija uno cada vez que se repita el bucle. Al final del programa escribe lo siguiente (y no olvides asegurarte de que esta línea de código tenga una sangría de cuatro espacios para que forme parte del bucle exterior, al igual que la línea encima de él):

```
    pat.color(random.choice(colours))
```

ORTOGRAFÍA DE ESTADOS UNIDOS

Muchos lenguajes de programación usan la ortografía del inglés estadounidense y Python no es la excepción: el comando para cambiar el color del lápiz de la tortuga se escribe `color` y no funcionará si lo escribes como en inglés británico, `colour`. Sin embargo, las variables no tienen este tipo de restricciones: si alguna recibe el nombre `colours`, Python lo entenderá.

Haz clic en el icono **Ejecutar** y se volverá a dibujar el copo-estrella-ninja. Pero esta vez Python elegirá un color al azar en tu lista mientras dibuja cada pétalo, dándole al copo de nieve un bonito acabado multicolor como se muestra en la **Figura 5-12**.

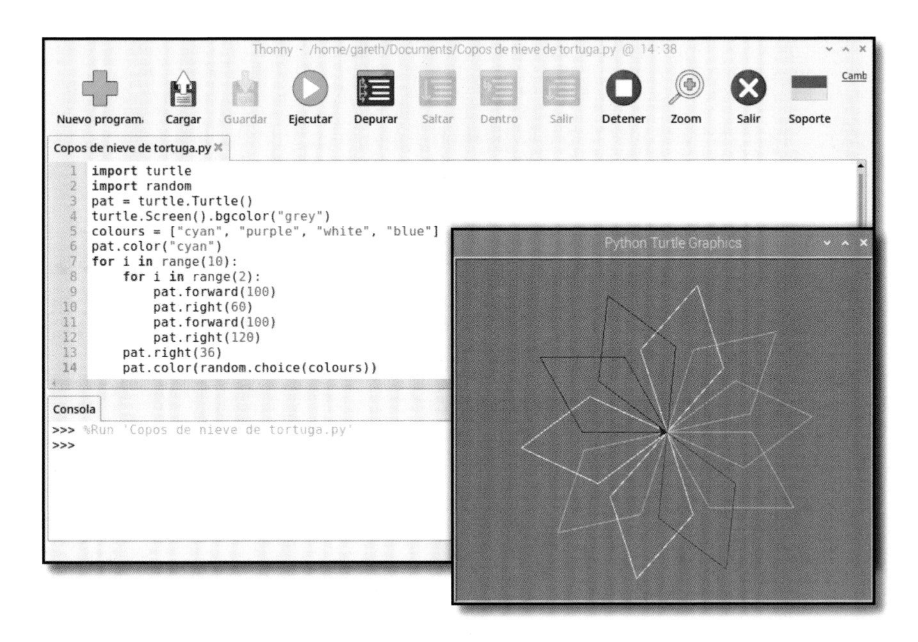

Figura 5-12 Usando colores aleatorios para los "pétalos"

Para que el copo de nieve se parezca menos a una estrella ninja y más a un copo de nieve real, añade una nueva línea 6 directamente debajo de tu lista **colours** y escribe:

```
pat.penup()
pat.forward(90)
pat.left(45)
pat.pendown()
```

Las instrucciones **penup** y **pendown**, usadas con un robot tortuga real, controlarían un bolígrafo y lo alejarían del papel o lo acercarían a él. Pero en el mundo virtual estas instrucciones le dicen a la tortuga que deje de dibujar, o que dibuje líneas al moverse, respectivamente. Esta vez, en lugar de usar un bucle, vas a crear una *función*, un segmento de código que puedes utilizar en cualquier momento. Viene a ser como crear tu propia instrucción de Python.

Comienza borrando el código que dibuja los copos mediante paralelogramos, es decir todo lo que hay entre la instrucción **pat.color("cyan")** de la línea 10 y **pat.right(36)** en la línea 17, ambas inclusive. Deja la instrucción **pat.color(random.choice(colours))** pero añádele un símbolo de almohadilla (**#**) al principio de la línea. Esto se conoce como *marcar con comentarios* una instrucción y significa que Python la pasará por alto cuando se ejecute el programa.

Puedes usar comentarios para añadir explicaciones a tu código, lo que hará que sea mucho más fácil de entender cuando vuelvas a él unos meses después o si se lo envías a otra persona.

Crea una función a la que llamarás **branch** (rama) escribiendo la siguiente instrucción en la línea 10, debajo de **pat.pendown()**:

```
def branch():
```

Esto *define* tu función y le asigna un nombre, **branch**. Al pulsar la tecla ENTER, Thonny añadirá automáticamente una sangría a las instrucciones de la función. Escribe lo siguiente, asegurándote de prestar mucha atención a la sangría porque vas a tener que anidar código con tres niveles de "profundidad".

```
    for i in range(3):
        for i in range(3):
            pat.forward(30)
            pat.backward(30)
            pat.right(45)
        pat.left(90)
        pat.backward(30)
        pat.left(45)
    pat.right(90)
    pat.forward(90)
```

Por último crea un nuevo bucle en la parte inferior del programa —pero encima de la línea **color** con comentario— para ejecutar o *llamar* a tu nueva función:

```
for i in range(8):
    branch()
    pat.left(45)
```

Tu programa final debería tener este aspecto:

```
import turtle
import random

pat = turtle.Turtle()
turtle.Screen().bgcolor("grey")
colours = ["cyan", "purple", "white", "blue"]

pat.penup()
pat.forward(90)
pat.left(45)
pat.pendown()
```

```
def branch():
    for i in range(3):
        for i in range(3):
            pat.forward(30)
            pat.backward(30)
            pat.right(45)
        pat.left(90)
        pat.backward(30)
        pat.left(45)
    pat.right(90)
    pat.forward(90)

for i in range(8):
    branch()
    pat.left(45)
#    pat.color(random.choice(colours))
```

Haz clic en **Ejecutar** y observa la ventana de gráficos mientras Pat dibuja basándose en tus instrucciones. ¡Enhorabuena! Ahora tu copo de nieve se parece mucho más a uno de verdad (**Figura 5-13**).

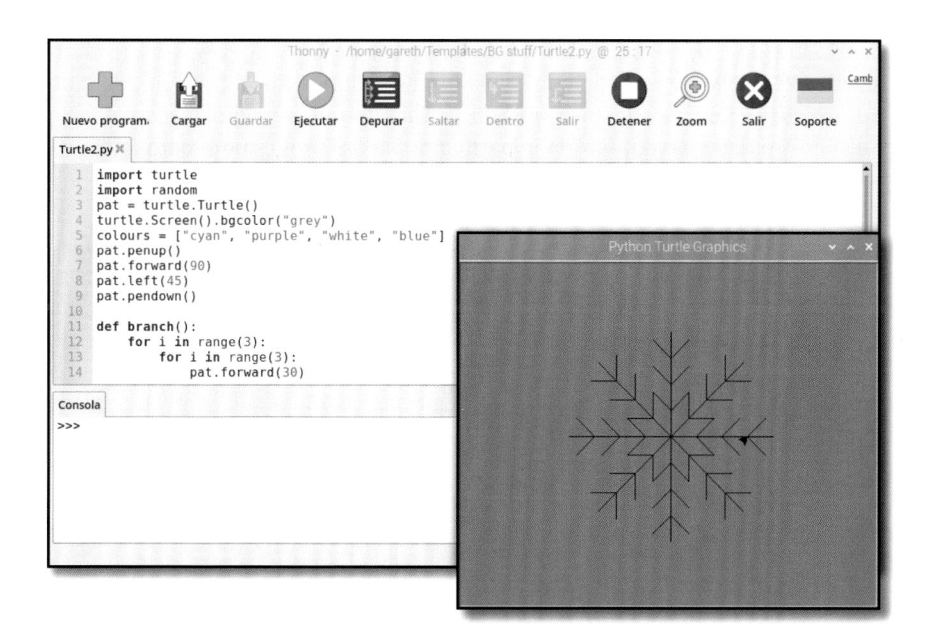

Figura 5-13 Las líneas adicionales hacen que parezca un copo de nieve real

RETO: ¿QUÉ MÁS?

¿Puedes usar las instrucciones marcadas como comentarios para que las puntas del copo de nieve se dibujen en distintos colores? ¿Puedes crear una función "snowflake" y usarla para dibujar muchos copos de nieve en la pantalla? ¿Puedes hacer que tu programa cambie aleatoriamente el tamaño y el color de los copos de nieve?

Proyecto 2: Diferencias horripilantes

Además de gráficos de tortuga Python puede manejar imágenes y sonidos. Con ellos vamos a crear un juego de "encuentra las diferencias" que será perfecto para gastar una broma a tus amigos, pues este juego esconderá un secreto aterrador, ¡perfecto para Halloween!

Este proyecto necesita dos imágenes —la de "encuentra las diferencias" y la imagen sorpresa "siniestra"— y un archivo de sonido. Haz clic en el icono de Raspberry Pi para cargar el menú de Raspberry Pi, elige la categoría **Internet** y haz clic en **Navegador web Chromium**. Cuando se abra, escribe **rptl.io/spot-pic** en la barra de direcciones y pulsa la tecla **ENTER**. Haz clic con el botón derecho del ratón en la imagen y luego haz clic en **Guardar imagen como**, elige la carpeta **personal** en la lista de la izquierda y haz clic en el botón **Guardar**. Haz clic de nuevo en la barra de direcciones de Chromium, escribe **rptl.io/scary-pic** y pulsa la tecla **ENTER**. Tal como has hecho antes, haz clic con el botón derecho del ratón en la imagen, haz clic en **Guardar imagen como**, elige la carpeta **personal** y haz clic en **Guardar**.

Para obtener el archivo de sonido vuelve a hacer clic en la barra de direcciones, escribe **rptl.io/scream** y pulsa la tecla **ENTER**. Este archivo (el sonido de un grito para asustar al jugador) se descargará automáticamente, pero para poder usarlo deberás renombrarlo y moverlo a la carpeta **personal**. Cuando el archivo se haya descargado verás aparecer en la parte superior derecha del navegador el icono de una flecha apuntando hacia abajo. Haz clic en ese icono, ubica el archivo que acabas de descargar (**en_images_....wav**) y haz clic en el icono de carpeta que aparece junto a su nombre. En la ventana de Gestor de archivos emergente haz clic con el botón derecho en el archivo **en_images_....wav** y luego haz clic en **Renombrar**. Escribe **scream.wav** y presiona **ENTER**. Ahora haz clic con el botón derecho en el archivo ahora llamado haz clic enscream.wav y luego **Cortar**. Por último, haz clic en **Carpeta personal** en la parte superior izquierda del gestor de archivos, haz clic con el botón derecho en cualquier espacio vacío de la ventana de visualización de archivos de la derecha y haz clic en **Pegar**. Ahora puedes cerrar Chromium y las ventanas del gestor de archivos.

Haz clic en el icono **Nuevo programa** de la barra de herramientas de Thonny para empezar un proyecto nuevo. Esta vez también vas a usar una biblioteca para ampliar las capacidades de Python, pero en esta ocasión se trata de la biblioteca **pygame** que, como su nombre indica, está pensada especialmente para juegos. Escribe lo siguiente:

```
import pygame
```

También necesitarás algunas partes de otras bibliotecas y una subsección de la biblioteca de Pygame. Importa esos elementos añadiendo las siguientes líneas:

```
from pygame.locals import *
from time import sleep
from random import randrange
```

La instrucción **from** es distinta de la instrucción **import** ya que permite importar únicamente ciertas secciones de la biblioteca en lugar de importarla entera. A continuación tienes que configurar Pygame, procedimiento conocido como *inicialización*. Pygame necesita los datos de ancho y alto (*la resolución*) del monitor o TV del jugador. Añade lo siguiente a tu programa:

```
pygame.init()
width = pygame.display.Info().current_w
height = pygame.display.Info().current_h
```

El último paso para configurar Pygame es crear la ventana principal, que en Pygame se denomina pantalla. Escribe lo siguiente:

```
screen = pygame.display.set_mode((width, height))
pygame.display.update()
# Escribe tu programa aquí
pygame.quit()
```

Fíjate en la línea con el comentario : ahí es donde irá tu programa. De momento, haz clic en el icono **Guardar**, guarda el programa como **Spot the Difference.py**, haz clic en el icono **Ejecutar** y observa qué ocurre. Pygame creará una ventana, la rellenará con un fondo negro y la cerrará de inmediato al llegar a la instrucción "quit" (salir). Aparte de mostrar un mensaje corto en el shell (**Figura 5-14**), el programa, de momento, no hace gran cosa.

Para mostrar la imagen del juego de diferencias elimina el comentario encima de **pygame.quit()** y reemplázalo con lo siguiente :

```
difference = pygame.image.load('spot_the_diff.png')
```

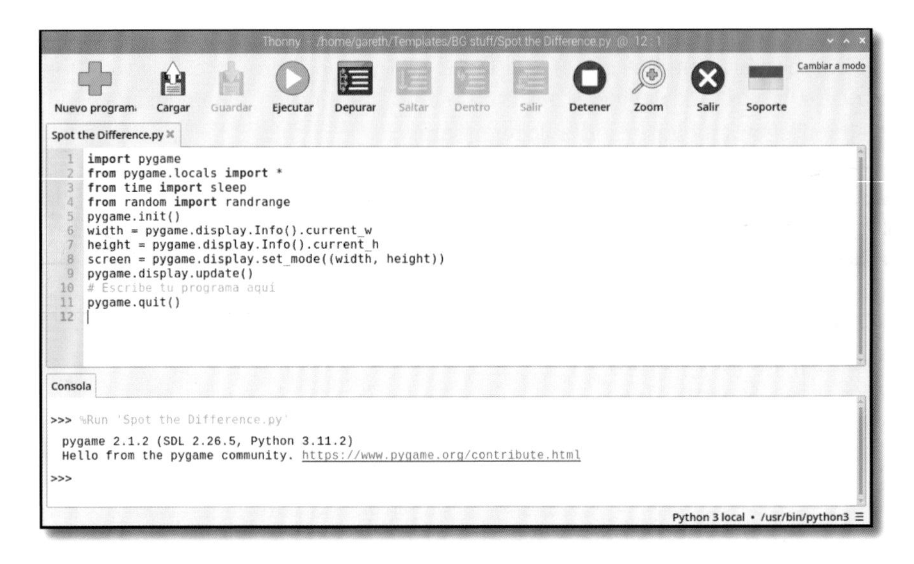

Figura 5-14 Tu programa funciona pero aún no hace gran cosa

Para que la imagen llene la pantalla tendrás que cambiar su escala para ajustarla a la resolución del monitor. Escribe lo siguiente luego de la línea anterior:

```
difference = pygame.transform.scale(difference, (width, height))
```

Ahora que la imagen está en la memoria tienes que decirle a Pygame que la muestre en la pantalla. A este proceso se le conoce como *blitting* o *transferencia de bloques de bits*. Añade lo siguiente a tu programa:

```
screen.blit(difference, (0, 0))
pygame.display.update()
```

La primera de estas líneas copia la imagen en la pantalla empezando por la esquina superior izquierda y la segunda le dice a Pygame que redibuje la pantalla. Sin esta segunda línea la imagen estaría en el lugar correcto en la memoria pero nunca se haría visible.

Haz clic en el icono **Ejecutar** y la imagen que se muestra en la **Figura 5-15** aparecerá brevemente en la pantalla.

Para que la imagen sea visible durante más tiempo añade la siguiente línea justo antes de `pygame.quit()`:

```
sleep(3)
```

Figura 5-15 La imagen de tu juego de "encuentra las diferencias"

Vuelve a hacer clic en el icono **Ejecutar** y observarás que la imagen se mantiene más tiempo en la pantalla. Ahora añade tu imagen sorpresa escribiendo lo siguiente justo debajo de la línea `pygame.display.update()`:

```
zombie = pygame.image.load('scary_face.png')
zombie = pygame.transform.scale(zombie, (width, height))
```

Añade un retardo para que la imagen del zombi no aparezca inmediatamente:

```
sleep(3)
```

Luego transfiere la imagen a la pantalla (es decir, haz un "blit") y actualízala para que aparezca frente al jugador:

```
screen.blit(zombie, (0,0))
pygame.display.update()
```

Haz clic en el icono **Ejecutar** y observa qué ocurre: Pygame cargará y mostrará tu imagen de diferencias pero al cabo de tres segundos la sustituirá por la del horrendo zombi (**Figura 5-16**).

Figura 5-16 Para asustar a cualquiera

Y aunque terrorífico, lo cierto es que con el retardo fijo de tres segundos la cosa es algo predecible. Cambia la línea `sleep(3)` ubicada encima de `screen.blit(zombie, (0,0))` a:

```
sleep(randrange(5, 15))
```

Esto elige al azar un número entre 5 y 15 y lo utiliza para la duración del retardo. Ahora añade la siguiente línea justo encima de la instrucción `sleep` para cargar el archivo de sonido del grito:

```
scream = pygame.mixer.Sound('scream.wav')
```

Escribe lo siguiente en una línea nueva después de tu instrucción `sleep`. Esto hará que el sonido se reproduzca justo antes de que el jugador vea el zombi:

```
scream.play()
```

Por último dile a Pygame que deje de reproducir el sonido escribiendo la siguiente línea justo encima de `pygame.quit()`:

```
scream.stop()
```

Haz clic en el icono **Ejecutar** y admira tu trabajo: tras unos segundos de inocente diversión buscando las diferencias aparecerá la imagen del zombi y se oirá un grito espeluznante que helará tu sangre. ¡Seguramente darás un buen susto a tus amigos! Si la imagen del zombi aparece antes de iniciarse el sonido, puedes compensarlo añadiendo un breve retardo justo después de la instrucción `scream.play()` y antes de `screen.blit`:

```
sleep(0.4)
```

Tu programa final debería tener este aspecto:

```
import pygame
from pygame.locals import *
from time import sleep
from random import randrange

pygame.init()
width = pygame.display.Info().current_w
height = pygame.display.Info().current_h
screen = pygame.display.set_mode((width, height))
pygame.display.update()

difference = pygame.image.load('spot_the_diff.png')
difference = pygame.transform.scale(difference, (width, height))
screen.blit(difference, (0, 0))
pygame.display.update()

zombie = pygame.image.load('scary_face.png')
zombie = pygame.transform.scale (zombie, (width, height))
scream = pygame.mixer.Sound('scream.wav')
sleep(randrange(5, 15))
scream.play()
screen.blit(zombie, (0,0))
pygame.display.update()

sleep(3)
scream.stop()
pygame.quit()
```

Lo único que falta ahora es que invites a tus amigos a buscar las diferencias... ¡ con sus altavoces encendidos, por supuesto!

RETO: CAMBIO DE VISIÓN

¿Puedes cambiar las imágenes para adaptar la broma a otros eventos como por ejemplo las fiestas navideñas? ¿Puedes usar un editor de gráficos para dibujar tus propias imágenes, tanto la de diferencias como la imagen sorpresa? ¿Puedes rastrear los clics que el usuario hace en las diferencias para hacer el juego más convincente?

Proyecto 3: Aventura de texto

Ahora que ya tienes algo de práctica con Python es hora de usar Pygame para hacer algo un poco más complicado: un juego de laberinto totalmente funcional inspirado en las clásicas aventuras de texto. También conocidos como ficción interactiva, estos juegos se remontan a la época en que los ordenadores no podían gestionar gráficos complejos. Aún hoy siguen teniendo aceptación en algunos grupos de jugadores que argumentan que los mejores gráficos son los de nuestra propia imaginación.

Este programa es algo más complejo que los otros descritos en este capítulo. Para facilitarte las cosas empezarás con una versión parcialmente escrita. Abre el navegador web Chromium y ve a **rptl.io/text-adventure-es**.

Chromium cargará el código para el programa en el mismo navegador. Haz clic con el botón derecho en la página del navegador, elige **Guardar como** y guarda el archivo como **text-adventure.py** en tu carpeta de descargas. Es probable que veas una advertencia sobre la posibilidad de que este tipo de archivo —un programa Python— dañe tu ordenador. Como has descargado el archivo de una fuente de confianza es seguro hacer clic en el botón **Descargar**. Regresa a Thonny y haz clic en el icono **Cargar**. Luego localiza el archivo **text-adventure.py** en la carpeta **Downloads** y haz clic en el botón **Cargar**.

Para familiarizarte con el funcionamiento de una aventura de texto empieza haciendo clic en el icono **Ejecutar**. El resultado del juego aparecerá en el área de shell ubicada en la parte inferior de la ventana de Thonny. Para facilitar la lectura de los mensajes del juego, puedes agrandar la ventana de Thonny haciendo clic en el botón de maximizar,.

Tal y como está ahora el juego es muy simple: hay dos habitaciones y ningún objeto. El jugador comienza en la `Sala`, la primera de las dos habitaciones. Para ir a la `Cocina` simplemente escribe '`ir sur`' y pulsa la tecla **ENTER** (**Figura 5-17**). Cuando estés en la `Cocina` puedes escribir '`ir norte`' para regresar a la `Sala`. También puedes escribir '`ir oeste`' e '`ir este`', pero como no hay habitaciones en esas direcciones el juego te mostrará un mensaje de error.

Pulsa el icono **Detener** para detener el programa, baja hasta la línea 30 en el área de script y localiza una variable denominada `rooms`. Este tipo de variable se conoce como *diccionario* y aquí la usamos para definir las habitaciones, sus salidas y a qué habitación conduce cada una de ellas.

Para hacer el juego más interesante vamos a añadir otra habitación: un `Comedor` al este de la `Sala`.

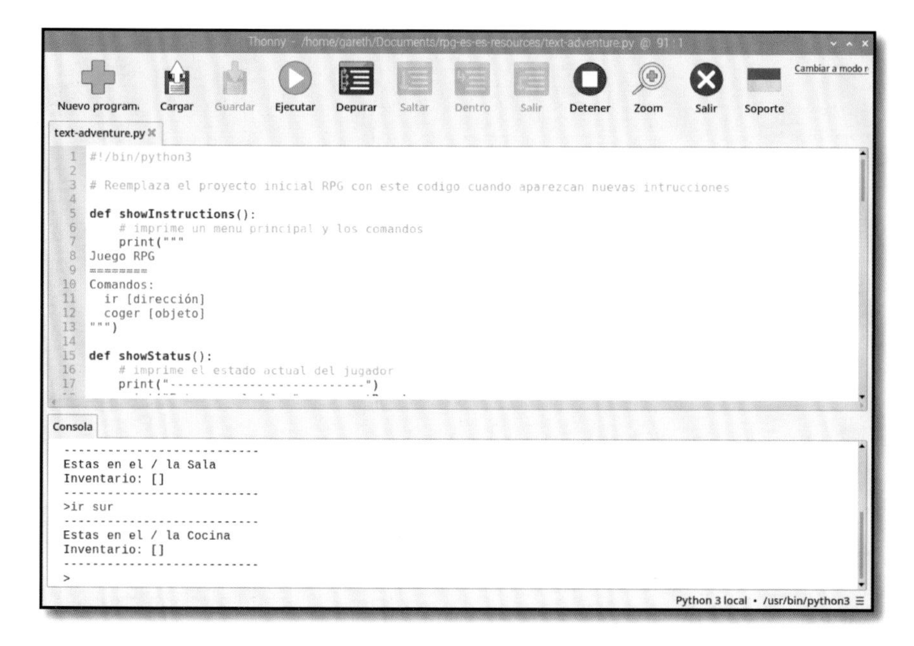

Figura 5-17 De momento solo hay dos habitaciones

Localiza la variable `rooms` en el área de scripts y amplíala añadiendo una coma (`,`) después de `}` en la línea 38. Luego escribe lo siguiente:

```
'Comedor' : {
    'oeste' : 'Sala'
}
```

También necesitarás una nueva puerta en la `Sala` ya que éstas no se crean automáticamente. Ve al final de la línea 33, coloca una coma y luego añade la siguiente línea:

```
'este' : 'Comedor'
```

Haz clic en el icono **Ejecutar** y visita la nueva habitación: escribe '`ir este`' cuando estés en la `Sala` para entrar en el `Comedor` (**Figura 5-18**) y escribe '`ir oeste`' cuando estés en el `Comedor` para volver a la `Sala`. ¡Enhorabuena! Has creado una habitación.

Pero las habitaciones vacías son algo aburridas. Para añadir un elemento a una habitación tendrás que modificar su diccionario. Haz clic en el icono **Detener** para detener el programa. Luego localiza el diccionario `Sala` en el

Figura 5-18 Has añadido una nueva habitación

área de scripts, añade una coma al final de la línea `'east' : 'Comedor'`, pulsa ENTER y escribe esta línea:

```
'objeto' : 'llave'
```

Vuelve a hacer clic en el icono **Ejecutar**. Esta vez el juego te dirá que puedes ver tu nuevo objeto: una llave. Escribe '`coger llave`' (**Figura** 5-19) para tomarla y añadirla a la lista de elementos que llevas contigo, también llamada *inventario*. El inventario va contigo de una habitación a otra.

Haz clic en el icono **Detener**. Vamos a hacer el juego aún más interesante añadiendo un monstruo que los jugadores tendrán que evitar. En el diccionario localiza la entrada `Cocina` y añádele un elemento '`monstruo`', de la misma forma en que añadiste el objeto '`llave`'. Acuérdate de poner una coma al final de la línea sobre:

```
'objeto' : 'monstruo'
```

Ahora debes añadir algo de lógica al programa para que el monstruo pueda atacar al jugador. Desplázate hasta el fondo del programa en el área de script y añade las siguientes líneas. Incluye el comentario (el texto marcado con un símbolo de almohadilla) que indica que el jugador pierde si entra en la habitación

```
Thonny - /home/gareth/Documents/rpg-es-es-resources/text-adventure.py @ 55 : 1

Nuevo program.  Cargar  Guardar  Ejecutar  Depurar  Saltar  Dentro  Salir  Detener  Zoom  Salir  Soporte

text-adventure.py
27 inventory = []
28
29 # un diccionario que une una habitacion a las posiciones de las otras habitaciones
30 rooms = {
31
32     'Sala' : {
33         'sur' : 'Cocina',
34         'este' : 'Comedor',
35         'objeto' : 'llave'
36     },
37
38     'Cocina' : {
39         'norte' : 'Sala'
40     },
41
42     'Comedor' : {
43         'oeste' : 'Sala'
```

```
Consola
Inventario: []
Puedes ver un/una llave
---------------------------
>coger llave
¡Ahora tienes un/una llave!
---------------------------
Estas en el / la Sala
Inventario: ['llave']
---------------------------
>
```

Figura 5-19 La llave se añade a tu inventario

en la que está el monstruo. Esto te ayudará a entender el programa si lo dejas por un tiempo y luego vuelves a él. Además, asegúrate de sangrar las líneas que lo requieran y escribir en una sola línea todo lo que haya entre `if` y los dos puntos (`:`):

```
# El jugador pierde si hay un monstruo aquí
if 'objeto' in rooms[currentRoom]
      and 'monstruo' in rooms[currentRoom]['objeto']:
    print('Te ha pillado el monstruo... JUEGO TERMINADO!')
    break
```

Haz clic en el icono **Ejecutar** y ve a la cocina (**Figura 5-20**). ¡Al monstruo no le va a gustar!

Para convertir esta aventura en un juego como debe ser, deberías añadir más objetos, otra habitación y la posibilidad de "ganar" saliendo de la casa con todos los objetos a salvo en el inventario. Para empezar añade otra habitación como has hecho antes con el `Comedor`. Esta vez vas a añadir un `Jardín`. Ubica el `Comedor` en el diccionario y añade ahí una salida. Acuérdate de añadir una coma al final de la línea de arriba:

```
'sur' : 'Jardín'
```

Figura 5-20 Las ratas son lo de menos, hay un monstruo en la cocina

Luego añade la habitación nueva al diccionario principal `rooms`. Recuerda añadir la coma después de `}` en la línea de arriba:

```
'Jardín' : {
    'norte' : 'Comedor'
}
```

Añade un objeto 'poción' al diccionario `Comedor` y recuerda escribir la coma necesaria a la línea de arriba:

```
'objeto' : 'pocion'
```

Por último, ve al final del programa y añade las líneas de código con la lógica necesaria para comprobar si el jugador tiene todos los objetos y de ser así, informar al jugador que ha ganado el juego. Asegúrate de sangrar las líneas que lo requieran y de escribir en una sola línea todo lo que haya entre `if` y los dos puntos (`:`):

```
# Escapa con la llave y la poción para ganar
if currentRoom == 'Jardín' and 'llave' in inventory
        and 'pocion' in inventory:
    print('Has escapado de la casa... ¡HAS GANADO!')
```

```
        break
```

Haz clic en el icono **Ejecutar** e intenta completar el juego cogiendo la llave y la poción antes de ir al jardín. Evita entrar en la `Cocina`, recuerda que ahí está el monstruo.

Como último retoque añade instrucciones para indicar al jugador cómo completar el juego. Ve a la parte superior del programa, donde se define la función `showInstructions()` y añade:

```
Llega al jardín con una llave y una poción
¡Evita a los monstruos!
```

Ejecuta el juego por última vez y verás que tus nuevas instrucciones aparecen al principio. ¡Enhorabuena! Has creado un juego de laberinto interactivo basado en texto.

RETO: EXPANDIR EL JUEGO

¿Puedes añadir más habitaciones para que el juego dure más? ¿Puedes añadir un objeto que sirva como protección contra el monstruo? ¿Cómo añadirías un arma para acabar con el monstruo? ¿Puedes añadir habitaciones encima y debajo de las existentes y a las que se acceda por escaleras?

Capítulo 6

Informática física con Scratch y Python

Programar puede ser más que hacer cosas en una pantalla: también puedes controlar componentes electrónicos conectados a los pines GPIO de tu Raspberry Pi.

Cuando las personas piensan en "programar" o "codificar" generalmente se imaginan algo relacionado a aplicaciones o software. Y es comprensible que piensen así. Pero la programación puede ser también más que software: puede permitirnos interactuar con el mundo real a través del hardware. Esto se conoce como *informática (o computación) física*.

Como el nombre sugiere, la informática física está relacionada con el control de las cosas en el mundo real a través de tus programas; es decir, hacer que el hardware y el software trabajen juntos. Cuando cambiamos la temperatura en el termostato de casa o pulsamos un botón en un semáforo para cruzar de manera segura, estamos utilizando la informática física.

Raspberry Pi es un dispositivo excelente para aprender sobre informática física gracias al sistema de pines de *entrada/salida de uso general* o *GPIO*.

El sistema GPIO

En el borde superior de la placa de circuito del Raspberry Pi (o en la parte posterior del Raspberry Pi 400) verás dos filas de pines metálicos. Se trata del sistema GPIO que te permitirá conectar a tu Raspberry Pi piezas de hardware como LED e interruptores y controlarlos con los programas que crees. Estos pines pueden utilizarse como entradas o como salidas.

El sistema GPIO de Raspberry Pi se compone de 40 pines macho como los que se muestra en la **Figura 6-1**. Algunos pines están disponibles para proyectos de informática física, otros suministran energía y otros se usan para la comunicación con hardware adicional como las placas Sense HAT (consulta el Capítulo 7, *Informática física con Sense HAT*).

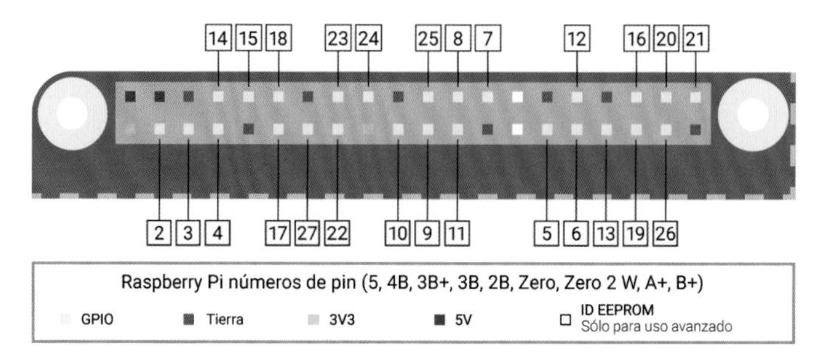

Figura 6-1 Mapa de pines GPIO de un Raspberry Pi

El Raspberry Pi 400 tiene el mismo sistema GPIO con los mismos pines que se encuentran en otros modelos de Raspberry Pi. Sin embargo, en el Raspberry Pi 400 el sistema GPIO está "boca abajo" con relación a los otros modelos. La **Figura 6-2** representa el sistema GPIO visto desde la parte posterior del Raspberry Pi 400. Siempre debes verificar la posición en que has colocado los cables al conectar cualquier cosa al sistema GPIO del Raspberry Pi 400 porque es muy fácil equivocarse, ¡a pesar de las etiquetas "Pin 40" y "Pin 1" de la carcasa!

El Raspberry Pi Zero 2 W también tiene un sistema GPIO pero no viene con los pines de cabezal instalados de fábrica. Para poder hacer proyectos de informática física con un Raspberry Pi Zero 2 W u otros modelos de la familia Raspberry Pi Zero tendrás que *fijar* los pines a la placa usando un soldador. Si aún no te atreves a hacer algo así, pide a un distribuidor de Raspberry Pi autorizado un Raspberry Pi Zero 2 WH, que es el modelo que tiene los pines del cabezal ya soldados.

EXTENSIONES DE GPIO

Aunque el sistema GPIO de Raspberry Pi 400 se puede usar tal cual, encontrarás que es más fácil usar una extensión. Con ella los pines se llevan al lateral del Raspberry Pi 400 y se hace posible ajustar el cableado sin tener que revisar constantemente la parte posterior del equipo. Entre las extensiones compatibles están la gama Black HAT Hack3r de **pimoroni.com** y Pi T-Cobbler Plus de **adafruit.com**.

Siempre que compres una extensión debes comprobar cómo es su cableado. En caso de duda sigue siempre las instrucciones del fabricante de la extensión en lugar de los diagramas de pines mostrados en esta guía.

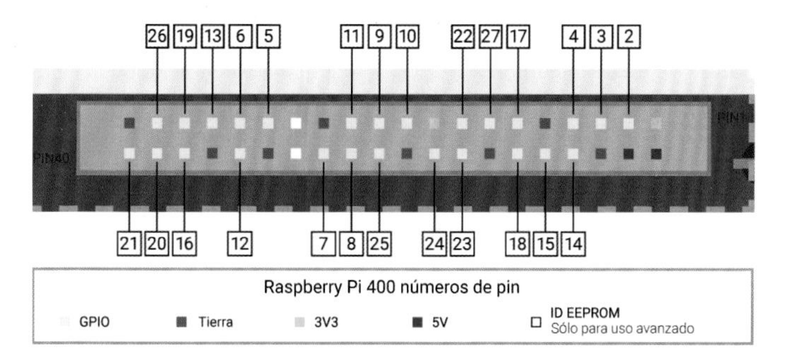

Figura 6-2 Diagrama de conexión de pines GPIO del Raspberry Pi 400

Existen varias categorías de tipos de pines, cada una con una función concreta:

3V3	3,3 voltios de potencia	Una fuente de energía de 3,3 V encendida permanentemente con el mismo voltaje que el Raspberry Pi usa internamente
5V	5 voltios de potencia	Una fuente de energía de 5 V encendida permanentemente, con el mismo voltaje que el Raspberry Pi toma del conector de alimentación USB-C
Ground (GND)	0 voltios (tierra)	Una conexión a tierra, usada para completar un circuito conectado a la fuente de alimentación
GPIO XX	Pin XX de entrada/salida de propósito general	Los pines GPIO disponibles para tus programas, identificados por un número del 2 al 27
ID EEPROM	Pines reservados para fines especiales	Los pines reservados para usarlos con placas HAT y otros accesorios

¡ADVERTENCIA!

El sistema GPIO ofrece una forma divertida y segura de experimentar con la informática física, pero debes utilizarlo con precaución. Ten cuidado de no doblar los pines al conectar y desconectar el hardware. Nunca conectes dos pines directamente entre sí, a menos que las instrucciones de un proyecto lo indiquen de manera específica. Conectar dos pines entre sí puede provocar un *cortocircuito*, lo que puede dañar tu Raspberry Pi.

Componentes electrónicos

El sistema GPIO es solo una parte de lo que necesitarás para empezar a trabajar con la informática física. También te harán falta algunos componentes eléctricos, es decir, aquellos dispositivos que controlarás desde el sistema GPIO. Hay miles de componentes diferentes disponibles pero la mayoría de los proyectos que usan el sistema GPIO se pueden realizar utilizando estos de uso común:

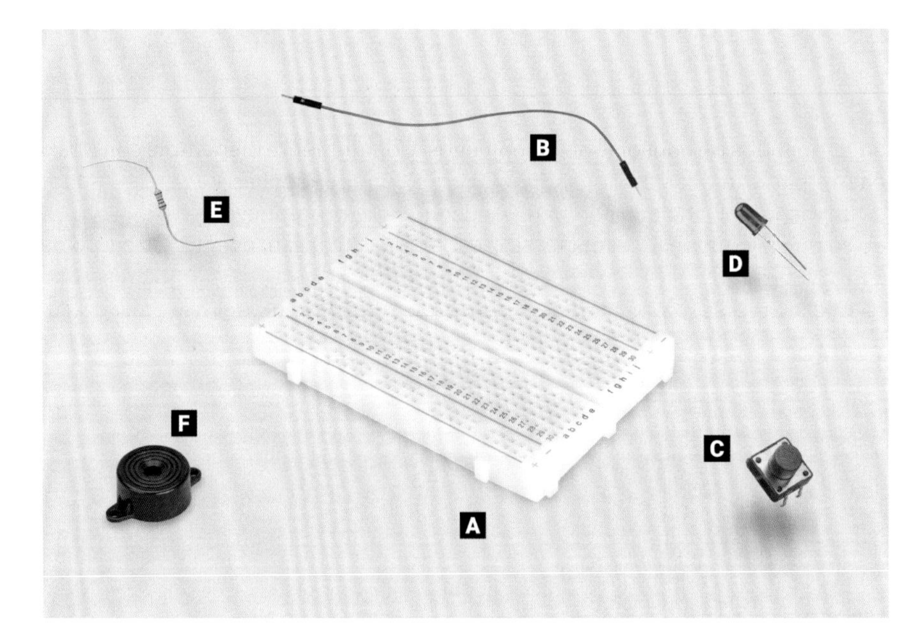

Figura 6-3 Componentes electrónicos comunes

A Placa de pruebas

B Cable puente

C Interruptor momentáneo

D Diodo emisor de luz (LED)

E Resistencia

F Zumbador piezoeléctrico

Una *placa de pruebas* (**A**), también conocida como *placa de pruebas sin soldadura*, puede facilitar considerablemente los proyectos de informática física. En lugar de tener un montón de componentes individuales que hace falta conectar con cables, una placa de pruebas te permite insertar los componentes directamente en ella y los conecta a través de líneas metálicas ocultas bajo su superficie. Muchas placas de pruebas también incluyen secciones para la distribución de energía, lo que facilita aún más la construcción de circuitos. Aunque no sea esencial para empezar con la informática física, una placa de pruebas es un accesorio muy útil.

Los cables puente (**B**), o simplemente *puentes*, se usan para conectar componentes electrónicos a un Raspberry Pi y si no estás usando una placa de pruebas también permiten conectar los componentes entre sí. Estos cables están disponibles en tres versiones: macho-hembra (M2F), necesarios para conectar un placa de pruebas a los pines GPIO; hembra-hembra (F2F), que se pueden utilizar para conectar componentes individuales entre sí en caso de no utilizar una placa de pruebas; y macho-macho (M2M), para establecer conexiones entre partes distintas de una misma placa de pruebas. Dependiendo de tu proyecto, podrías necesitar los tres tipos de cables puente. Si usas una placa de pruebas suele bastar con usar cables puente M2F y M2M.

Un *interruptor momentáneo o pulsador* (**C**) es un tipo de interruptor habitual en los mandos de consolas de videojuegos. Comúnmente disponible con dos o cuatro patas (ambas opciones funcionarán con un Raspberry Pi), el pulsador es un dispositivo de entrada: puedes decirle a tu programa que detecte cuándo se pulsa y que realice una tarea como respuesta a este evento. Otro tipo de interruptor común es un *interruptor de retención (o interruptor con enganche)*. Mientras un pulsador solamente está activo cuando lo mantienes pulsado, un *interruptor de retención* (similar a los interruptores de luz comunes) se mantiene activo hasta que vuelves a accionarlo para desactivarlo.

Un *diodo emisor de luz* (*LED*, **D**) es un *dispositivo de salida* que puedes controlar directamente desde tu programa. Cuando un LED está encendido se ilumina y por esta característica es muy fácil darse cuenta de que los tienes por toda la casa: desde los pequeños que avisan cuando la lavadora sigue encendida hasta los grandes que pueden iluminar tus habitaciones. Los LED están disponibles en una amplia gama de formas, colores y tamaños, pero no todos son adecuados para usar con tu Raspberry Pi: evita los que dicen estar diseñados para fuentes de alimentación de 5 V o 12 V.

Las resistencias (**E**) son componentes que controlan el flujo de la *corriente eléctrica* y están disponibles en diferentes valores identificados con una unidad llamada *ohmio* (Ω). Cuanto mayor sea el número de ohmios, más resistencia ofrecen. En los proyectos de informática física de Raspberry Pi, la finalidad más común de una resistencia es la de limitar la cantidad de corriente que usarán los LED para que no se dañen ellos o el Raspberry Pi. Para esta tarea te recomendamos usar resistencias de unos 330 Ω, aunque muchos proveedores de componentes electrónicos venden paquetes que contienen distintos valores de uso común, lo que los hace más prácticos y flexibles.

Un *zumbador piezoeléctrico* (**F**), o simplemente zumbador o sirena, es otro dispositivo de salida. Mientras que un LED produce luz, un zumbador produce un sonido similar a un zumbido. Dentro de la carcasa de plástico del zumbador hay un par de placas de metal. Cuando están activas, vibran una contra la otra para producir el zumbido. Hay dos tipos de zumbadores: *activos* y *pasivos*. Asegúrate de tener uno activo, ya que son los más simples de usar.

Existen otros componentes electrónicos de uso común, como por ejemplo motores (que necesitan una placa de pruebas de control especial antes de poder conectarse al Raspberry Pi), sensores infrarrojos para detectar movimiento, sensores de temperatura y humedad que pueden utilizarse para predecir el tiempo y fotorresistencias (LDR), que son dispositivos de entrada que funcionan como un LED inverso, pues en lugar de emitir luz la pueden detectar.

En todo el mundo hay proveedores que ofrecen componentes para informática física con Raspberry Pi, ya sea como piezas individuales o en kits que contienen todo lo necesario para empezar. Para encontrar a estos proveedores visita **rptl.io/products** y haz clic en **Raspberry Pi 5** y luego en el botón **Buy now** – verás una lista de tiendas en línea asociadas a Raspberry Pi y de distribuidores autorizados para tu país o región.

Para completar los proyectos de este capítulo necesitas como mínimo:

- 3 LED: rojo, verde y amarillo o ámbar
- 2 interruptores pulsadores
- 1 zumbador activo
- Cables puente macho-hembra (M2F) y hembra-hembra (F2F)
- (Opcional) Una placa de pruebas y cables puente macho-macho (M2M)

Interpretando los códigos de colores de las resistencias

Las resistencias están disponibles en una amplia gama de valores, desde cero (básicamente simples trozos de cable) a versiones de alta resistencia y gran tamaño. Muy pocas de estas resistencias muestran sus valores como números impresos en ellas. En cambio utilizan un código especial de rayas o franjas de color (**Figura 6-4**) impresas alrededor de sus cuerpos.

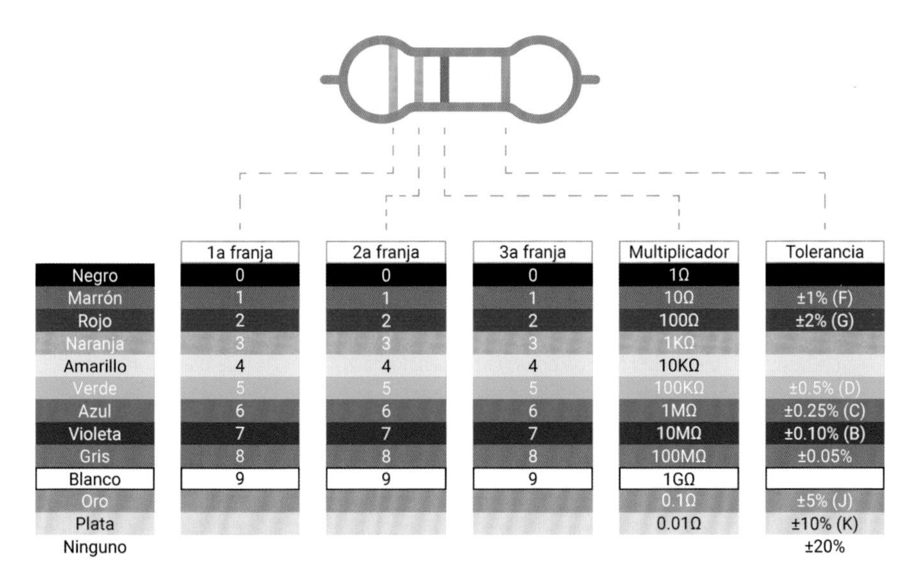

	1a franja	2a franja	3a franja	Multiplicador	Tolerancia
Negro	0	0	0	1Ω	
Marrón	1	1	1	10Ω	±1% (F)
Rojo	2	2	2	100Ω	±2% (G)
Naranja	3	3	3	1KΩ	
Amarillo	4	4	4	10KΩ	
Verde	5	5	5	100KΩ	±0.5% (D)
Azul	6	6	6	1MΩ	±0.25% (C)
Violeta	7	7	7	10MΩ	±0.10% (B)
Gris	8	8	8	100MΩ	±0.05%
Blanco	9	9	9	1GΩ	
Oro				0.1Ω	±5% (J)
Plata				0.01Ω	±10% (K)
Ninguno					±20%

Figura 6-4 Códigos de color de las resistencias

Para interpretar el valor de una resistencia, colócala de manera que las franjas agrupadas estén a la izquierda y la franja sola a la derecha. Empezando por la primera franja (la del lado izquierdo de las franjas agrupadas), encuentra su color en la columna "1ª/2ª franja" de la tabla para obtener el primer y el segundo dígito del valor. La resistencia del ejemplo tiene dos franjas anaranjadas que corresponden a un valor de "3" cada una. Esto nos da un valor parcial de "33". Si tu resistencia tiene cuatro franjas agrupadas en lugar de tres, anota el valor de la tercera franja también (para resistencias de cinco o seis franjas consulta **rptl.io/5-6-band**).

Pasa a la última franja del grupo (la tercera o cuarta) y encuentra su color en la columna "Multiplicador". Esto te indica el número por el cual debes multiplicar el valor que obtuviste con las primeras franjas para obtener el valor real de la resistencia. El ejemplo tiene una franja de color café, lo que significa "$\times10^1$". Todo esto puede parecer confuso, pero en realidad es simplemente un caso de *notación científica*: "$\times10^1$" significa "añade un cero al final de tu número". Si la franja fuera azul, por ejemplo, el multiplicador sería "$\times10^6$", lo que significaría "añade seis ceros al final de tu número".

Con el 33 de las franjas anaranjadas y el cero añadido de la franja café obtenemos 330: ese es el valor de la resistencia en ohmios. La última franja, la de la derecha, es la *tolerancia* de la resistencia, que es la similitud que existe entre su valor real y su valor nominal (el indicado por su código de colores). Las resistencias más baratas pueden tener una franja plateada, lo que significa que su valor real puede ser un 10% superior o inferior al nominal. También pueden no tener ninguna franja al final, lo que indica que su valor puede ser un 20%

superior o inferior. Las resistencias más caras tienen una franja gris que indica un margen de error no mayor al 0,05 %. Para los proyectos de aficionado la precisión no es tan importante: cualquier tolerancia suele funcionar bien.

Si el valor de una resistencia supera los 1000 ohmios (1000 Ω), este se suele indicar en kilohmios (kΩ). Si supera el millón de ohmios se hace en megaohmios (MΩ). Por ejemplo, una resistencia de 2200 Ω se escribiría como de 2,2 kΩ y una resistencia de 2 200 000 Ω se escribiría como de 2,2 MΩ.

¿PUEDES RESOLVERLO?

¿De qué color serían las franjas de una resistencia de 100 Ω? ¿De qué color serían las franjas de una resistencia de 2,2 MΩ? Si quieres conseguir las resistencias más baratas, ¿qué color de franja de tolerancia debes buscar?

Tu primer programa de informática física: ¡Hola, LED!

Así como imprimir "Hola mundo" es un fantástico primer paso para aprender un lenguaje de programación, hacer que un LED se encienda es la introducción tradicional en el aprendizaje de la informática física. Para este proyecto necesitarás un LED y una resistencia de 330 ohmios (330 Ω) o el valor más aproximado a 330 Ω que puedas encontrar, además de cables puente hembra-hembra (F2F).

LA RESISTENCIA ES VITAL

La resistencia protege el Raspberry Pi y el LED limitando la cantidad de corriente eléctrica que este puede tomar. Sin la resistencia el LED podría tomar demasiada corriente y fundirse o, peor aún, podría fundir el Raspberry Pi. Cuando se usa de esta manera, la resistencia se conoce como *resistencia limitadora de corriente*. El valor exacto de la resistencia que necesitas depende del LED, pero 330 Ω suele ser un valor adecuado para la mayoría de los LED de uso común. Cuanto más alto sea el valor, más atenuada será la luz del LED.

Nunca conectes un LED a un Raspberry Pi sin una resistencia limitadora de corriente, a menos que sepas que el LED tiene una resistencia incorporada de un valor apropiado.

Empieza por comprobar que tu LED funciona. Gira tu Raspberry Pi de modo que veas el sistema GPIO como dos franjas verticales hacia el lado derecho. Usa un puente hembra-hembra para conectar un extremo de tu resistencia de 330 Ω al primer pin de 3,3 V del sistema GPIO (3V3 en la **Figura 6-5**). Luego conecta el otro extremo de la resistencia a la pata larga de tu LED (ese es su extremo positivo o ánodo) usando otro puente hembra-hembra. Usa un último cable puente hembra-hembra para conectar la pata corta de tu LED (su extremo negativo o cátodo) al primer pin de tierra del sistema GPIO (GND en la **Figura 6-5**).

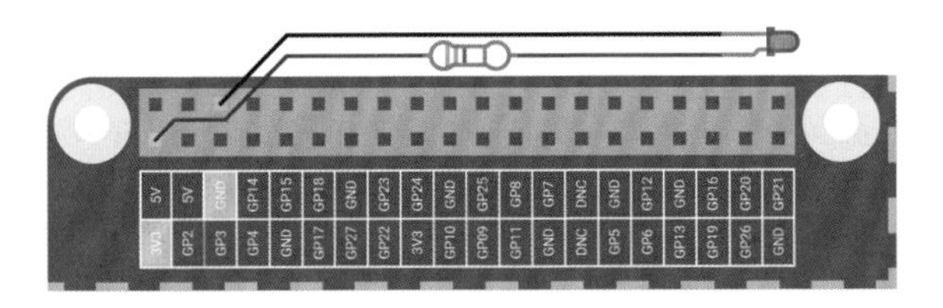

Figura 6-5 Conecta tu LED a estos pines ¡y no te olvides de la resistencia!

Si tu Raspberry Pi está encendido, el LED debería encenderse. De no ser así, comprueba tu circuito: asegúrate de que no has usado un valor de resistencia demasiado alto, de que todos los cables están bien conectados y de que has elegido los pines GPIO correctos de acuerdo con el diagrama. Comprueba también las patas del LED, ya que estos solo funcionan en una dirección: con la pata más larga conectada al lado positivo del circuito y la más corta al negativo.

Cuando tu LED funcione es hora de programarlo. Desconecta el cable puente del pin de 3,3 V del sistema GPIO (identificado como 3V3 en la **Figura 6-6**) y conéctalo al pin 25 (identificado como GP25 en la **Figura 6-6**). El LED se apagará pero no te preocupes, eso es normal.

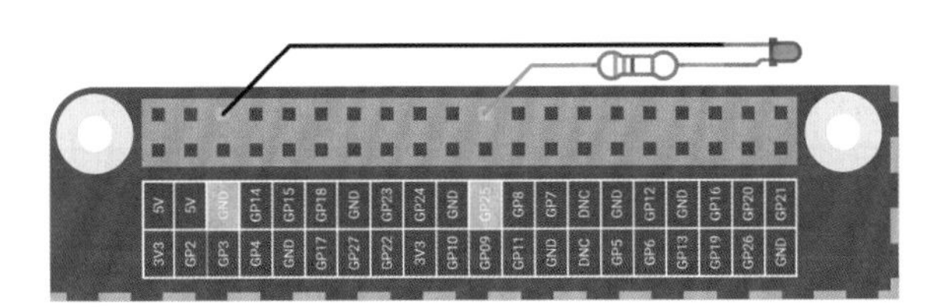

Figura 6-6 Desconecta el cable del pin 3V3 y conéctalo al pin 25 del sistema GPIO

Ya estás listo para empezar a crear un programa con Scratch o Python para encender y apagar tu LED.

CONOCIMIENTOS DE PROGRAMACIÓN

Para realizar los proyectos de este capítulo debes tener algo de experiencia con Scratch 3 y Thonny, el entorno de desarrollo integrado (IDE) para Python. Si aún no lo has hecho, ve al Capítulo 4, *Programar con Scratch 3* y al Capítulo 5, *Programar con Python* y trabaja en esos proyectos antes de proceder con los de este capítulo.

Si aún no has instalado Scratch 3 sigue las instrucciones en «Herramienta Recommended Software» a la página 43 para instalarlo.

Controlando un LED en Scratch

Ejecuta Scratch 3 y haz clic en el icono **Añadir extensión**. Desplázate hacia abajo para encontrar la extensión **Raspberry Pi GPIO** (**Figura 6-7**) y haz clic en ella. Esto carga los bloques necesarios para controlar el sistema GPIO de Raspberry Pi desde Scratch 3. Verás que aparecen nuevos bloques en la paleta de bloques. Cuando los necesites estarán disponibles en la categoría GPIO de Raspberry Pi.

Figura 6-7 Añade la extensión Raspberry Pi GPIO a Scratch 3

Comienza arrastrando un bloque de **Eventos** al hacer clic en al área de código y luego coloca un bloque verde set gpio to output high debajo de él. Tendrás que elegir el número del pin que vas a usar: haz clic en la flecha para abrir la selección desplegable y haz clic en **25** para decirle a Scratch que se trata del pin 25 de GPIO.

Haz clic en la bandera verde para ejecutar tu programa. Verás encenderse el LED. ¡Enhorabuena! Has programado tu primer proyecto de informática física. Haz clic en el octógono rojo para detener el programa: verás que el LED se mantiene encendido. Eso es porque tu programa solo le ha dicho al Raspberry Pi que encienda el LED, pero no le ha indicado en ningún momento que lo apague. La parte del código que enciende el LED es la que indica `output high` en el bloque set gpio 25 to output high. Para apagarlo haz clic en la flecha abajo al final del bloque y elige "**low**" en la lista.

Vuelve a hacer clic en la bandera verde y verás que ahora tu programa apaga el LED. Para hacer las cosas más interesantes añade un bloque de **Control** por siempre y un par de bloques esperar 1 segundos (todos ellos de color naranja) para crear un programa que encienda y apague el LED cada segundo.

Haz clic en la bandera verde y observa el LED: se encenderá durante un segundo, luego se apagará durante un segundo, después se encenderá durante un segundo nuevamente y seguirá repitiendo ese patrón hasta que hagas clic en el octógono rojo para detenerlo. Fíjate en lo que pasa cuando haces clic en el octógono mientras el LED está en estado de encendido o apagado.

RETO: ¿PUEDES MODIFICARLO?

¿Cómo cambiarías el programa para que el LED se mantenga encendido durante más tiempo? ¿Y para que se mantenga apagado durante más tiempo? ¿Cuál es el retardo más pequeño que puedes usar que aún permita ver cómo se enciende y se apaga el LED?

Controlando un LED en Python

Ejecuta Thonny desde la sección **Programación** del menú de Raspberry Pi. En Thonny haz clic en el botón **Nuevo programa** para iniciar un nuevo proyecto y luego haz clic en **Guardar** y guárdalo con el nombre **Hallo LED.py**. Para usar los pines GPIO de Python necesitarás una biblioteca llamada GPIO Zero. Para este proyecto solo se necesita la parte de la biblioteca que sirve para trabajar con LED. Importa solo esa sección escribiendo lo siguiente en el área de shell:

```
from gpiozero import LED
```

A continuación tienes que decirle a GPIO Zero a qué pin GPIO está conectado el LED. Escribe lo siguiente (aún en el área de shell):

```
led = LED(25)
```

Juntas, estas dos líneas permiten que Python controle los LED conectados a los pines GPIO del Raspberry Pi y le dicen qué pin o pines (si tienes más de un LED en tu circuito) debe controlar. Para controlar el LED y encenderlo escribe lo siguiente (todavía en el área de shell):

```
led.on()
```

Y para apagarlo escribe:

```
led.off()
```

¡Enhorabuena! Ya tienes el control de los pines GPIO de tu Raspberry Pi en Python. Vuelve a escribir esas dos instrucciones. Si el LED ya está apagado verás que `led.off()` no hará nada. Lo mismo ocurre si el LED ya está encendido y escribes `led.on()`.

Para crear tu propio programa escribe lo siguiente en el área de script:

```
from gpiozero import LED
from time import sleep
led = LED(25)
while True:
    led.on()
    sleep(1)
    led.off()
    sleep(1)
```

Este programa importa la función `LED` desde la biblioteca `gpiozero` (GPIO Zero) y la función `sleep` de la biblioteca time. Luego crea un bucle infinito en el que el LED se enciende durante un segundo, se apaga durante un segundo y repite ese comportamiento una y otra vez. Haz clic en el botón **Ejecutar** para verlo en acción: verás que el LED empieza a parpadear.

Al igual que con el programa que creaste en Scratch, fíjate en lo que ocurre cuando haces clic en el botón **Detener** mientras el LED está encendido y observa qué ocurre si haces lo mismo cuando el LED está apagado.

RETO: ILUMINACIÓN PROLONGADA

¿Cómo cambiarías el programa para que el LED se mantenga encendido durante más tiempo? ¿Y para que se mantenga apagado durante más tiempo? ¿Cuál es el retardo más pequeño que puedes usar que aún permita ver cómo se enciende y se apaga el LED?

Usando una placa de pruebas

Los siguientes proyectos de este capítulo serán mucho más fáciles de completar si utilizas una placa de pruebas (**Figura 6-8**) para sujetar los componentes y realizar las conexiones eléctricas.

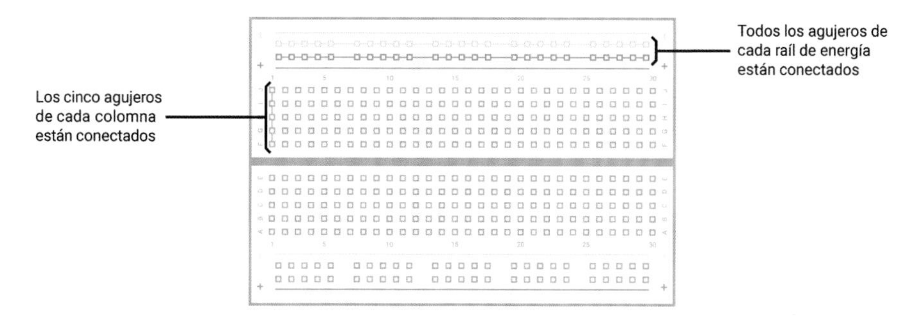

Figura 6-8 Una placa de pruebas sin soldaduras

Una placa tiene orificios con separaciones de 2,54 mm en los que puedes insertar la mayoría de componentes. Debajo de estas hendiduras hay tiras metálicas (terminales) distribuidas en columnas que actúan como los cables puente que has estado usando hasta ahora. La mayoría de las placas tienen una separación que las divide en dos mitades. Muchas placas de pruebas también tienen letras en el lateral izquierdo y números en las partes superior e inferior. Eso permite encontrar fácilmente un orificio concreto: A1 es la esquina inferior izquierda, B1 es el orificio situado justo encima y B2 es el orificio justo a su derecha. A1 está conectado a B1 por las tiras metálicas ocultas, pero ningún orificio con un número está conectado a otro con un número distinto. Para que orificios con números distintos se conecten es necesario que se añada un puente manualmente.

Las placas de pruebas grandes también tienen tiras de orificios a lo largo de las partes superior e inferior normalmente identificadas por rayas rojas y negras o rojas y azules. Estos son los *raíles (o rieles) de energía* y están diseñados para facilitar el cableado: puedes conectar un solo cable del pin de tierra del Raspberry Pi a uno de los raíles normalmente identificados por una raya azul o negra y un símbolo menos (-) para proporcionar una *tierra común* para los componentes conectados en la placa. Puedes hacer lo mismo si tu circuito necesita 3,3 V o 5 V de energía.

Es fácil añadir componentes electrónicos a una placa de pruebas: solo hay que alinear los conectores metálicos de los componentes con los orificios de la placa y presionar levemente para que el componente encaje. Si tienes que establecer conexiones distintas de las de la placa de pruebas, puedes usar cables puente macho-macho (M2M). Para conexiones entre la placa de pruebas y el Raspberry Pi deberás usar cables puente macho-hembra (M2F).

ADVERTENCIA

No intentes insertar más de un conector de componente o puente en un solo agujero de la placa de pruebas. Recuerda que estos están conectados internamente en columnas, aparte de la división en el medio, por lo que un pin insertado en A1 está conectado eléctricamente a cualquier cosa que coloques en B1, C1, D1 y E1.

Pasos siguientes: leer un botón

El sistema GPIO es de "entrada/salida" ("Input/Output"), lo que significa que también puedes usar pines como entradas. Para este proyecto necesitarás una placa de pruebas, cables puente macho-macho (M2M) y macho-hembra (M2F) y un interruptor pulsador. Si no tienes una placa de pruebas puedes usar cables puente hembra-hembra (F2F) para interconectar las partes pero será mucho más difícil de pulsar el botón sin romper el circuito.

Empieza por añadir el pulsador a tu placa de pruebas. Si el interruptor tiene solo dos patas, asegúrate de que estas se inserten en la placa de pruebas en columnas con distinta numeración. Si tiene cuatro patas, gíralo para que los lados de los que salen las patas estén a lo largo de las filas de la placa de pruebas y los lados planos sin patas apunten hacia los extremos de la misma. Usando un cable puente macho-hembra conecta el raíl de tierra de tu placa de pruebas a un pin de tierra de Raspberry Pi (identificado como GND en la **Figura 6-9**). Luego conecta una pata del pulsador al raíl de tierra con un cable puente macho-macho. Por último usa un puente macho-hembra para conectar la otra pata del pulsador al pin GPIO 2 del Raspberry Pi (identificado como GP2 en la **Figura 6-9**). Si usas un pulsador de cuatro patas, la que debes conectar es la del mismo lado de la pata que conectaste en el paso anterior.

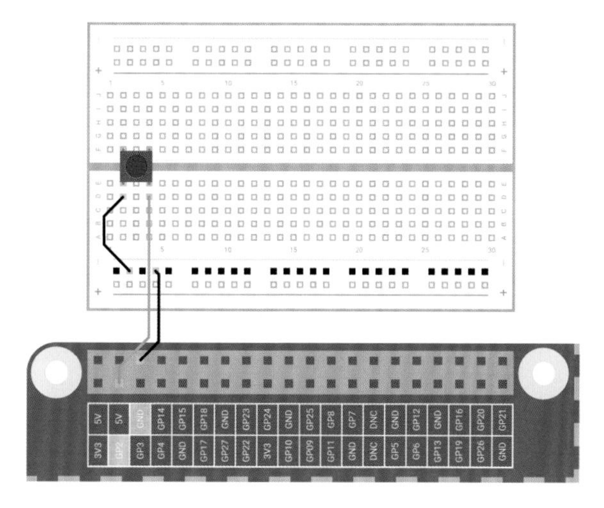

Figura 6-9 Conectando un pulsador a los pines GPIO

Leyendo un botón en Scratch

Inicia un nuevo programa de Scratch y arrastra un bloque naranja al hacer clic en al área de código. Conecta un bloque verde set gpio to input pulled high y selecciona el número **2** en la lista desplegable para que coincida con el pin GPIO que has usado para el pulsador.

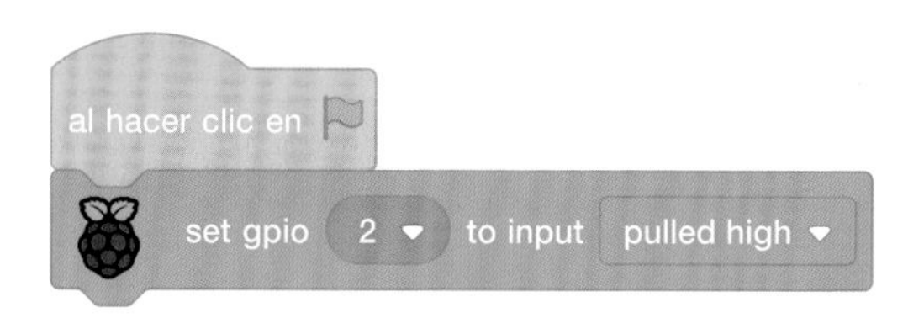

Si haces clic en la bandera verde ahora no pasará nada. Eso es porque le has dicho a Scratch que use el pin como entrada pero no le has dicho qué debe hacer con esa entrada. Arrastra un bloque naranja por siempre al final de tu secuencia y luego arrastra un bloque naranja si entonces si no dentro de él. Localiza el bloque verde gpio is high?, arrástralo al espacio con forma hexagonal en la parte si entonces del bloque naranja y usa la lista desplegable para seleccionar el número **2** e indicarle qué pin GPIO debe comprobar. Arrastra un bloque violeta decir ¡Hola! durante 2 segundos a la parte si no del bloque naranja y edítalo para que diga "`¡Se ha pulsado el botón!`". De momento deja vacío el espacio entre si entonces y si no en el bloque naranja.

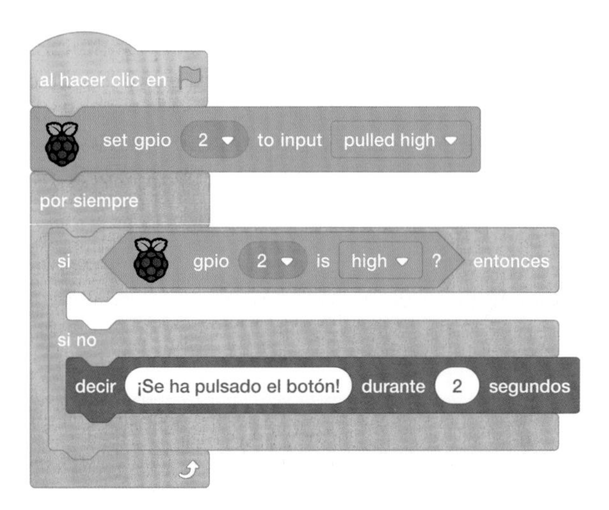

En esa secuencia están ocurriendo muchas cosas. Para empezar, prueba tu programa: haz clic en la bandera verde y luego pulsa el botón de la placa de pruebas. Tu objeto debería decirte que el botón se ha pulsado. ¡Enhorabuena! Has logrado leer una entrada de uno de los pines del sistema GPIO.

Como el espacio entre si entonces y si no en el bloque naranja está vacío de momento, no ocurre nada cuando gpio 2 is high? es verdadero. El código que se ejecuta al pulsar el botón está en la parte si no del bloque. ¿Te parece confuso? ¿No es que, al pulsar el botón, este sube (se pone en "high")? De hecho, es lo contrario: Los pines GPIO de Raspberry Pi normalmente están subidos o activados cuando se configuran como una entrada. Y al pulsarlos, bajan (se ponen en "low").

Observa el circuito otra vez: verás que el botón está conectado al pin GPIO 2, que es el que proporciona la parte positiva del circuito, y al pin de tierra. Al pulsar el botón, el voltaje del pin GPIO se baja a través del pin de tierra y tu programa de Scratch deja de ejecutar el código ubicado dentro de tu bloque if gpio 2 is high ? then (si es que lo hay). Lo que hace, en cambio, es ejecutar el código en la parte si no del bloque.

Si todo eso suena desconcertante, simplemente recuerda que un botón en un pin del sistema GPIO de un Raspberry Pi se considera pulsado cuando el pin baja, no cuando sube.

Para ampliar más tu programa vuelve a añadir el LED y la resistencia al circuito. Acuérdate de conectar la resistencia al pin 25 del sistema GPIO y a la pata larga del LED, y la pata más corta del LED al raíl de tierra de tu placa de pruebas.

Arrastra el bloque decir ¡Se ha pulsado el botón! durante 2 segundos del área de código a la paleta de bloques para eliminarlo y luego sustitúyelo por un bloque verde set gpio 25 to output high. Asegúrate de cambiar el número GPIO con la flecha desplegable. Añade un bloque verde set gpio 25 to output low (recuerda de cambiar el número de pin GPIO) a la parte if gpio 2 is high ? then que se encuentra vacía actualmente.

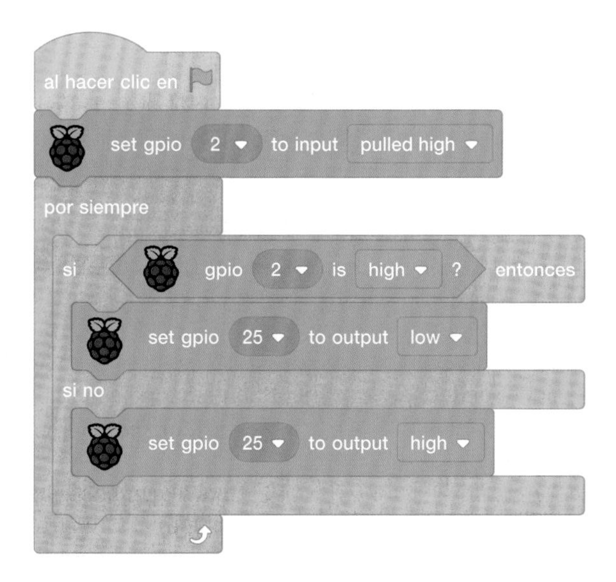

Haz clic en la bandera verde y pulsa el botón. El LED permanecerá encendido mientras mantengas el botón pulsado y si lo sueltas se apagará. ¡Enhorabuena! Ya sabes cómo controlar el estado de un pin GPIO basándote en el estado de otro que está configurado como una entrada.

RETO: MANTÉN LA ILUMINACIÓN

¿Cómo cambiarías el programa para que el LED se mantenga encendido unos segundos, incluso después de soltar el botón? ¿Qué tendrías que cambiar para mantener el LED encendido cuando no estés pulsando el botón y apagado mientras lo pulsas?

Leyendo un botón en Python

Haz clic en el botón **Nuevo programa** en Thonny para iniciar un proyecto nuevo y luego en el botón **Guardar** para guardarlo como **Button Input.py**. Usar un pin GPIO como entrada para un botón es muy similar a usar un pin como salida para un LED, pero será necesario importar una sección diferente de la biblioteca GPIO Zero. Escribe lo siguiente en el área de script:

```
from gpiozero import Button
button = Button(2)
```

Para que el código se ejecute cuando se pulse el botón, GPIO Zero proporciona la función `wait_for_press`. Escribe lo siguiente:

```
button.wait_for_press()
print("¡Me has presionado!")
```

Haz clic en el botón **Ejecutar** y luego presiona el pulsador. Tu mensaje se imprimirá en el shell que está ubicado en la parte inferior de la ventana de Thonny. ¡Enhorabuena! Has logrado leer una entrada de uno de los pines del sistema GPIO.

Si quieres probar el programa de nuevo, tendrás que volver a hacer clic en el botón **Ejecutar**. Como no hay ningún bucle en el programa, este se cierra en cuanto termina de mostrar el mensaje en el shell.

Para ampliar tu programa vuelve a añadir el LED y la resistencia al circuito si aún no lo habías hecho. Recuerda conectar la resistencia al pin GPIO 25 y a la pata larga del LED, y la pata más corta del LED al raíl de tierra.

Para controlar un LED y leer un botón en un mismo programa tendrás que importar las funciones `Button` y `LED` de la `gpiozero`. También necesitarás la función `sleep` de la biblioteca `time`. Vuelve a la parte superior de tu programa y escribe lo siguiente (esto ocupará ahora las dos primeras líneas de tu script):

```
from gpiozero import LED
from time import sleep
```

Debajo de la línea `button = Button(2)`, escribe:

```
led = LED(25)
```

Elimina la línea `print("¡Me has presionado!")` y sustitúyela por:

```
led.on()
sleep(3)
led.off()
```

Tu programa final debería tener este aspecto:

```
from gpiozero import LED
from time import sleep
from gpiozero import Button

button = Button(2)
led = LED(25)
button.wait_for_press()
```

```
led.on()
sleep(3)
led.off()
```

Pulsa el botón **Ejecutar** y luego pulsa el botón: el LED se encenderá durante tres segundos, luego se apagará y el programa se cerrará. ¡Enhorabuena! Ya sabes controlar un LED usando un pin de entrada y un botón en Python.

RETO: AÑADE UN BUCLE

¿Cómo añadirías un bucle para que el programa se repita en lugar de cerrarse después de pulsar el botón? ¿Qué tendrías que cambiar para que el LED se encienda cuando no estés pulsando el botón y se apague al pulsarlo?

Haz ruido: cómo controlar un zumbador

Los LED son un excelente dispositivo de salida, pero no sirven de mucho si no los estás mirando. La solución: los zumbadores, pues hacen un ruido que oirás desde cualquier parte de una habitación. Para este proyecto necesitarás una placa de pruebas, cables puente macho-hembra (M2F) y un zumbador activo. Si no tienes una placa de pruebas puedes conectar el zumbador usando cables puente hembra-hembra (F2F).

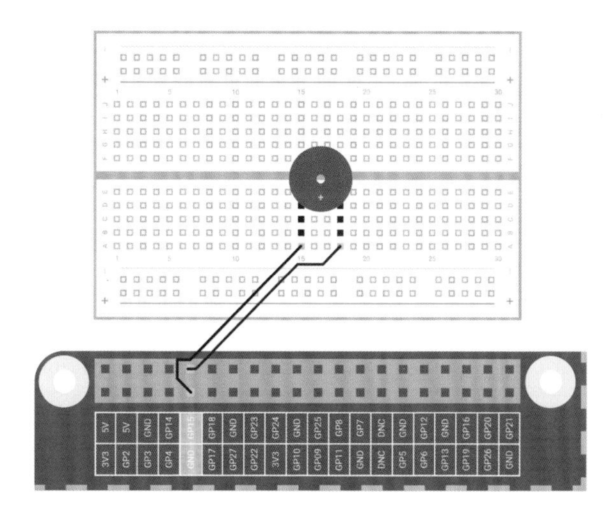

Figura 6-10 Conectando un zumbador a los pines GPIO

En términos de circuitos y programación, un zumbador activo es igual que un LED. Con esto en mente, arma el circuito que hiciste para el LED pero sustituye este por un zumbador activo (**Figura 6-10**). Además, deja fuera la resistencia (no la uses) ya que el zumbador necesitará más corriente para funcionar. Usa la placa de pruebas y los cables puente macho-hembra para conectar una pata del zumbador al pin GPIO 15 (identificado como GP15 en la **Figura 6-10**) y la otra al pin de tierra (identificado como GND en el diagrama).

Si tu zumbador tiene tres patas, asegúrate de que la pata marcada con el símbolo menos (-) esté conectada al pin de tierra y la marcada con "S" o "SIGNAL" esté conectada al pin 15. Luego conecta la última pata, que suele ser la del medio, al pin de 3,3 V (identificado como 3V3.)

Controlando un zumbador en Scratch

Recrea el programa que utilizaste para hacer que el LED parpadeara (o cárgalo si lo habías guardado). Usa la lista desplegable de los bloques verdes set gpio to output high para seleccionar el número **15**. De esta manera haremos que Scratch controle el pin GPIO correcto.

Haz clic en la bandera verde y el zumbador empezará a sonar: durante un segundo y luego dejará de sonar durante otro segundo. Si solo oyes un clic del zumbador una vez cada segundo seguramente estás usando uno pasivo en lugar de uno activo. Un zumbador activo genera una señal que cambia rápidamente, denominada *oscilación*, que hace vibrar las placas de metal en su interior. Un zumbador pasivo, por otro lado, necesita recibir una señal de oscilación externa en lugar de producir una por sí mismo. Cuando este tipo de zumbador se enciende usando Scratch las placas solo se mueven una vez y se detienen, con un "clic", hasta la próxima vez que tu programa encienda o apague el pin.

Haz clic en el octógono rojo para detener el zumbador pero hazlo cuando no esté haciendo ruido; de lo contrario, el zumbador seguirá sonando hasta que vuelvas a ejecutar el programa.

RETO: CAMBIA EL ZUMBIDO

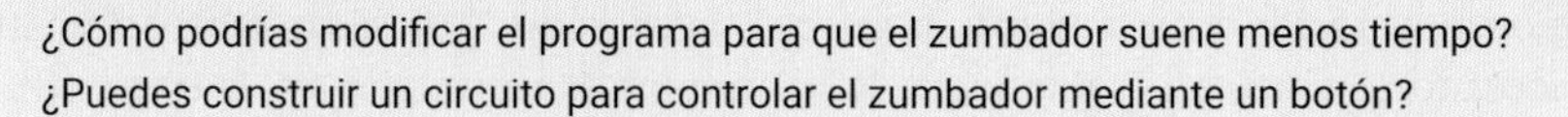
¿Cómo podrías modificar el programa para que el zumbador suene menos tiempo?
¿Puedes construir un circuito para controlar el zumbador mediante un botón?

Controlando un zumbador en Python

Controlar un zumbador activo mediante la biblioteca GPIO Zero es muy similar a controlar un LED ya que un zumbador también tiene estados de encendido y apagado. Sin embargo, para tu programa necesitarás de una función diferente; la función `Buzzer`. Inicia un nuevo proyecto en Thonny, guárdalo como **Buzzer.py** y escribe lo siguiente en el área de script:

```
from gpiozero import Buzzer
from time import sleep
```

Al igual que con los LED, GPIO Zero debe saber a qué pin está conectado el zumbador para poder controlarlo. Añade la lo siguiente línea a tu programa:

```
buzzer = Buzzer(15)
```

Desde aquí, tu programa es casi idéntico al que escribiste para controlar el LED; la única diferencia (aparte de estar usando un número de pin GPIO distinto) es que estás usando `buzzer` en lugar de `led`. Escribe lo siguiente:

```
while True:
    buzzer.on()
    sleep(1)
    buzzer.off()
    sleep(1)
```

Haz clic en el botón **Ejecutar**. El zumbador sonará durante un segundo, hará silencio durante un segundo, y repetirá ese ciclo hasta que detengas el programa. Si utilizas un zumbador pasivo en lugar de uno activo, solo oirás un breve clic cada segundo en lugar de un zumbido continuo.

Haz clic en el botón **Detener** para salir del programa pero asegúrate de que el zumbador no esté sonando en ese momento. De lo contrario el sonido seguirá hasta que vuelvas a ejecutar el programa.

Proyecto de Scratch: Semáforo

Ahora que sabes cómo usar botones, zumbadores y LED como entradas y salidas puedes empezar a trabajar con un ejemplo de informática del mundo real: un semáforo en el que incluirás un pulsador que se pueda usar para cruzar la carretera. Para este proyecto necesitarás una placa de pruebas, un LED rojo, uno amarillo y uno verde, tres resistencias de 330 Ω, un zumbador, un interruptor pulsador y algunos cables puente macho-macho (M2M) y macho-hembra (M2F).

Empieza por construir el circuito. Conecta el zumbador al pin GPIO 15 (identificado como GP15 en **Figura 6-11**), el LED rojo al pin 25 (identificado como GP25), el LED amarillo al pin 8 (GP8), el LED verde al pin 7 (GP7) y el pulsador al pin 2 (GP2). Acuérdate de conectar las resistencias de 330 Ω entre los pines GPIO y las patas largas de los LED, y conecta las segundas patas de todos tus componentes al raíl de tierra de tu placa de pruebas. Por último, conecta el raíl de tierra a un pin de tierra (identificado como GND) en el Raspberry Pi para completar el circuito.

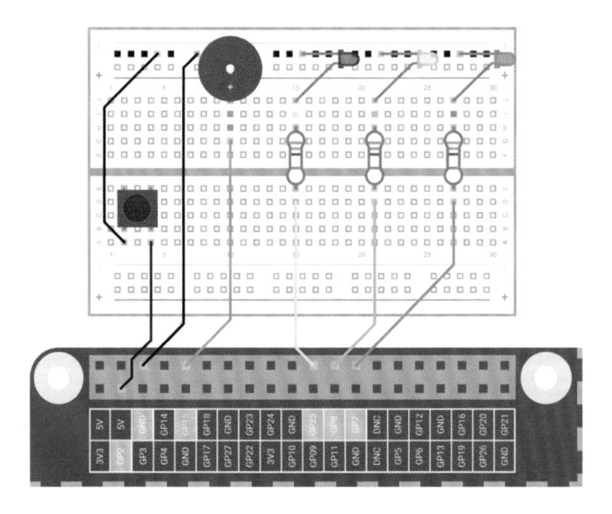

Figura 6-11 Diagrama de cableado del proyecto del semáforo

Inicia un nuevo proyecto de Scratch 3 y arrastra un bloque `al hacer clic en 🏳` al área de código. A continuación, tendrás que decirle a Scratch que el pin 2 de GPIO, que está conectado al interruptor pulsador, es una entrada y no una salida. Arrastra un bloque verde `set gpio to input pulled high` de la categoría **Raspberry Pi GPIO** de la paleta de bloques y colócalo bajo el bloque `al hacer clic en 🏳`. Haz clic en la flecha abajo junto a **0** y selecciona **2** en la lista desplegable.

A continuación tienes que crear tu secuencia de semáforo. Arrastra un bloque naranja por siempre a tu programa y llénalo de bloques para encender y apagar los LED del semáforo siguiendo un patrón determinado. Recuerda cómo están conectados los pines GPIO y los componentes: al pin 25 le corresponde el LED rojo, al pin 8 el LED amarillo y al pin 7 el LED verde.

Haz clic en la bandera verde y observa tus LED: primero se encenderá el rojo, luego se encenderán el rojo y el amarillo, luego el verde, luego el amarillo y finalmente la secuencia se repite, encendiendo la luz roja nuevamente. Este patrón coincide con el de los semáforos en el Reino Unido; puedes editar la secuencia para que coincida con los patrones de otros países si lo deseas.

Para simular un paso de peatones, tu programa debe detectar que se pulsa el botón. Haz clic en el octógono rojo para detener el programa si es que este se encuentra en ejecución. Luego arrastra un bloque si entonces si no a tu área de código y conéctalo directamente debajo del bloque por siempre, con tu secuencia de semáforo en la sección si entonces. De momento deja vacío el espacio de forma hexagonal.

Un paso de peatones real no cambia la luz a roja en cuanto se pulsa el botón, sino que espera a la siguiente luz roja de la secuencia. Para incorporar esta característica a tu propio programa primero deberás crear una variable que te permita registrar el momento en que el pulsador es presionado. Haz clic en la categoría naranja Variables en la paleta de bloques y luego haz clic en el botón Crear una variable. Escribe presionado como nombre de la variable y luego haz clic en Aceptar. Ahora arrastra un bloque verde when gpio is low al área de código y selecciona `2` en la lista desplegable. Crea una nueva variable y llámala `presionado`. Luego arrastra y coloca debajo un bloque naranja dar a presionado el valor 1.

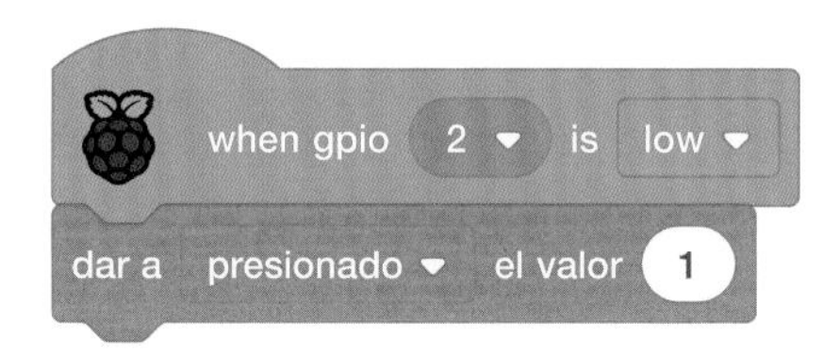

Esta pila de bloques detecta si se pulsa el botón y ajusta el valor de la variable `presionado` a 1 cuando eso ocurre. Usar una variable de esta manera te permite guardar la acción de la pulsación del botón, incluso aunque no vayas a hacer nada con ella de forma inmediata.

Vuelve a tu pila de bloques original y localiza el bloque si entonces. Arrastra un bloque hexagonal de operador color verde ( ) = ( ) al espacio hexagonal en blanco del bloque si entonces y luego arrastra un bloque informador naranja oscuro pushed al primer espacio en blanco. Escribe `0` sobre el `50` en el lado derecho de este último bloque.

Haz clic en la bandera verde y observa la secuencia de las luces del semáforo. Cuando quieras, presiona el pulsador: al principio parecerá que no sucede nada, pero cuando la secuencia llegue a su fin (cuando solo el LED amarillo está encendido) las luces se apagarán y se mantendrán apagadas gracias a la variable `presionado`.

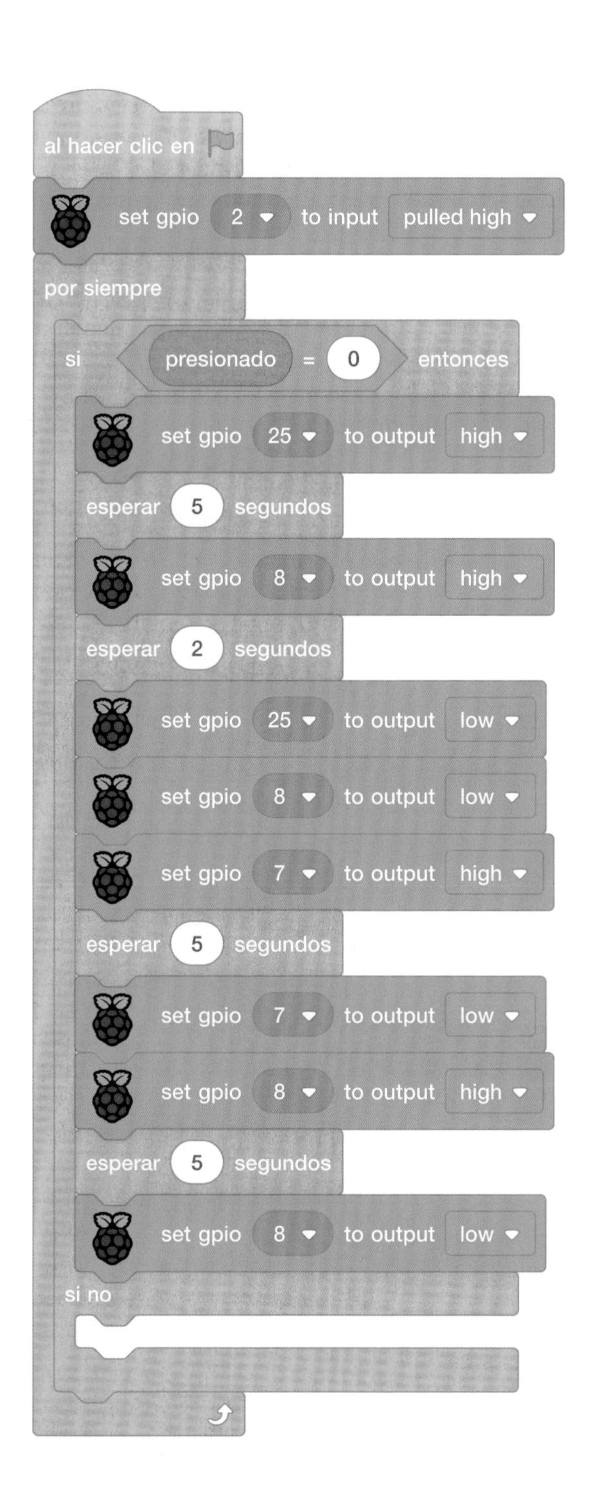
al hacer clic en
set gpio 2 to input pulled high
por siempre
si presionado = 0 entonces
set gpio 25 to output high
esperar 5 segundos
set gpio 8 to output high
esperar 2 segundos
set gpio 25 to output low
set gpio 8 to output low
set gpio 7 to output high
esperar 5 segundos
set gpio 7 to output low
set gpio 8 to output high
esperar 5 segundos
set gpio 8 to output low
si no

Solo falta hacer que el botón del paso de peatones haga algo más aparte de apagar las luces. En la pila de bloques principal localiza el bloque si no y arrastra dentro de él un bloque set gpio 25 to output high (acuérdate de cambiar el número de pin GPIO predefinido para que coincida con el pin al que está conectado tu LED rojo).

Debajo de eso y aún dentro del bloque si no crea un patrón para el zumbador: arrastra un bloque naranja repetir 10, luego llénalo con un bloque verde set gpio 15 to output high, uno naranja esperar 0.2 segundos, uno verde set gpio 15 to output low y otro naranja esperar 0.2 segundos. Cambia los valores de los pines GPIO para que coincidan con el pin del zumbador.

Por último, debajo de la parte inferior del bloque repetir 10 pero aún dentro del bloque si no añade un bloque verde set gpio 25 to output low y un bloque naranja oscuro dar a presionado el valor 0. Este último bloque restablece la variable que almacena la pulsación del botón para que la secuencia del zumbador no se repita incesantemente.

Haz clic en la bandera verde y luego pulsa el conmutador en tu placa de pruebas. Después de completarse la secuencia verás encenderse la luz roja y el zumbador sonará para que los peatones sepan que pueden cruzar de forma segura. Al cabo de algunos segundos el zumbador se detendrá, la secuencia del semáforo comenzará de nuevo y continuará así hasta la próxima vez que pulses el botón.

Enhorabuena: ¡has programado una serie de luces de semáforo completamente funcional, con paso de peatones añadido!

RETO: ¿PUEDES MEJORARLO?

¿Puedes cambiar el programa para que los peatones tengan más tiempo para cruzar? ¿Puedes encontrar información sobre los patrones luminosos de los semáforos de otros países y reprogramar tus luces para que coincidan con ellos? ¿Cómo podrías atenuar el brillo de los LED?

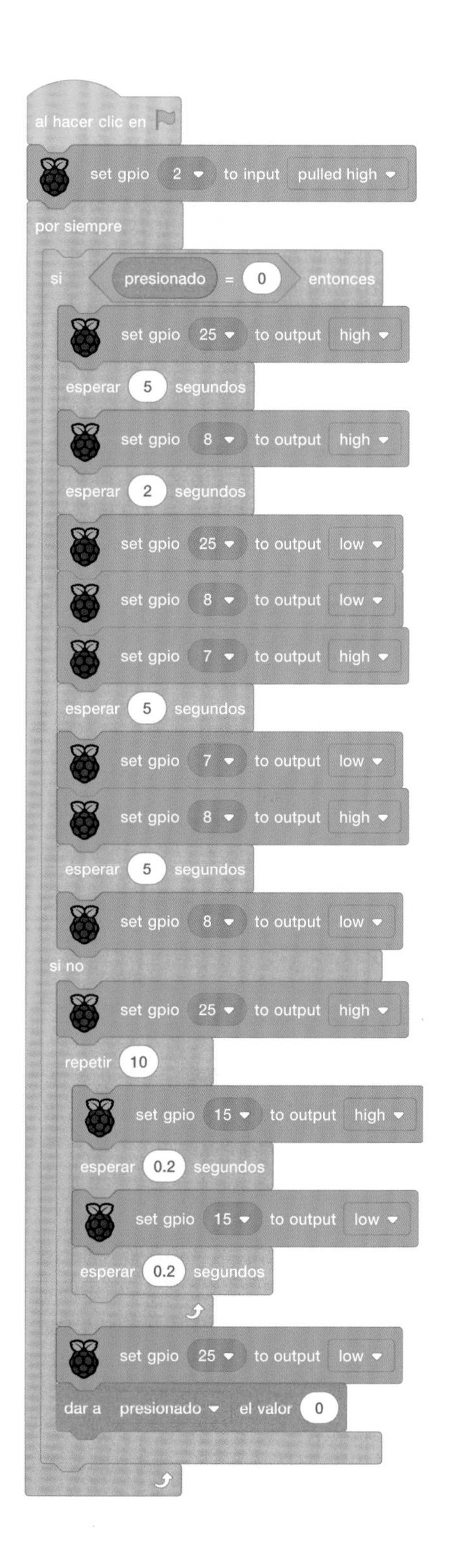
al hacer clic en
set gpio 2 to input pulled high
por siempre
si presionado = 0 entonces
set gpio 25 to output high
esperar 5 segundos
set gpio 8 to output high
esperar 2 segundos
set gpio 25 to output low
set gpio 8 to output low
set gpio 7 to output high
esperar 5 segundos
set gpio 7 to output low
set gpio 8 to output high
esperar 5 segundos
set gpio 8 to output low
si no
set gpio 25 to output high
repetir 10
set gpio 15 to output high
esperar 0.2 segundos
set gpio 15 to output low
esperar 0.2 segundos
set gpio 25 to output low
dar a presionado el valor 0

when gpio 2 is low
dar a presionado el valor 1

Proyecto de Python: Juego de reacción rápida

Ahora que sabes cómo usar botones y LED como entradas y salidas, ya puedes empezar a crear un ejemplo de informática del mundo real: un juego de reacción para dos jugadores diseñado para ver quién actúa con más rapidez. Para este proyecto necesitarás una placa de pruebas, un LED, una resistencia de 330 Ω, dos interruptores pulsadores, cables puente macho-hembra (M2F) y cables puente macho-macho (M2M).

Empieza construyendo el circuito (**Figura 6-12**): conecta el primer pulsador en el lado izquierdo de tu placa de pruebas al pin GPIO 14 (identificado como GP14 en **Figura 6-12**). El segundo interruptor, que deberás colocar en el lado derecho de la placa, se conecta al pin GPIO 15 (identificado como GP15); la pata más larga del LED se conecta a la resistencia de 330 Ω, que luego se conecta al pin GPIO 4 (identificado como GP4). La segunda pata de todos los componentes se conecta al raíl de tierra de la placa. Por último, conecta el raíl de tierra al pin de tierra de tu Raspberry Pi (identificado como GND).

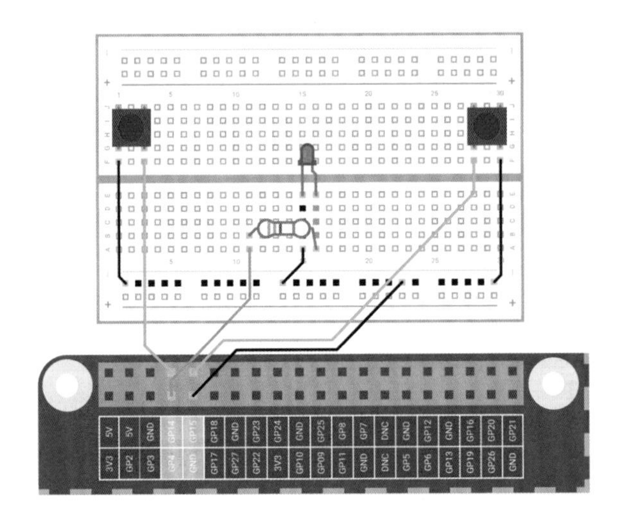

Figura 6-12 Diagrama de cableado para el juego de reacción rápida

Inicia un nuevo proyecto en Thonny y guárdalo como **Juego de Reacción.py**. Vas a usar las funciones `LED` y `button` de la biblioteca GPIO Zero y la función `sleep` de la biblioteca time. Pero esta vez en lugar de importar las dos funciones de GPIO Zero usando dos líneas de código distintas, puedes ahorrar tiempo importándolas juntas usando una coma (`,`) para separarlas. Escribe lo siguiente en el área de script:

```
from gpiozero import LED, Button
from time import sleep
```

Igual que antes, tendrás que decirle a GPIO Zero a qué pines están conectados los dos botones y el LED. Añade lo siguiente al código anterior:

```
led = LED(4)
right_button = Button(15)
left_button = Button(14)
```

Ahora añade instrucciones para encender y apagar el LED, de manera que podamos comprobar si funciona correctamente:

```
led.on()
sleep(5)
led.off()
```

Haz clic en el botón **Ejecutar**. El LED se encenderá durante cinco segundos y luego se apagará. Luego se cerrará el programa. Para un juego de reacción, que el LED se apague siempre al cabo de exactamente 5 segundos es bastante predecible. Añade lo siguiente debajo de la línea `from time import sleep`:

```
from random import uniform
```

La biblioteca `random` permite generar números aleatorios, en este caso, con una distribución uniforme (para saber más consulta **rptl.io/uniform-dist**). Localiza la línea `sleep(5)` y cámbiala para que diga:

```
sleep(uniform(5, 10))
```

Vuelve a pulsar el botón **Ejecutar**: esta vez el LED permanecerá encendido durante un número aleatorio de segundos (entre 5 y 10). Cuenta para ver el tiempo que tarda en apagarse el LED y luego haz clic en el botón **Ejecutar** unas cuantas veces más. Verás que el tiempo es diferente en cada ejecución, lo que hace que el programa sea menos predecible.

Para convertir los botones en activadores para cada jugador, debes añadir una función. Ve a la parte inferior de tu programa y escribe lo siguiente:

```
def pressed(button):
    print(str(button.pin.number) + " ganó el juego")
```

Recuerda que Python usa sangrías para entender qué líneas son parte de tu función y Thonny sangrará automáticamente la segunda línea.

Por último, añade las dos líneas siguientes para detectar cuándo pulsan los botones los jugadores. Esas líneas no deben tener sangría, de lo contrario Python las tratará como parte de la función.

```
right_button.when_pressed = pressed
left_button.when_pressed = pressed
```

Ejecuta el programa y esta vez pulsa uno de los dos botones en cuanto el LED se apague. Verás en el shell de Python (ubicado en la parte inferior de la ventana de Thonny) un mensaje que indica qué botón se pulsó primero. El problema es que siempre verás el mismo mensaje cada vez que se pulse cualquiera de los botones, con solo el número de pin como identificador en lugar de un nombre descriptivo.

Para arreglar eso, primero pide a los jugadores que indiquen sus nombres. Debajo de la línea `from random import uniform`, escribe lo siguiente:

```
left_name = input("El nombre del jugador izquierdo es ")
right_name = input("El nombre del jugador derecho es ")
```

Vuelve a la función y sustituye la línea `print(str(button.pin.number) + " ganó el juego")` por las siguientes líneas:

```
    if button.pin.number == 14:
        print (left_name + " ganó el juego")
    else:
        print(right_name + " ganó el juego")
```

Haz clic en el botón **Ejecutar** y escribe los nombres de ambos jugadores en el área de shell de Python. Al pulsar el botón esta vez (lo más rápido posible en cuanto el LED se apague), verás que se muestra el nombre del jugador en lugar del número del pin al que está conectado el pulsador.

Para evitar que todas las pulsaciones de botón se notifiquen como ganadoras tendrás que añadir una nueva función de la biblioteca `sys` (abreviatura de *system*): `exit`. Debajo de la última línea `import`, escribe lo siguiente:

```
from os import _exit
```

Al final de la función, bajo la línea `print(right_name + " ganó el juego")`, escribe lo siguiente:

```
    _exit(0)
```

La sangría es importante aquí: `_exit(0)` (que necesita tener una sangría de 4 espacios) debe estar alineado con el `else` que se encuentra ubicado dos líneas por encima y con el `if` que está dos líneas por encima de eso. Esta instrucción le dice a Python que detenga el programa después de pulsarse el primer botón, lo que significa que el jugador que pulse el botón demasiado tarde no obtendrá ninguna recompensa por perder.

Tu programa final debería tener este aspecto:

```
from gpiozero import LED, Button
from time import sleep
from random import uniform
from os import _exit

left_name = input("El nombre del jugador izquierdo es ")
right_name = input ("El nombre del jugador derecho es ")
led = LED(4)
right_button = Button(15)
left_button = Button(14)

led.on()
sleep(uniform(5, 10))
led.off()

def pressed(button):
    if button.pin.number == 14:
        print(left_name + " ganó el juego")
    else:
        print(right_name + " ganó el juego")
    _exit(0)

right_button.when_pressed = pressed
left_button.when_pressed = pressed
```

Haz clic en el botón **Ejecutar**, introduce los nombres de los jugadores, espera a que se apague el LED, pulsa uno de los botones y verás el nombre del jugador ganador. También verás un mensaje de Python: `Process ended with exit code 0.` Eso significa que Python ha recibido tu comando `_exit(0)`, ha detenido el programa y está listo para las siguientes instrucciones. Si quieres volver a jugar vuelve a hacer clic en el botón **Ejecutar** (**Figura 6-13**).

Enhorabuena: ¡has creado tu propio juego de informática física!

Figura 6-13 Ganará el primer jugador que pulse el botón en cuanto se apague la luz

RETO: MEJORA EL JUEGO

¿Puedes añadir un bucle para que el juego se ejecute continuamente? Acuérdate de quitar la instrucción `_exit(0)` antes que nada. ¿Puedes agregar un contador para llevar la cuenta de quién está ganando luego de varias rondas? ¿Qué tal añadir un cronómetro para ver cuánto tiempo tardas en reaccionar al apagarse la luz?

C
F

Capítulo 7

Informática física con Sense HAT

Sense HAT, una placa multifuncional que se utiliza en la Estación Espacial Internacional (ISS), es un accesorio para Raspberry Pi dotado de sensores y una matriz LED.

Las placas Raspberry Pi admiten un tipo especial de placa adicional conocido como *HAT*, siglas de Hardware Attached on Top. Las placas HAT pueden añadir a un Raspberry Pi todo tipo de elementos: micrófonos, luces, relés electrónicos, pantallas... pero entre todos los HAT existe uno muy especial: el Sense HAT.

La placa Sense HAT se diseñó para la misión espacial Astro Pi, nacida de la colaboración entre la Fundación Raspberry Pi, la Agencia Espacial del Reino Unido y la Agencia Espacial Europea (ESA). Como parte de la misión, una nave de suministro Cygnus llevó placas Raspberry Pi, cámaras y placas Sense HAT a la ISS. Desde su puesta en órbita sobre la Tierra, las placas de Raspberry Pi (apodadas Ed e Izzy por los astronautas) se han utilizado para ejecutar el código y llevar a cabo experimentos científicos a los que han contribuido miles de alumnos de escuelas de toda Europa. En 2022 se actualizó el hardware Raspberry Pi de la ISS con placas Raspberry Pi 4, que ahora recibieron los apodos de Flora, Fauna y Fungi. Si eres menor de 19 años, resides en Europa y quieres realizar experimentos y ejecutar tus propios programas en el espacio, puedes visitar **astro-pi.org** para saber más acerca de cómo ser parte de Astro Pi.

El hardware Sense HAT utilizado en la ISS también está disponible en la Tierra, en todos los distribuidores de Raspberry Pi. Y si no quieres comprar un Sense HAT ahora mismo, no te preocupes— ¡puedes simularlo con software!

REALIDAD O SIMULACIÓN

Este capítulo es más fácil de seguir si se usa un Sense HAT real acoplado al sistema GPIO de un Raspberry Pi, pero si no tienes uno, puedes saltarte la sección «Instalando el Sense HAT» a la página 162 y probar los proyectos en el emulador de Sense HAT.

La placa Sense HAT

El Sense HAT (**Figura 7-1**) es un complemento multifuncional para Raspberry Pi. Además de contar con una matriz LED de 8×8 (64) luces programables de color rojo, verde y azul (RGB) que pueden controlarse para producir cualquier color de una gama de millones, el Sense HAT incluye un joystick de cinco direcciones y seis sensores integrados (siete en los modelos más modernos).

Figura 7-1 El Sense HAT

- **Sensor giroscópico**: se utiliza para percibir cambios en el ángulo de inclinación a lo largo del tiempo (lo que en términos técnicos se denomina *velocidad angular*). Este sensor indica cuándo el Sense HAT está girando en uno de sus tres ejes y la velocidad con la que lo está haciendo.

- **Acelerómetro**: es similar al sensor giroscópico, pero en lugar de percibir la inclinación mide su aceleración en múltiples direcciones. Combinando los datos del acelerómetro y el sensor giroscópico es posible determinar la dirección en la que apunta el Sense HAT y cómo este se está moviendo.

- **Magnetómetro**: mide la fuerza de un campo magnético. Este es otro sensor que puede ayudar a rastrear los movimientos del Sense HAT. Midiendo el campo magnético natural de la Tierra, el magnetómetro puede encontrar la dirección del norte magnético. También sensor puede usarse para detectar objetos metálicos e incluso campos eléctricos. Los tres sensores están integrados en un solo chip, identificado como **ACCEL/GYRO/MAG** en el circuito del Sense HAT.

- **Sensor de humedad**: mide la cantidad de vapor de agua en el aire, denominada *humedad relativa*. Puede ser un valor entre 0%, si no hay vapor de agua, y 100% si el aire está totalmente saturado. Los datos de humedad pueden usarse para detectar si está a punto de llover.

- **Sensor de presión barométrica:** también denominado *barómetro*, mide la presión del aire. Aunque la mayoría de la gente sabe que la presión barométrica está relacionada con el pronóstico del tiempo, también puede rastrear cuando estamos subiendo o bajando una colina o una montaña, porque el aire se hace menos denso y la presión disminuye cuanto más nos alejamos del nivel del mar.

- **Sensor de temperatura**: mide lo caliente o frío que se encuentra el entorno. La medición puede verse afectada por lo fría o caliente que está la placa Sense HAT: si usas una carcasa, los datos de la lectura podrían ser más altos de lo previsto. El Sense HAT no tiene un sensor de temperatura independiente sino que utiliza sensores de temperatura incorporados en los sensores de humedad y presión barométrica.

- **Sensor de color y brillo**: (solo disponible en Sense HAT V2) Este sensor detecta la luz a tu alrededor y registra su intensidad, algo estupendo para proyectos en los que quieras atenuar o aumentar la intensidad de los LED de la placa según lo iluminada que esté tu habitación. El sensor también se puede usar para registrar el color de la luz entrante. ¡Pero cuidado! Al momento de diseñar tus experimentos debes tener en cuenta que las lecturas del sensor se verán afectadas por la luz procedente de la matriz de LED del mismo Sense HAT. Este es el único sensor que no puedes probar con el emulador. Para usarlo necesitarás una placa Sense HAT V2 real.

SENSE HAT EN EL RASPBERRY PI 400

Sense HAT es totalmente compatible con el Raspberry Pi 400 y se puede insertar directamente en el sistema GPIO de su parte posterior. Sin embargo, hacerlo así ocasionará que los LED estén orientados en dirección contraria a tu posición y que la placa esté orientada al revés.

Para solucionar este problema necesitarás un cable o una placa de extensión GPIO. Entre las extensiones compatibles está la gama Black HAT Hack3r de **pimoroni.com**. Puedes usar el Sense HAT con la placa Black HAT Hack3r o simplemente usar como extensión el cable plano de 40 pines que viene con ella. Debes leer siempre las instrucciones del fabricante para asegurarte de que conectas el cable y Sense HAT con la orientación correcta.

Instalando el Sense HAT

Empieza por sacar la placa del embalaje y cerciórate de que todas las piezas estén presentes: el Sense HAT propiamente dicho, cuatro pequeños cilindros de metal o plástico denominados *espaciadores* y ocho tornillos. También puede haber pines de metal montados en una tira de plástico negro, similares a los pines GPIO de Raspberry Pi. Si tienes esta tira, pasa los pines por los orificios de la parte inferior del Sense Hat y presiónala hasta que oigas un clic.

Los espaciadores están diseñados para evitar que el Sense HAT se doble y arquee al usar el joystick. Tu Sense HAT funcionará aunque no coloques los espaciadores, pero usarlos ayudará a proteger de daños al Sense HAT, al Raspberry Pi y al sistema GPIO.

Si usas el Sense HAT con la placa Raspberry Pi Zero 2 W no podrás usar los cuatro espaciadores. Además, será necesario que el Raspberry Pi tenga los pines soldados en el sistema GPIO, sea que tú mismo los hayas soldado previamente o que tengas una placa en la que el distribuidor los haya colocado ahí por ti.

¡ADVERTENCIA!

Los módulos HAT solo deben conectarse y quitarse del sistema GPIO con el Raspberry Pi apagado y desconectado de la fuente de alimentación. Además, durante su instalación, la placa Sense HAT debe estar siempre paralela a la placa Raspberry Pi en la que se está instalando y con los pines alineados con los del sistema GPIO antes de presionarla.

Para instalar los espaciadores, pasa cuatro de los tornillos desde la parte inferior del Raspberry Pi a través de los cuatro orificios de montaje que se encuentran en sus esquinas. Luego atornilla los espaciadores y presiona el Sense HAT sobre el sistema GPIO del Raspberry Pi. Asegúrate de alinear correctamente el Sense HAT con los pines de debajo y de mantenerlo lo más plano posible.

Finalmente, pasa los últimos cuatro tornillos por los orificios de montaje del Sense HAT y atorníllalos en los espaciadores que has colocado previamente. Si la has instalado correctamente, el Sense HAT debe estar plano y nivelado y no debe doblarse ni oscilar cuando acciones el joystick.

Vuelve a encender el Raspberry Pi. Verás los LED del Sense HAT iluminarse con los colores del arco iris (**Figura 7-2**) y luego apagarse. Has completado la instalación del Sense HAT.

Si quieres retirar el Sense HAT, quita los tornillos superiores, levanta la placa (con cuidado de no doblar los pines del sistema GPIO pues el Sense HAT se ajusta bastante y puede que tengas que hacer palanca suavemente) y quita los espaciadores del Raspberry Pi.

Figura 7-2 El arco iris que aparece

Para programar el Sense HAT necesitarás software que quizás no hayas instalado aún. Si no ves el emulador de Sense HAT en la sección de **Programación** del menú de Raspberry, ve al Apéndice B, *Instalar y desinstalar software* y sigue las instrucciones para instalar el paquete de **sense-emu-tools**. Si no ves Scratch 3, consulta el «Herramienta Recommended Software» a la página 43.

EXPERIENCIA EN PROGRAMACIÓN

Este capítulo asume que el usuario tiene experiencia con Scratch 3 o Python y con el entorno de desarrollo integrado (IDE) de Thonny. Si aún no lo has hecho, tendrás que empezar por ir al Capítulo 4, *Programar con Scratch 3* o al Capítulo 5, *Programar con Python* y completar los proyectos que se trabaja en esos capítulos.

¡Hola Sense HAT!

Como en todos los proyectos de programación, lo obvio para empezar con el Sense HAT es mediante un mensaje de bienvenida que se muestre a través de su pantalla LED. Si utilizas el emulador de Sense HAT, cárgalo ahora: haz clic en el icono de Raspberry Pi, elige la categoría **Programación** y haz clic en **Sense HAT Emulator**.

Saludos de Scratch

Carga Scratch 3. Haz clic en el botón **Añadir extensión** en la parte inferior izquierda de la ventana de Scratch. Haz clic en la extensión **Raspberry Pi Sense HAT** (**Figura 7-3**). Esto carga los bloques necesarios para controlar las diversas funciones del Sense HAT, incluyendo su pantalla LED. Cuando los necesites, los encontrarás en la categoría **Raspberry Pi Sense HAT**.

Figura 7-3 Agregando la extensión Sense HAT de Raspberry Pi a Scratch 3

Comienza arrastrando un bloque de **Eventos** al hacer clic en 🏴 al área de script y luego arrastra un bloque display text ¡Hola! directamente debajo de este. Edita su texto para que el bloque diga display text ¡Hola mundo!.

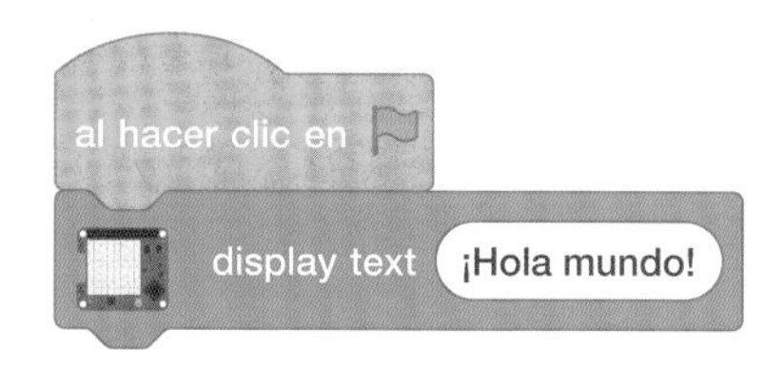

Haz clic en la bandera verde en el área de escenario y observa el Sense HAT o su emulador: el mensaje se desplazará lentamente a través de su matriz LED, iluminando los píxeles de los LED para formar las letras una por una (**Figura 7-4**). ¡Enhorabuena! Tu programa funciona correctamente.

Ahora que ya sabes mostrar un mensaje sencillo, es momento de aprender a controlar la forma en que se muestra ese mensaje. Además de poder modificar el mensaje, también es posible cambiar su rotación, es decir, en qué dirección aparece el mensaje en el Sense HAT. Arrastra un bloque set rotation to 0 degrees de la paleta de bloques e insértalo debajo del bloque al hacer clic en 🏴 y encima del bloque display text ¡Hola mundo!. Haz clic en la flecha abajo junto a `0` y cámbialo a `90`.

Figura 7-4 El mensaje se desplaza a través de la matriz LED

Haz clic en la bandera verde y verás el mismo mensaje que antes, pero en lugar de desplazarse de izquierda a derecha se desplazará de abajo hacia arriba (**Figura 7-5**) ¡ tendrás que girar la cabeza o el Sense HAT, para leerlo!

Figura 7-5 Ahora el mensaje se desplaza verticalmente

Vuelve a cambiar el valor de rotación a 0 y luego coloca un bloque set colour entre set rotation to 0 degrees y display text ¡Hola mundo!. Haz clic en el color al final del nuevo bloque para que aparezca el selector de colores de Scratch y localiza un amarillo intenso. Luego haz clic en la bandera verde para ver cómo cambia el resultado de tu programa (**Figura 7-6**).

Por último, coloca un bloque set background entre set colour y display text ¡Hola mundo!. Haz clic en el color que aparece al final de este bloque para volver a abrir el selector. Esta vez la elección del color no afecta a los LED que componen el mensaje sino a los demás, los que componen el "fondo". Elige un tono azul y haz clic en la bandera verde: ahora el mensaje será de color amarillo intenso sobre un fondo azul. Prueba con distintos colores para encontrar tu combinación favorita. ¡No todos los colores quedan bien juntos!

Figura 7-6 Cambiando el color del texto

Además de desplazar mensajes enteros, también puedes mostrar letras individuales. Arrastra el bloque display text ¡Hola mundo! fuera del área de script para eliminarlo luego coloca un bloque display character A en el lugar que ocupaba el que acabas de eliminar.

Haz clic en la bandera verde y verás la diferencia: este bloque muestra solo una letra por vez, sin desplazarla ni hacerla desaparecer - cada letra permanece en el Sense HAT hasta que tú lo indiques. Este bloque usa los mismos bloques de control de color que el bloque display text. Para comprobarlo intenta cambiar el color de la letra a rojo (**Figura 7-7**).

Figura 7-7 Mostrando una sola letra

RETO: REPETIR EL MENSAJE

¿Puedes usar tus conocimientos sobre los bucles para que el mensaje se repita una y otra vez? ¿Puedes crear un programa que deletree una palabra y que use un color distinto para cada letra?

Saludos de Python

Carga Thonny haciendo clic en el icono de Raspberry, seleccionando **Programación** y luego haciendo clic en **Thonny**. Si utilizas el emulador de Sense HAT y la ventana de Thonny lo tapa, mantén pulsado el botón del ratón en la barra de título de cualquiera de las ventanas (la barra de color azul ubicada en la parte superior) y arrástralas para moverlas por el escritorio hasta que ambas ventanas sean visibles.

CAMBIO DE LÍNEA DE PYTHON

El código de Python escrito para una placa Sense HAT física puede funcionar en el emulador de Sense HAT, y viceversa, con solo hacer un cambio. Si estás usando el emulador de Sense HAT con Python tendrás que cambiar la línea `from sense_hat import SenseHat` a `from sense_emu import SenseHat` en todos los programas de este capítulo. Si quieres volver a ejecutar los programas en un Sense HAT real, simplemente cambia la línea de nuevo a su versión original.

Para usar un Sense HAT o su emulador en un programa en Python debes importar la biblioteca de Sense HAT. Escribe lo siguiente en el área de script de Thonny, (recuerda usar `sense_emu` (en lugar de `sense_hat`) si estás usando el emulador de Sense HAT):

```
from sense_hat import SenseHat
sense = SenseHat()
```

La biblioteca de Sense HAT tiene una función simple que recibe un mensaje, le da formato para mostrarlo en la pantalla LED y lo muestra con un desplazamiento fluido. Escribe lo siguiente:

```
sense.show_message("¡Hola mundo!")
```

Guarda tu programa como **Hola Sense HAT.py** y haz clic en el botón **Ejecutar**. Verás que el mensaje se desplaza lentamente a través de la matriz LED del Sense HAT, iluminando los píxeles de los LED para formar las letras una por una (**Figura** 7-8). ¡Enhorabuena! Tu programa funciona correctamente.

La función `show_message()` tiene aún más posibilidades. Vuelve a tu programa y edita la última línea para que diga:

```
sense.show_message("¡Hola mundo!", text_colour=(255, 255, 0),
                    back_colour=(0, 0, 255), scroll_speed=(0.05))
```

Estas instrucciones adicionales separadas por comas se denominan *parámetros* y controlan varios aspectos de la función `show_message()`. El más simple

Figura 7-8 Mensaje desplazándose a través de la matriz LED

es `scroll_speed=()`, que cambia la rapidez con la que el mensaje se desplaza por la pantalla. Un valor de 0.05 aquí hace que el desplazamiento tenga una velocidad de aproximadamente el doble de la habitual. Cuanto más alto sea el número, menor será la velocidad.

Los parámetros `text_colour=()` y `back_colour=()` (escritos con ortografía del inglés británico, a diferencia de la mayoría de las instrucciones de Python) establecen el color de las letras y el fondo respectivamente. Pero estos parámetros no aceptan nombres de colores: tienes que definir el color que desees usando un trío de números. El primer número del trío representa la cantidad de rojo en el color deseado (desde 0 para nada de rojo, hasta 255 para la mayor cantidad de rojo posible), el segundo número es la cantidad de verde que quieres para tu color, y el tercer número representa la cantidad de azul. Juntos, estos números constituyen lo que se conoce como el valor *RGB* del color. Las letras RGB son las iniciales, en inglés, de rojo, verde y azul (red, green, blue).

Haz clic en el icono **Ejecutar** y observa el Sense HAT: ahora el mensaje se desplaza bastante más rápido, y aparece con letras amarillas sobre un fondo azul (**Figura** 7-9). Prueba con distintos valores en los parámetros de la función para encontrar una combinación de velocidad y color que te agraden.

Si quieres usar nombres descriptivos para definir tus colores en lugar de sus valores, tendrás que crear variables. Encima de la línea `sense.show_message()`, inserta lo siguiente:

```
yellow = (255, 255, 0)
blue = (0, 0, 255)
```

Vuelve a la línea `sense.show_message()` y edítala para que diga:

Figura 7-9 Cambiando los colores del mensaje y el fondo

```
sense.show_message("¡Hola mundo!", text_colour=(yellow),
                   back_colour=(blue), scroll_speed=(0.05))
```

Vuelve a hacer clic en el icono **Ejecutar** y verás que nada ha cambiado: tu mensaje sigue siendo amarillo sobre fondo azul. Pero esta vez has usado los nombres de las variables para hacer tu código más legible. En lugar de una cadena de números, el código indica claramente el color que se está configurando. Puedes definir tantos colores como quieras: haz la prueba añadiendo una variable denominada `red` con los valores 255, 0 y 0, una variable `white` con los valores 255, 255, 255, y una variable `black` con los valores 0, 0 y 0.

Además de desplazar mensajes enteros también puedes mostrar letras individuales. Borra toda la línea `sense.show_message()` y reemplázala con lo siguiente:

```
sense.show_letter("A")
```

Haz clic en **Ejecutar** y verás que la letra "A" aparece en la pantalla de Sense HAT. La letra permanece donde está porque a diferencia de los mensajes las letras individuales no se desplazan automáticamente. Puedes controlar `sense.show_letter()` con los mismos parámetros de color que `sense.show_message()`. Para comprobarlo intenta cambiar el color de la letra a rojo (**Figura 7-10**).

RETO: REPETIR EL MENSAJE

¿Puedes usar tus conocimientos sobre los bucles para que el mensaje se repita una y otra vez? ¿Puedes crear un programa que use un color distinto para cada letra? ¿Cuál es la mayor velocidad con la que se puede deslizar un mensaje?

Figura 7-10 Mostrando una sola letra

Pasos siguientes: dibujar con luz

La pantalla LED del Sense HAT no es solo para mostrar mensajes: también puedes usarla para mostrar imágenes. Cada LED puede usarse como un pixel (abreviatura de *picture element* o elemento de imagen) en una imagen de tu elección. Esto te permitirá hacer más interesantes tus programas con imágenes e incluso animaciones.

Para crear dibujos tendrás que poder controlar los LED de forma individual. Y para lograr esto será necesario que entiendas el diseño de la matriz LED. Con eso podrás escribir un programa que encienda y apague los LED correctos.

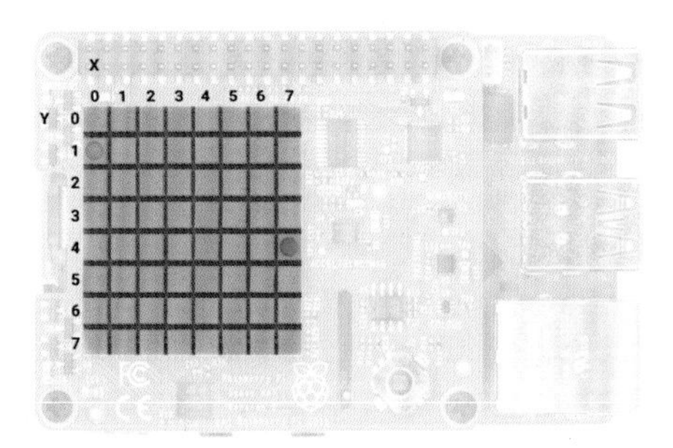

Figura 7-11 Sistema de coordenadas de la matriz LED

Hay ocho LED en cada fila de la pantalla y ocho en cada columna (**Figura 7-11**). Ten en cuenta que al contar los LED deberías empezar desde 0 y terminar en 7, que es lo habitual en la mayoría de los lenguajes de programación. El primer LED se encuentra en la esquina superior izquierda y el último en la esquina inferior derecha. Usando los números de las filas y columnas puedes encontrar las *coordenadas* de cualquier LED de la matriz. El LED azul de la matriz mostrada en la imagen se encuentra en las coordenadas 0, 1 y el rojo en las coordenadas 7, 4. Observa que primero se indica la posición en X del LED (que se incrementa a sentido transversal en la matriz) y luego se indica su posición en el eje Y (que se incrementa de arriba abajo).

Cuando diseñes los dibujos que quieres mostrar en el Sense HAT puede ser útil dibujarlos primero a mano usando en papel cuadriculado, o con un software de hoja de cálculo como LibreOffice Calc.

Imágenes en Scratch

Empieza un nuevo proyecto en Scratch. Si has estado trabajando algún programa que quieres conservar, entonces guárdalo primero Si has estado trabajando en los proyectos de este capítulo, seguramente Scratch 3 ha mantenido cargada la extensión Sense HAT de Raspberry Pi. Si has cerrado y vuelto a abrir Scratch 3 desde tu último proyecto, entonces carga la extensión usando el botón **Añadir extensión**. Ahora arrastra un bloque de **Eventos** al hacer clic en al área de código y luego coloca un bloque set background y uno set colour directamente debajo. Edita ambos para ajustar el color de fondo a negro y el color de texto a blanco. Para crear el color negro, mueve los controles deslizantes **Brillo** y **Saturación** a 0. Para el blanco desliza **Brillo** a 100 y **Saturación** a 0. Tendrás que hacer esto al comienzo de cada programa de Sense HAT; de lo contrario Scratch usará los últimos colores que hayas elegido, aunque eso haya sido para otro programa. Por último coloca un bloque display raspberry al final de tu programa.

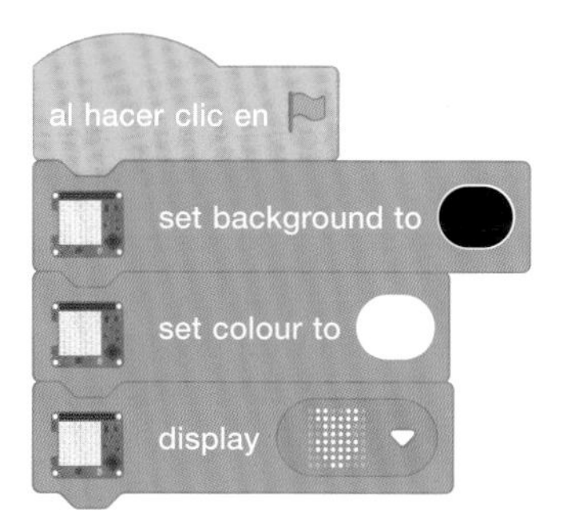

Haz clic en la bandera verde: verás que los LED del Sense HAT se iluminan para mostrar la silueta de una frambuesa (**Figura 7-12**).

ADVERTENCIA

Cuando la luz de los LED sea de un blanco intenso, como en este ejemplo, no los mires directamente porque podrían dañarte la vista.

Figura 7-12 Mostrando la silueta de una frambuesa con Scratch

La frambuesa predefinida no es la única posibilidad de silueta que existe, por supuesto. Haz clic en la flecha abajo junto a la frambuesa para activar el modo de dibujo. Puedes hacer clic en cualquier LED del patrón para encenderlo o apagarlo individualmente. Los dos botones de la parte inferior sirven para apagar o encender todos los LED. Prueba dibujar tu propio patrón y luego haz clic en la flecha verde para verlo en el Sense HAT. Prueba también cambiar el color del texto y el color de fondo usando los bloques anteriores.

Cuando hayas terminado arrastra los tres bloques a la paleta de bloques para borrarlos y coloca un bloque set clear display debajo de al hacer clic en . Haz clic en la bandera verde y todos los LED se apagarán.

Para crear una imagen debes ser capaz de controlar píxeles individuales y asignarles distintos colores. Puedes hacerlo encadenando bloques display raspberry editados con bloques set colour o puedes gestionar cada píxel individualmente. Intenta crear tu propia versión del ejemplo de matriz de LED que figura al principio de esta sección. Ahí se usan dos LED seleccionados específicamente que se iluminan en rojo y azul. Deja el bloque clear display en la parte superior del programa y arrastra un bloque set background debajo de él. Cambia el bloque set background a negro y luego arrastra dos bloques set pixel x 0 y 0 debajo de él. Finalmente, edita estos bloques como se muestra en la imagen del código mostrada más adelante.

Haz clic en la bandera verde y verás que los LED se encienden y la matriz se ve igual que en el ejemplo (**Figura 7-13**). Enhorabuena: ¡ya sabes controlar LED individuales!

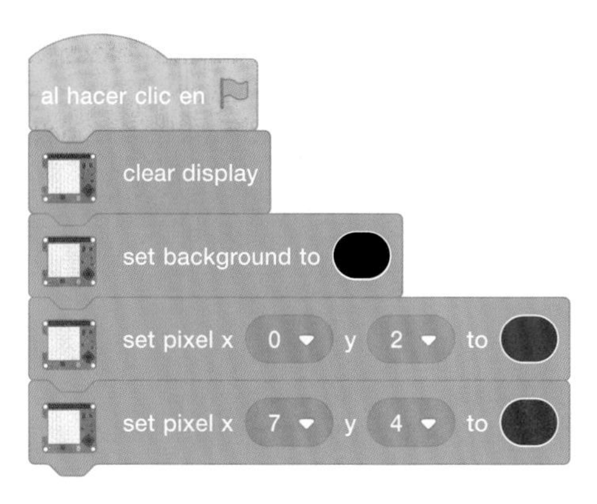

Edita los bloques de píxeles que ya están en tu código como se indica a continuación y añade más a la parte inferior hasta que consigas este programa:

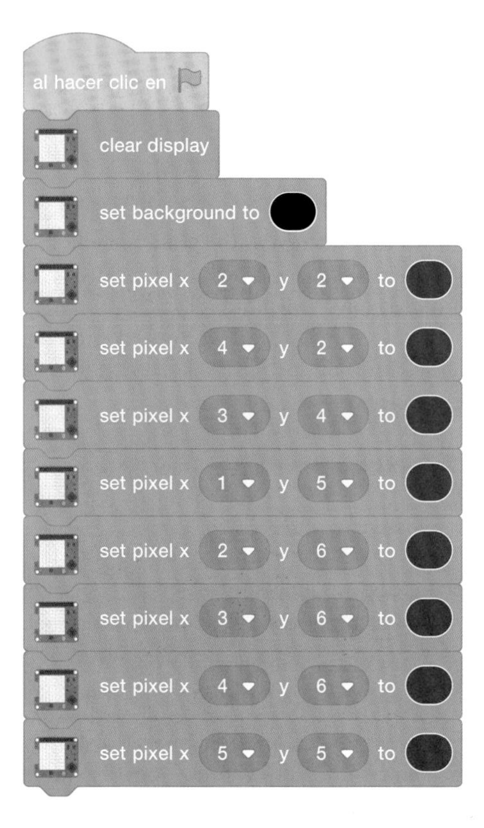

Antes de hacer clic en la bandera verde intenta adivinar qué imagen va a aparecer basándote en las coordenadas de la matriz LED que has usado. Ejecuta el programa y comprueba si acertaste.

RETO: NUEVOS DISEÑOS

¿Puedes diseñar más imágenes? Usa papel cuadriculado para diseñar tu imagen a mano. ¿Puedes dibujar tu imagen en la placa Sense HAT y hacer que cambien sus colores?

Imágenes en Python

Inicia un programa nuevo en Thonny y guárdalo como Sense HAT Drawing.py. Luego escribe lo siguiente en el área de script (recuerda usar `sense_emu` en lugar de `sense_hat` si estás usando el emulador):

```
from sense_hat import SenseHat
sense = SenseHat()
```

Recuerda que necesitas ambas líneas en tu programa para poder usar el Sense HAT. A continuación, escribe:

```
sense.clear(255, 255, 255)
```

Evita mirar directamente los LED del Sense HAT y haz clic en el icono **Ejecutar**: todos los LED se iluminarán con luz blanca brillante (**Figura 7-13**). Esa es la razón por la que no deberías mirarlos directamente al ejecutar tu programa.

Figura 7-13 Encendiendo todos los LED

ADVERTENCIA

Cuando la luz de los LED sea de un blanco intenso evita mirarlos directamente porque podrían dañar tu vista.

`sense.clear()` tiene la finalidad de borrar los LED de cualquier imagen que haya podido quedar de algún programa anterior pero además acepta parámetros de color RGB, lo que significa que puedes cambiar la pantalla a cualquier color que desees. Edita la línea para que se vea así:

```
sense.clear(0, 255, 0)
```

Haz clic en **Ejecutar** y el Sense HAT se volverá verde brillante (**Figura 7-14**). Experimenta con diferentes colores o añade las variables de nombre de color que creaste para facilitar la lectura del código de tu programa "Hola mundo".

Figura 7-14 Matriz LED iluminada en verde brillante

Para borrar los LED tendrás que usar los valores RGB correspondientes al color negro: 0 rojo, 0 azul y 0 verde. Aunque hay una manera más fácil: edita la línea de tu programa para que diga:

```
sense.clear()
```

La placa Sense HAT se oscurecerá. La razón es que si la función `sense.clear()` no tiene nada entre los paréntesis, se interpreta como una instrucción para poner todos los LED en negro, es decir, para apagarlos (**Figura 7-15**). Cuando tengas que borrar todos los LED de tus programas, esa es la función que debes utilizar.

Para crear tu propia versión de la matriz LED mostrada anteriormente en este capítulo (la que muestra dos LED específicamente seleccionados iluminados en rojo y azul) añade las siguientes líneas a tu programa después de `sense.clear()`:

```
sense.set_pixel(0, 2, (0, 0, 255))
sense.set_pixel(7, 4, (255, 0, 0))
```

Figura 7-15 Usa la función `sense.clear` para apagar todos los LED

El primer par de números son la ubicación del píxel en la matriz, con el eje X (horizontal) seguido del eje Y (vertical). El segundo grupo de números, escritos entre sus propios paréntesis, son los valores RGB para el color del píxel. Haz clic en el botón **Ejecutar** para ver el efecto: dos LED del Sense HAT se iluminarán, como se muestra en la **Figura 7-11**.

Borra las dos líneas que acabas de escribir y reemplázalas con lo siguiente:

```
sense.set_pixel(2, 2, (0, 0, 255))
sense.set_pixel(4, 2, (0, 0, 255))
sense.set_pixel(3, 4, (100, 0, 0))
sense.set_pixel(1, 5, (255, 0, 0))
sense.set_pixel(2, 6, (255, 0, 0))
sense.set_pixel(3, 6, (255, 0, 0))
sense.set_pixel(4, 6, (255, 0, 0))
sense.set_pixel(5, 5, (255, 0, 0))
```

Antes de pulsar **Ejecutar**, mira las coordenadas y compáralas con la matriz: ¿puedes adivinar qué imagen van a dibujar esas instrucciones? Haz clic en **Ejecutar** para ver si has acertado.

Crear un dibujo detallado utilizando llamadas individuales a la función `set_pixel()` es un proceso lento. Para acelerar las cosas puedes cambiar varios píxeles al mismo tiempo. Borra todas las líneas `set_pixel()` de tu programa y escribe lo siguiente:

```
g = (0, 255, 0)
b = (0, 0, 0)
creeper_pixels = [
    g, g, g, g, g, g, g, g,
```

```
    g, g, g, g, g, g, g, g,
    g, b, b, g, g, b, b, g,
    g, b, b, g, g, b, b, g,
    g, g, g, b, b, g, g, g,
    g, g, b, b, b, b, g, g,
    g, g, b, b, b, b, g, g,
    g, g, b, g, g, b, g, g
]
sense.set_pixels(creeper_pixels)
```

Aquí hay mucho por entender, pero empieza por hacer clic en **Ejecutar** para ver si reconoces a cierto pequeño personaje (un creeper). Las dos primeras líneas crean dos variables para almacenar los valores RGB de los colores verde y negro. Para que el código del dibujo sea más fácil de escribir y leer, las variables son letras simples: "`g`" para verde (green) y "`b`" para negro (black).

El siguiente bloque de código crea una variable que contiene los valores de color de los 64 píxeles de la matriz LED, separados por comas y encerrados entre corchetes. Pero en lugar de números esta nueva variable utiliza las variables de color que creaste anteriormente. Si observas con cuidado (recordando que "`g`" es para el verde y "`b`" para el negro) verás que puedes deducir la imagen que va a aparecer (**Figura 7-16**).

Por último, `sense.set_pixels(creeper_pixels)` toma esa variable (`creeper_pixels`) y utiliza la función `sense.set_pixels()` para dibujar en toda la matriz simultáneamente. ¡Mucho más fácil que dibujar píxel por píxel!

Figura 7-16 Mostrando una imagen en la matriz

También puedes rotar y voltear las imágenes, ya sea para mostrarlas de forma correcta al girar el Sense HAT o como una forma de crear animaciones simples usando una sola imagen asimétrica.

Empieza editando tu variable **creeper_pixels** para cerrar el ojo izquierdo del creeper, reemplazando cuatro píxeles "**b**" (, los dos primeros en la tercera línea y los dos primeros en la cuarta línea) con "**g**":

```
creeper_pixels = [
    g, g, g, g, g, g, g, g,
    g, g, g, g, g, g, g, g,
    g, g, g, g, g, b, b, g,
    g, g, g, g, g, b, b, g,
    g, g, g, b, b, g, g, g,
    g, g, b, b, b, b, g, g,
    g, g, b, b, b, b, g, g,
    g, g, b, g, g, b, g, g
]
```

Haz clic en **Ejecutar** y verás que se cierra el ojo izquierdo (**Figura** 7-17). Para crear una animación ve a la parte superior de tu programa y añade:

```
from time import sleep
```

Luego ve al final y escribe:

```
while True:
    sleep(1)
    sense.flip_h()
```

Haz clic en **Ejecutar** y verás cómo el creeper cierra primero un ojo y luego el otro.

Figura 7-17 Mostrando una animación simple de dos cuadros

La función **flip_h()** voltea una imagen en el eje horizontal. Si quieres voltear una imagen en su eje vertical sustituye **sense.flip_h()** por **sense.flip_v()**. También puedes rotar una imagen 0, 90, 180 o 270 grados usando **sense.set_rotation(90)** y cambiando el número entre paréntesis según cuántos grados quieras rotarla. Prueba usar esa función para que el creeper gire en lugar de cerrar los ojos.

> **RETO: NUEVOS DISEÑOS**
>
> ¿Puedes diseñar más imágenes y animaciones? Usa papel cuadriculado para diseñar tu imagen a mano y que así sea más fácil crear la variable. ¿Puedes crear un dibujo y hacer que cambien los colores? Recuerda que puedes cambiar las variables después de haberlas usado una vez.

Sintiendo el mundo a tu alrededor

El verdadero poder del Sense HAT está en sus sensores. Con ellos puedes obtener lecturas de muchas cosas, desde temperatura hasta aceleración, y usar la información obtenida en tus programas.

> **EMULANDO LOS SENSORES**
>
> Si utilizas el emulador de Sense HAT, tendrás que habilitar la simulación de sensores inerciales y ambientales. Para eso, en el emulador, haz clic en **Edit**, luego en **Preferences** y luego selecciona las opciones que sean necesarias. En el mismo menú elige **180°..360°|0°..180°** en **Orientation Scale** para asegurarte de que los números del emulador coinciden con los números reportados por Scratch y Python. Luego haz clic en el botón Cerrar.

Sensores medioambientales

El sensor de presión barométrica, el sensor de humedad y el sensor de temperatura son sensores medioambientales: realizan mediciones del entorno que rodea al Sense HAT.

Sensores medioambientales en Scratch

Inicia un programa nuevo en Scratch (guardando el anterior si así lo deseas) y añade la extensión **Raspberry Pi Sense HAT** si aún no está cargada. Arrastra un bloque de **Eventos** `al hacer clic en 🏁` a tu área de código y luego un bloque `clear display` debajo y un `set background to black` debajo del anterior. A continuación, añade un bloque `set colour to white`: utiliza los controles deslizantes **Brillo** y **Saturación** para elegir el color correcto. Siempre conviene hacer esto al comienzo de tus programas para asegurarte de que el Sense HAT no muestre nada de un programa antiguo y cerciorarte de los colores que estás usando. Ahora coloca un bloque de **Apariencia** decir ¡Hola! durante 2 segundos directamente debajo de los bloques existentes. Para hacer una lectura del sensor de presión, encuentra el bloque pressure en la categoría **Raspberry Pi Sense HAT** y colócalo sobre la palabra "`¡Hola!`" que aparece en el bloque decir ¡Hola! durante 2 segundos.

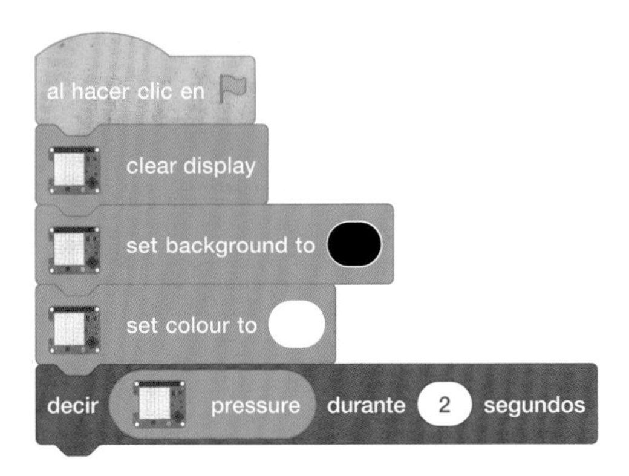

Haz clic en la bandera verde y el gato de Scratch te indicará el valor leído por el sensor de presión en *milibares*. El mensaje desaparece al cabo de dos segundos. Sopla sobre el Sense HAT (o sube el control **Pressure** en el emulador) y haz clic en la bandera verde para ejecutar el programa de nuevo. Esta vez el valor anunciado por el gato debería ser más alto (**Figura 7-18**).

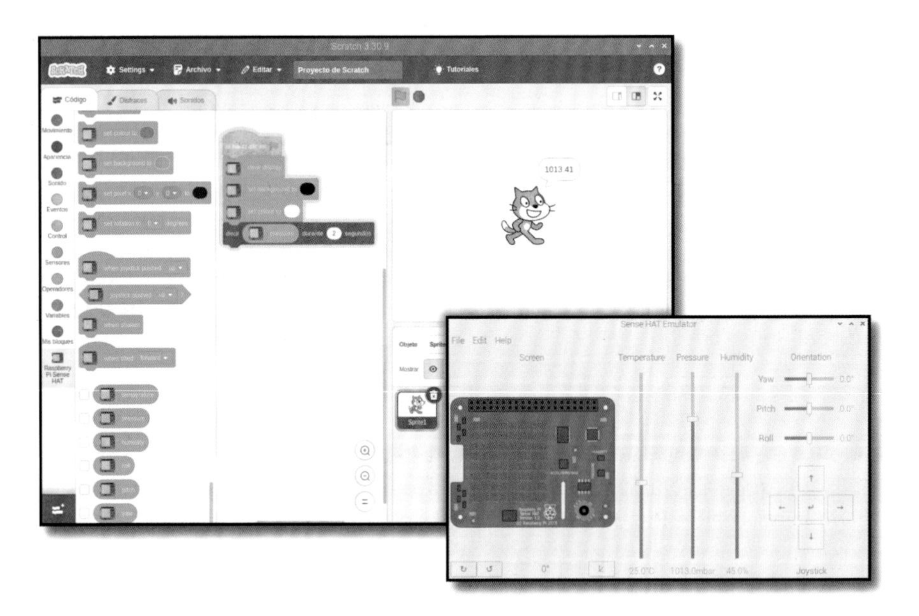

Figura 7-18 Lectura del sensor de presión

> **CAMBIANDO LOS VALORES**
>
> Si utilizas el emulador de Sense HAT puedes cambiar los valores indicados por cada uno de los sensores emulados utilizando sus controles deslizantes y botones. Prueba deslizar hacia abajo el control del sensor de presión y luego haz clic de nuevo en la bandera verde.

Para usar el sensor de humedad, borra el bloque `pressure` y sustitúyelo por `humidity`. Vuelve a ejecutar el programa y verás la humedad relativa actual de la habitación en la que estás. De nuevo, puedes intentar ejecutarlo mientras soplas en el Sense HAT (o subiendo el control deslizante **Humidity** en el emulador) para cambiar la lectura (**Figura 7-19**): ¡te sorprenderá lo húmedo que es tu aliento!

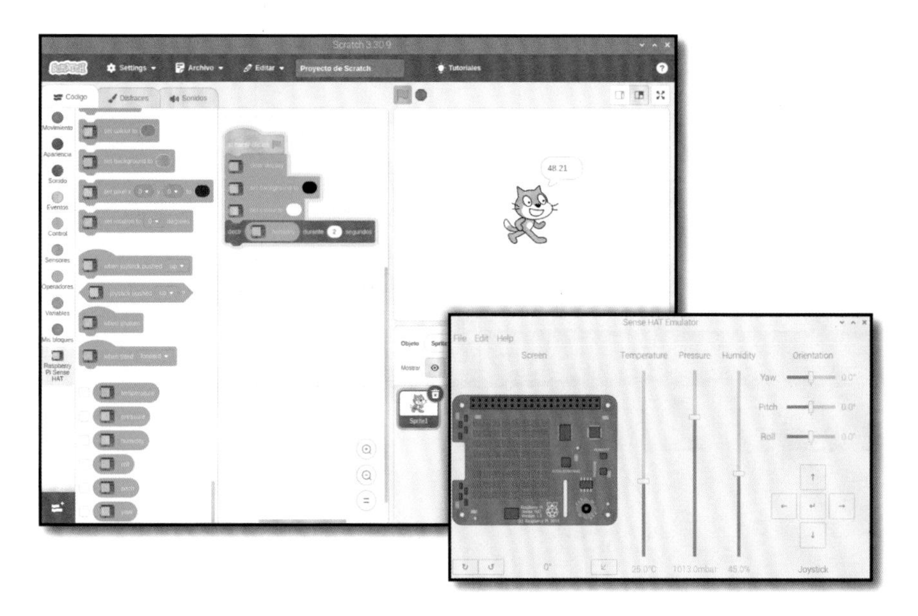

Figura 7-19 Lectura del sensor de humedad

Para usar el sensor de temperatura basta con borrar el bloque `humidity`, sustituirlo por `temperature` y luego ejecutar el programa de nuevo. Verás una temperatura en grados centígrados (**Figura 7-20**). Sin embargo, es probable que esa no sea la temperatura exacta de la habitación: un Raspberry Pi genera calor mientras está funcionando y eso calienta la placa Sense HAT y sus sensores.

RETO: DESPLAZAMIENTO Y BUCLE

¿Puedes cambiar tu programa para que lea cada uno de los sensores por turno y luego muestre el resultado como un mensaje que se deslice a través de la matriz LED del Sense HAT en lugar de mostrarlos en el área de escenario? ¿Puedes hacer que tu programa se ejecute en un bucle de modo que muestre constantemente las condiciones ambientales actuales?

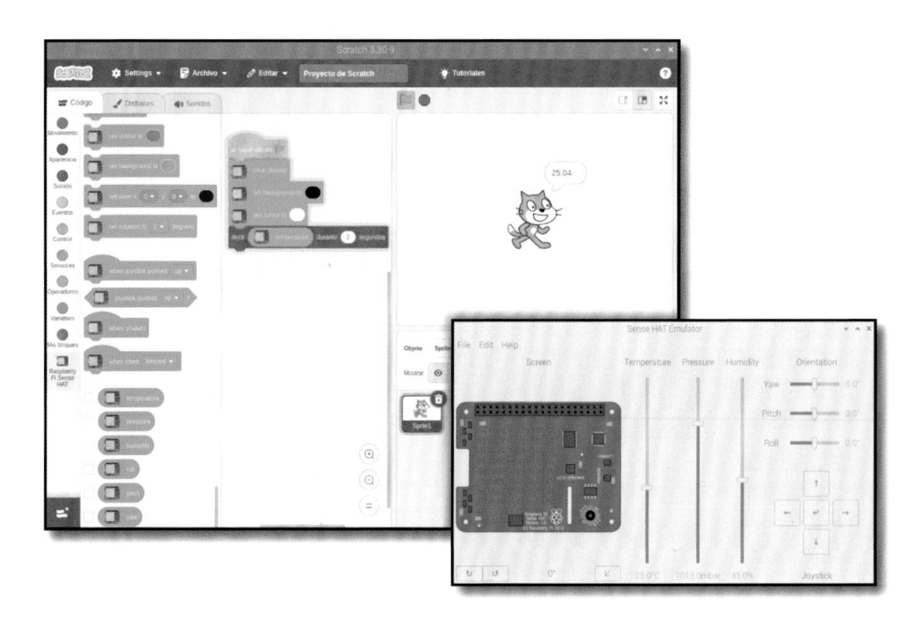

Figura 7-20 Lectura del sensor de temperatura

Sensores medioambientales en Python

Para empezar a leer los datos de los sensores del Sense HAT crea un programa en Thonny y guárdalo como **Sensores Sense HAT.py**. Escribe lo siguiente en el área de script (tendrás que hacer esto cada vez que uses el Sense HAT) y acuérdate de usar `sense_emu` si estás utilizando el emulador:

```
from sense_hat import SenseHat
sense = SenseHat()
sense.clear()
```

Siempre es una buena idea incluir `sense.clear()` al comienzo de tus programas por si la pantalla del Sense HAT aún está mostrando algo que quedó del último programa ejecutado.

Para tomar una lectura del sensor de presión, escribe:

```
pressure = sense.get_pressure()
print(pressure)
```

Haz clic en **Ejecutar** y verás un número impreso en el área de shell ubicada en la parte inferior de la ventana de Thonny. Esta es la lectura en milibares de la presión del aire detectada por el sensor de presión barométrica (**Figura 7-21**).

> **CAMBIANDO LOS VALORES**
>
> Si utilizas el emulador de Sense HAT puedes cambiar los valores indicados por cada uno de los sensores emulados utilizando sus controles deslizantes y botones. Desliza el sensor de presión hacia abajo y luego vuelve a hacer clic en **Ejecutar**.

Prueba soplar sobre la placa Sense HAT (o subir el control **Pressure** en el emulador) mientras vuelves a hacer clic en el icono **Ejecutar.** Esta vez el valor leído debería ser mayor.

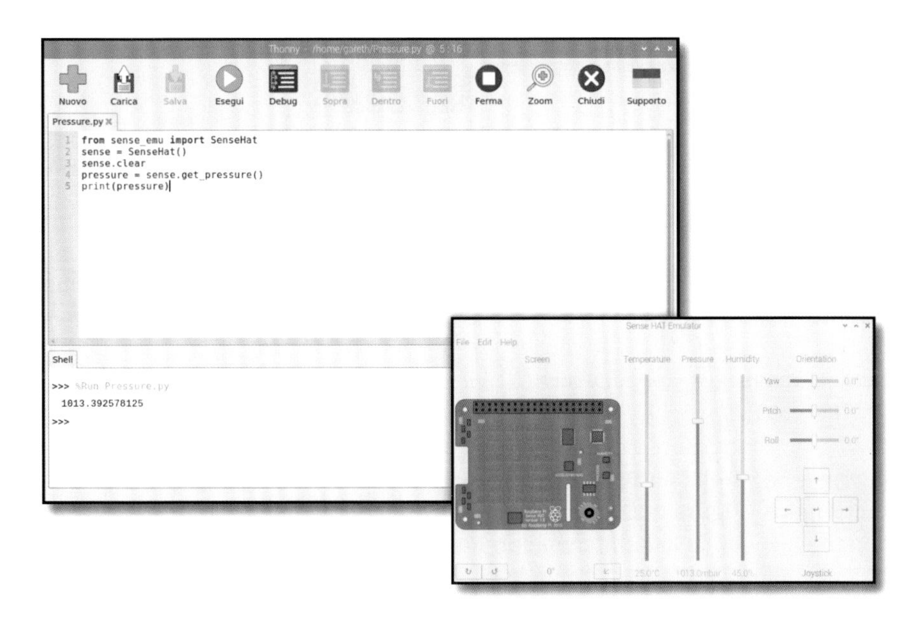

Figura 7-21 Mostrando una lectura de presión del Sense HAT

Para usar el sensor de humedad borra las dos últimas líneas del código y sustitúyelas por:

```
humidity = sense.get_humidity()
print(humidity)
```

Haz clic en **Ejecutar** y verás otro número impreso en el área de shell de Python: esta vez el valor es la humedad relativa de la habitación en la que te encuentras mostrada en forma de porcentaje. De nuevo, puedes soplar en el Sense HAT (o subir el control deslizante **Humidity** del emulador) y verás cómo aumenta el valor mostrado cuando vuelvas a ejecutar tu programa (**Figura 7-22**): ¡te sorprenderá lo húmedo que es tu aliento!

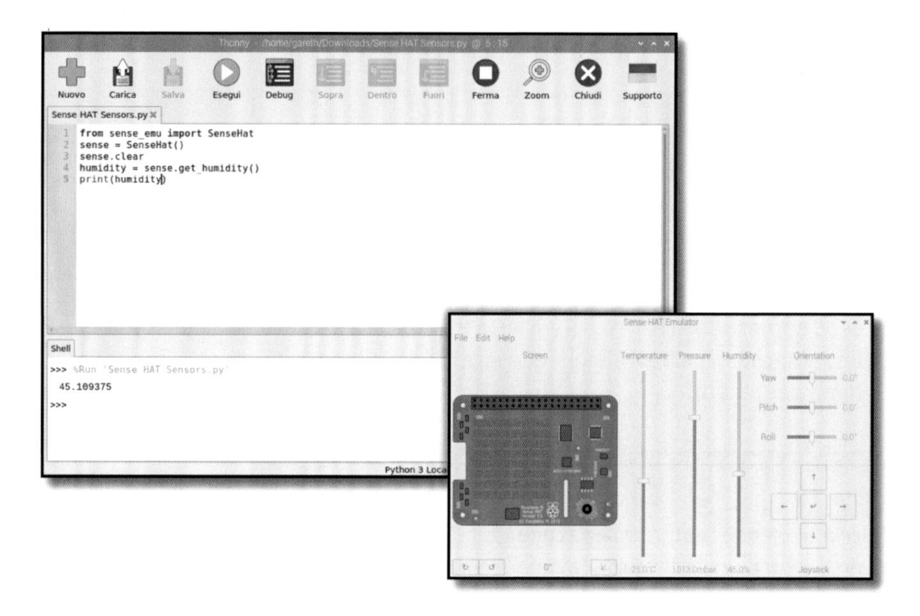

Figura 7-22 Lectura del sensor de humedad

Para usar el sensor de temperatura borra las dos últimas líneas del programa y sustitúyelas por:

```
temp = sense.get_temperature()
print(temp)
```

Vuelve a hacer clic en **Ejecutar** y verás el valor de la temperatura en grados centígrados (**Figura 7-23**). Sin embargo, es probable que esa no sea la temperatura exacta de la habitación: un Raspberry Pi genera calor mientras está funcionando y eso calienta tanto la placa Sense HAT como sus sensores.

Normalmente el Sense HAT obtiene la temperatura de los datos proporcionados por el sensor de temperatura incorporado en el sensor de humedad. Si en cambio prefieres obtener la temperatura usando el sensor de presión, usa `sense.get_temperature_from_pressure()`. También es posible combinar las lecturas de ambos sensores para obtener un promedio, lo que puede ser más preciso que usar cualquiera de los sensores por separado. Para ello, borra las dos últimas líneas de tu programa y escribe:

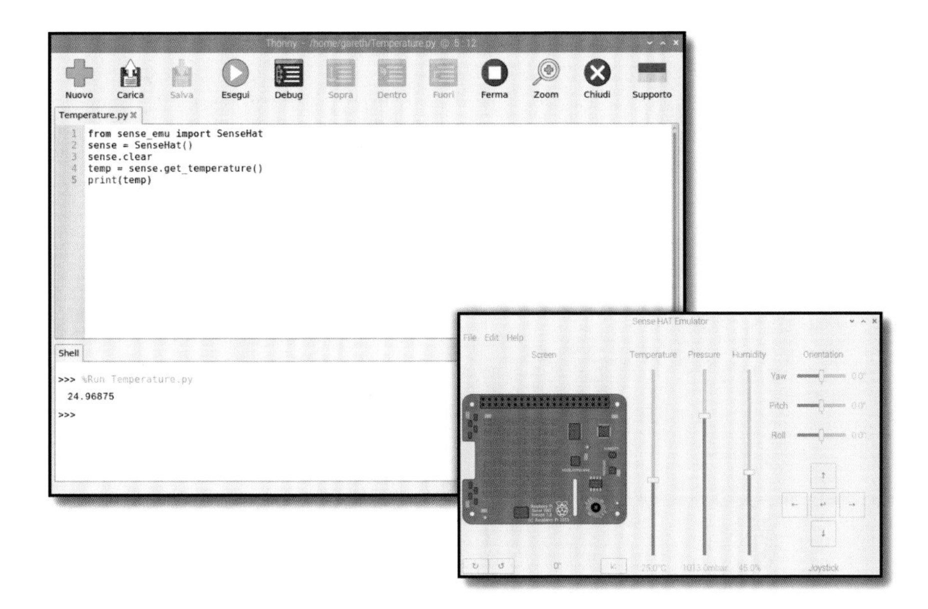

Figura 7-23 Lectura de la temperatura actual

```
htemp = sense.get_temperature()
ptemp = sense.get_temperature_from_pressure()
temp = (htemp + ptemp) / 2
print(temp)
```

Haz clic en el icono **Ejecutar** y verás un número mostrado en la consola de Python (**Figura 7-24**). Esta vez, el valor mostrado se basa en las lecturas de ambos sensores que han sido sumadas y divididas entre 2 (el número de lecturas) para obtener un promedio de ambas. Si estás usando el emulador, los tres métodos —humedad, presión y promedio— mostrarán aproximadamente el mismo número.

RETO: DESPLAZAMIENTO Y BUCLE

¿Puedes cambiar tu programa para que lea cada uno de los sensores por turno y luego muestre los resultados en la matriz LED en lugar de mostrarlos en el shell? ¿Puedes hacer que tu programa funcione en bucle, de modo que muestre constantemente las condiciones ambientales captadas por los sensores?

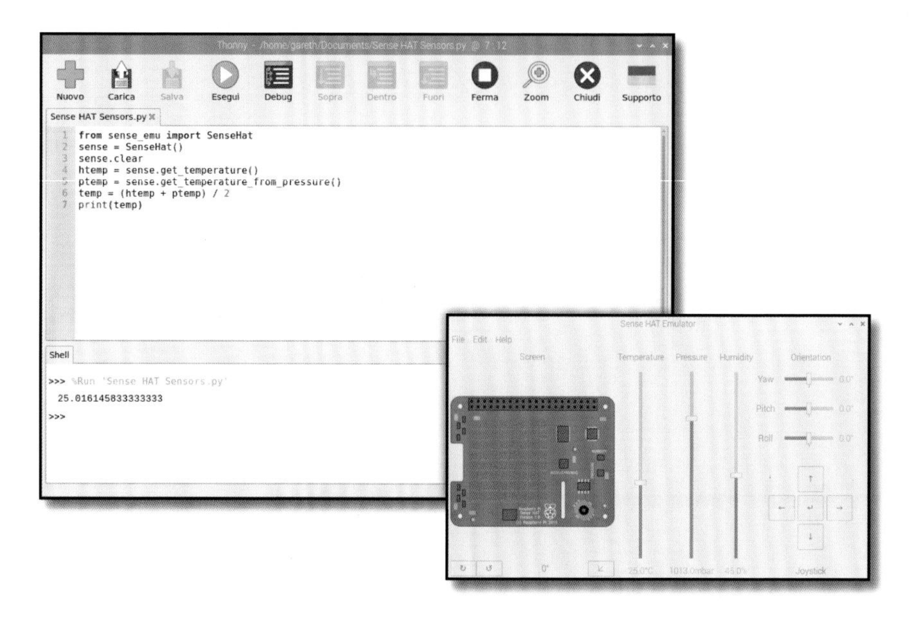

Figura 7-24 T Valor de la temperatura basado en las lecturas de ambos sensores

Sensores inerciales

El sensor giroscópico, el acelerómetro y el magnetómetro se combinan para formar una *unidad de medición inercial (IMU)*. Si bien estos sensores realizan mediciones del ambiente circundante igual que lo hacen los sensores medioambientales (el magnetómetro por ejemplo mide la fuerza de los campos magnéticos), por lo general se utilizan para obtener datos sobre el movimiento de la misma placa Sense HAT. El IMU es la suma de múltiples sensores. Algunos lenguajes de programación permiten obtener lecturas de cada sensor de forma independiente, mientras que otros solo permiten una lectura combinada.

El Sense HAT, así como el Raspberry Pi al que se acopla, puede moverse a lo largo de tres ejes espaciales: de lado a lado en el eje X, adelante y atrás en el eje Y y arriba y abajo en el eje Z (**Figura 7-25**). También puede rotar sobre esos tres ejes, pero la nomenclatura usada para esos movimientos cambia: a la rotación alrededor del eje X se le llama *alabeo*; a la rotación alrededor del eje Y *cabeceo* y a la rotación alrededor del eje Z *guiñada*. Al rotar el Sense HAT alrededor de su eje corto, estás ajustando el cabeceo. Si la rotación es alrededor del eje largo, estás ajustando el alabeo. Y si rota mientras se mantiene plana sobre la mesa, estás ajustando la guiñada. Imagínatelo como si fuera un avión: al despegar aumenta su cabeceo para ascender. Cuando hace un tonel de alerón está girando sobre su eje de alabeo, y cuando se usa el timón para girar como lo haría un coche, sin alabeo, eso es una guiñada.

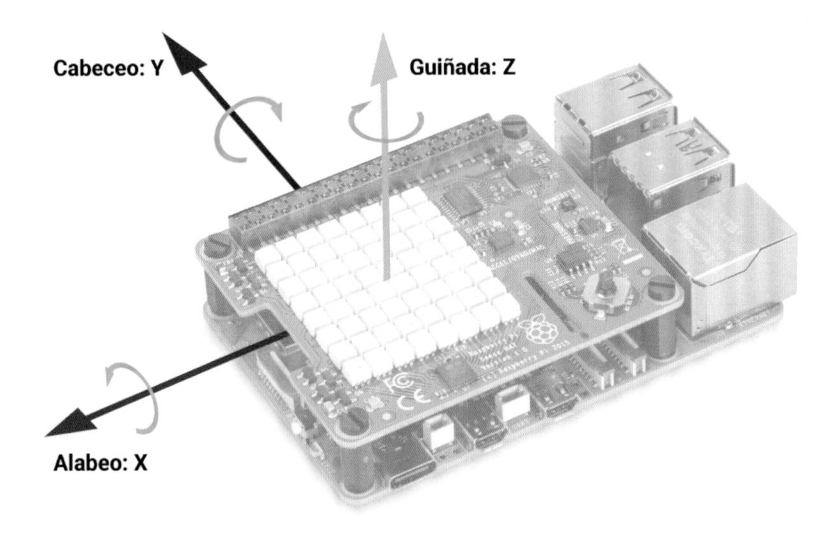

Figura 7-25 Los ejes espaciales del IMU del Sense HAT

Sensores inerciales en Scratch

Inicia un nuevo programa en Scratch y carga la extensión **Sense HAT** si aún no está cargada. Arrastra un bloque de **Eventos** al hacer clic en al área de código, luego coloca un bloque clear display debajo de él, y luego arrastra y edita un bloque set background to black y set colour to white. A continuación coloca un bloque por siempre después de todos los bloques existentes y llénalo con un bloque decir ¡Hola!. Para mostrar las lecturas de cada uno de los tres ejes del IMU (cabeceo, alabeo y guiñada) tendrás que añadir bloques de **Operadores** unir junto a los bloques **Raspberry Pi Sense HAT** correspondientes. Acuérdate de incluir espacios y comas para que el resultado sea fácil de leer.

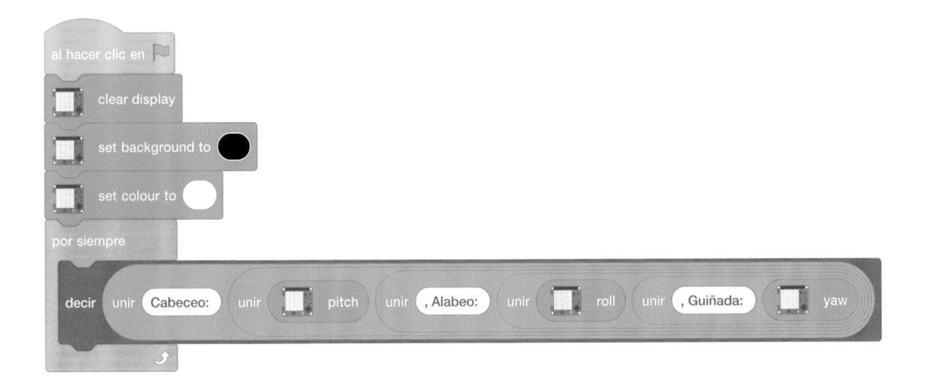

Haz clic en la bandera verde para ejecutar el programa y mueve el Sense HAT y el Raspberry Pi (con cuidado para no desconectar ningún cable). Al inclinar el Sense HAT sobre sus tres ejes verás que los valores de cabeceo, alabeo y guiñada cambian (**Figura 7-26**).

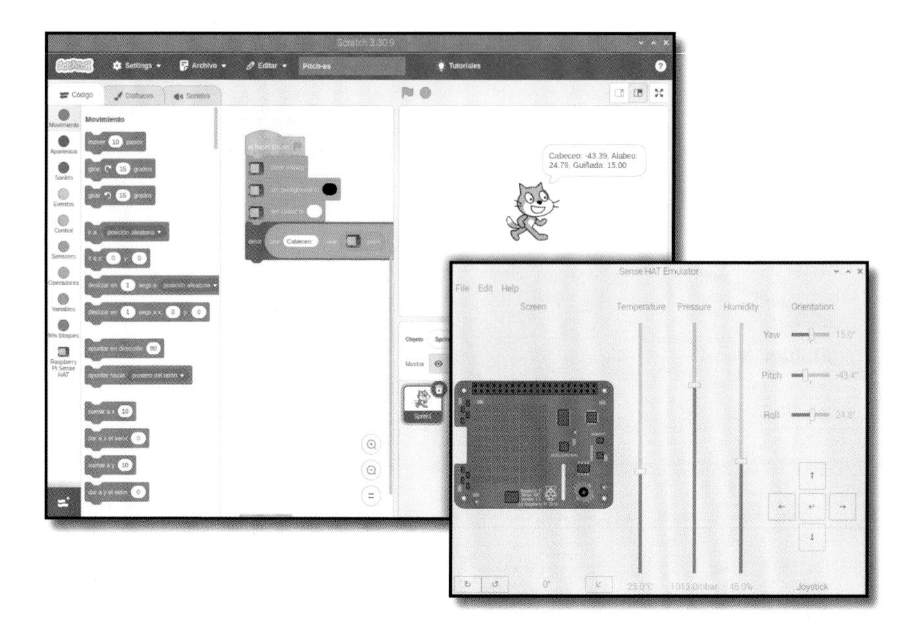

Figura 7-26 Valores de cabeceo, alabeo y guiñada

Sensores inerciales en Python

Crea un programa nuevo en Thonny y guárdalo como **Movimientos Sense HAT.py**. Escribe las líneas de inicio habituales, recordando usar `sense_emu` si estás utilizando el emulador de Sense HAT:

```
from sense_hat import SenseHat
sense = SenseHat()
sense.clear()
```

Para usar la información de IMU para calcular la orientación actual del Sense HAT en sus tres ejes, escribe lo siguiente:

```
orientation = sense.get_orientation()
pitch = orientation["pitch"]
roll = orientation["roll"]
yaw = orientation["yaw"]
print("cabeceo {0} alabeo {1} guiñada {2}".format(pitch, roll, yaw))
```

Haz clic en **Ejecutar** y verás las lecturas de la orientación del Sense HAT divididas en los tres ejes (**Figura 7-27**). Prueba girar el Sense HAT a hacer clic en **Ejecutar** nuevamente. Los números mostrados deberían haber cambiado para reflejar su nueva orientación.

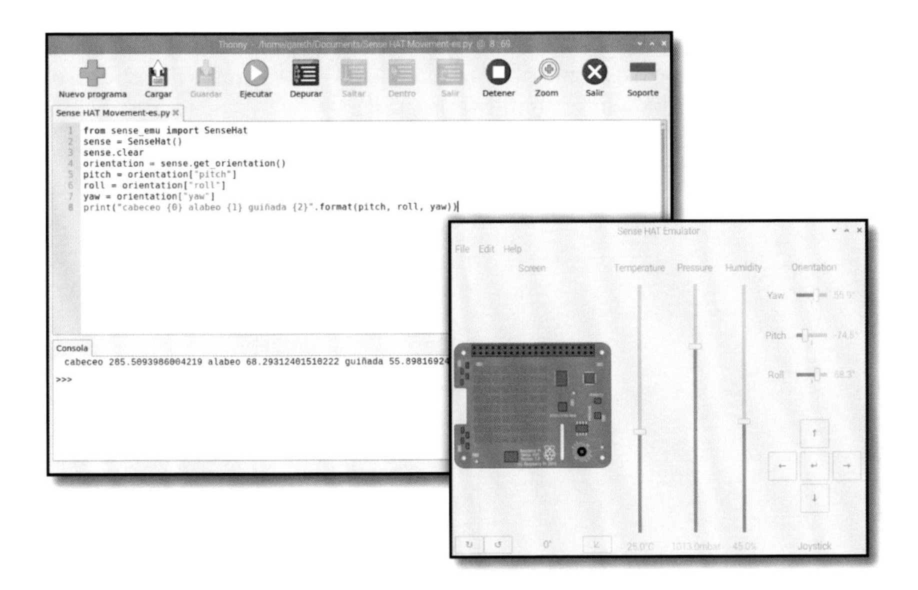

Figura 7-27 Valores de cabeceo, alabeo y guiñada del Sense HAT

El IMU puede hacer más que medir la orientación: también puede detectar movimiento. Para obtener lecturas precisas relativas al movimiento, se deben pedir datos al IMU de manera frecuente dentro de un bucle. Una sola lectura no te dará ninguna información útil para detectar movimiento. Borra todo lo que hay después de `sense.clear()` y escribe el siguiente código:

```
while True:
    acceleration = sense.get_accelerometer_raw()
    x = acceleration["x"]
    y = acceleration["y"]
    z = acceleration["z"]
```

Ahora tienes variables que contienen las lecturas actuales del acelerómetro para los tres ejes espaciales: X, o izquierda y derecha; Y, o adelante y atrás; y Z, o arriba y abajo. Como los números del sensor del acelerómetro pueden ser difíciles de leer, haremos más sencilla su comprensión redondeándolos al número entero más cercano. Escribe lo siguiente:

```
    x = round(x)
    y = round(y)
    z = round(z)
```

Finalmente, escribe la siguiente línea para mostrar los valores obtenidos:

```
print("x={0}, y={1}, z={2}".format(x, y, z))
```

Haz clic en **Ejecutar** y verás valores del acelerómetro mostrados en el área de shell de Python (**Figura 7-28**). A diferencia del programa anterior, estos valores se mostrarán en todo momento. Para que dejen de mostrarse haz clic en el botón rojo **Detener** para interrumpir el programa.

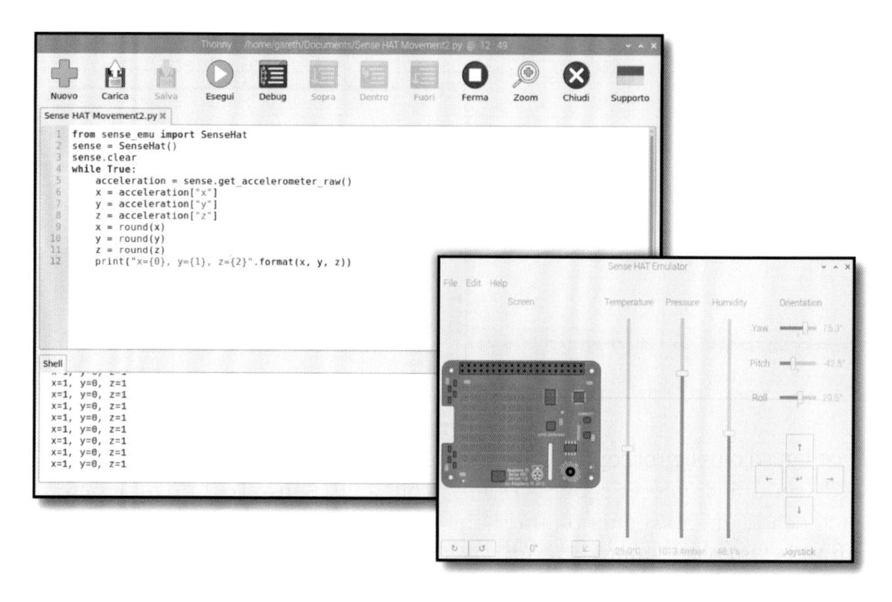

Figura 7-28 Las lecturas del acelerómetro redondeadas al número entero más cercano

Habrás notado que el acelerómetro está indicando que uno de los ejes (el eje Z si tu Raspberry Pi está plano sobre la mesa) tiene un valor de aceleración de 1.0 (una fuerza de 1g), pero el Sense HAT no se está moviendo. Eso se debe a que está detectando la atracción gravitatoria de la Tierra, la fuerza que "tira" del Sense HAT hacia el centro del planeta y la razón por la que caería al suelo si lo empujaras fuera del escritorio.

Con tu programa en ejecución, sujeta cuidadosamente la placa Sense HAT y el Raspberry Pi y gíralos con cuidado para no desconectar ninguno de los cables. Con el conector de red y los puertos USB del Raspberry Pi orientados hacia el suelo, verás que los valores cambian de forma que ahora el eje Z muestra 0g y el eje X 1g. Si ahora orientas los puertos HDMI y de alimentación hacia el suelo verás que es el eje Y el que muestre 1g. Y si haces lo contrario y orientas el Raspberry Pi de modo que el puerto HDMI señale al techo, verás -1g en el eje Y.

Sabiendo que la fuerza de la gravedad de la Tierra es aproximadamente de 1g, y usando tus conocimientos sobre los ejes espaciales, puedes tomar las lecturas del acelerómetro para averiguar dónde es arriba y dónde abajo o, en otras palabras, conocer la orientación del Sense HAT en el espacio. Estas lecturas también pueden servirte para detectar movimiento: agita levemente la placa Sense HAT y el Raspberry Pi y observa los números mientras lo haces. Cuanto más fuerte sea el movimiento, mayor será la aceleración.

Al usar `sense.get_accelerometer_raw()` le estás diciendo al Sense HAT que apague los otros dos sensores del IMU (el giroscópico y el magnetómetro) y que proporcione únicamente los datos del acelerómetro. Puedes hacer lo mismo con los otros sensores.

Localiza la línea `acceleration = sense.get_accelerometer_raw()` de tu programa y cámbiala a:

```
    orientation = sense.get_gyroscope_raw()
```

Ahora, en las tres líneas siguientes, cambia la palabra `acceleration` a `orientation`. Haz clic en **Ejecutar** y verás la orientación de Sense HAT para los tres ejes, con los valores redondeados al número entero más cercano. Pero, a diferencia de la última vez que comprobaste la orientación, ahora los datos proceden solo del giroscopio, sin usar el acelerómetro o el magnetómetro. Esto puede ser útil si quieres saber la orientación de un Sense HAT en movimiento (colocado en la espalda de un robot, por ejemplo) sin que el movimiento confunda las cosas. También es útil si estás usando un Sense HAT cerca de un campo magnético intenso.

Detén el programa haciendo clic en el botón rojo **Detener**. Para usar el magnetómetro borra todo lo que hay en tu programa excepto las primeras cuatro líneas y escribe lo siguiente debajo de la línea `while True`:

```
north = sense.get_compass()
print(north)
```

Ejecuta el programa y verás que la dirección del norte magnético se muestra repetidamente en el área de shell de Python. Gira cuidadosamente tu Raspberry Pi y verás que al cambiar la orientación de la placa con respecto al norte, también cambia el rumbo. ¡Has construido una brújula! Si tienes un imán (uno de nevera será suficiente), muévelo alrededor del Sense HAT para ver qué efecto tiene en las lecturas del magnetómetro.

RETO: ROTACIÓN AUTOMÁTICA

Basándote en lo que has aprendido sobre la matriz LED y los sensores de la unidad de medición inercial, ¿puedes escribir un programa que haga girar una imagen basándose en la posición del Sense HAT?

Control con el joystick

El joystick del Sense HAT, situado en su esquina inferior derecha, es pequeño pero sorprendentemente eficaz: además de ser capaz de reconocer entradas en cuatro direcciones (arriba, abajo, izquierda y derecha) también tiene una quinta entrada a la que se puede acceder presionando el joystick y usándolo como si fuera un pulsador.

¡ADVERTENCIA!

El joystick del Sense HAT solo debe usarse si has colocado los espaciadores como se describe al principio de este capítulo. Sin los espaciadores existe el riesgo de arquear la placa Sense HAT al empujar hacia abajo el joystick, lo que podría generar daños tanto en el Sense HAT mismo como en el sistema GPIO del Raspberry Pi.

Usando el joystick en Scratch

Inicia un nuevo programa en Scratch y carga la extensión **Raspberry Pi Sense HAT**. Igual que con los programas anteriores, arrastra un bloque `when green flag clear display` al área de código y luego coloca debajo de él un bloque `clear display`. Añade un bloque `set background to black` y uno `set colour to white`.

En Scratch, los movimientos del joystick del Sense HAT corresponden a las teclas de cursor del teclado: empujar el joystick hacia arriba equivale a pulsar la tecla de flecha arriba y empujarlo hacia abajo equivale a pulsar la tecla de flecha abajo. Empujarlo hacia la izquierda o la derecha equivale a la tecla de flecha correspondiente y empujar el joystick hacia dentro como un interruptor pulsador equivale a pulsar la tecla **ENTER**.

Arrastra un bloque `when joystick pushed up` a tu área de código. Ahora, para darle una tarea: arrastra un bloque `decir ¡Hola! durante 2 segundos` debajo de él.

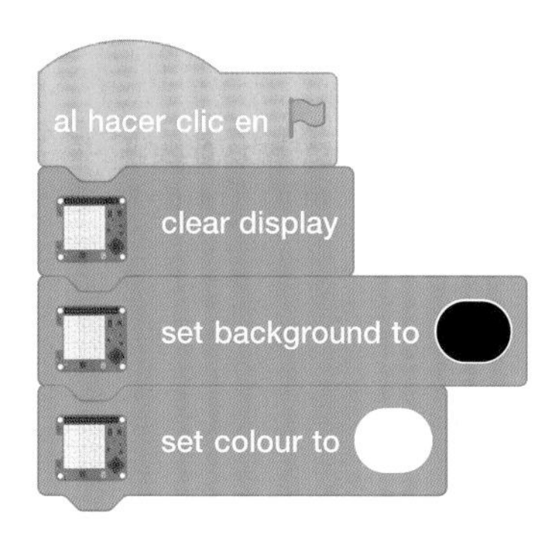

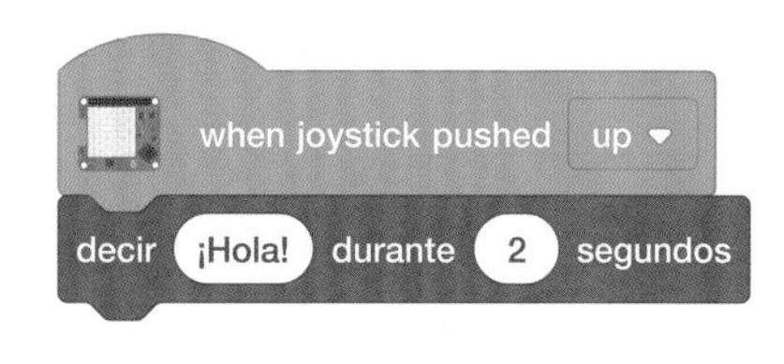

Empuja el joystick hacia arriba y verás que el gato de Scratch dice "¡Hola!" El control mediante joystick solo está disponible con la placa Sense HAT física. Al usar el emulador de Sense HAT usa las teclas correspondientes de tu teclado para simular las acciones del joystick.

A continuación, cambia decir ¡Hola! a decir ¡Joystick arriba! y añade bloques de **Eventos** y **Apariencia** hasta que tengas algo que decir para cada una de las cinco formas en que se puede accionar el joystick. Intenta moverlo en distintas direcciones y fíjate en los mensajes que aparecen.

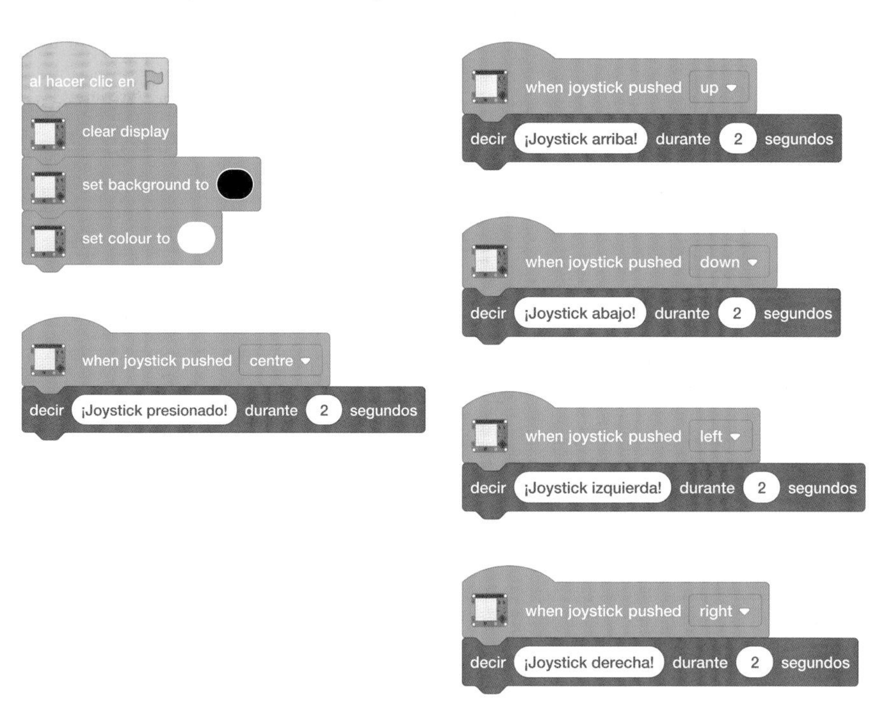

RETO FINAL

¿Puedes usar el joystick del Sense HAT para controlar un personaje de Scratch en el área de escenario? ¿Puedes hacer que los LED del Sense HAT muestren un mensaje si el personaje recoge un objeto?

Usando el joystick en Python

Crea un programa nuevo en Thonny y guárdalo como Sense HAT Joystick.py. Comienza con las tres líneas habituales que configuran el Sense HAT y borra la matriz LED y recuerda usar `sense_emu` en lugar de `sense_hat` si estás utilizando el emulador:

```
from sense_hat import SenseHat
sense = SenseHat()
sense.clear()
```

A continuación, define un bucle infinito:

```
while True:
```

Luego dile a Python que lea las entradas del joystick del Sense HAT con la siguiente línea (a la que Thonny aplicará sangrado automáticamente):

```
    for event in sense.stick.get_events():
```

Por último, añade la siguiente línea (que también sangrará Thonny) para generar una acción cuando se detecte una pulsación del joystick:

```
        print(event.direction, event.action)
```

Haz clic en **Ejecutar** y mueve el joystick en distintas direcciones. Verás que en el área de shell de Python aparecen impresas las direcciones en que lo has movido: arriba, abajo, izquierda y derecha; y "en el medio" para cuando hayas presionado el joystick como un interruptor pulsador.

También verás que se registran y muestran dos eventos cada vez que empujas el joystick : un evento `pressed` cuando se le empuja en una dirección y uno `released` cuando se suelta el joystick y este vuelve al centro.

Puedes usar esto en tus programas o juegos. Por ejemplo, imagina un personaje que comienza a moverse cuando accionas el joystick en una dirección y se detiene al soltarlo.

También puedes usar el joystick para ejecutar funciones en tu programa sin la necesidad de usar un bucle `for`. Borra todo lo que hay debajo de `sense.clear()` y escribe lo siguiente:

```
def red():
    sense.clear(255, 0, 0)

def blue():
    sense.clear(0, 0, 255)

def green():
    sense.clear(0, 255, 0)

def yellow():
    sense.clear(255, 255, 0)
```

Estas funciones cambian el color de toda la matriz LED del Sense HAT a un solo color: rojo, azul, verde o amarillo. Con ellas será facilísimo comprobar si el programa funciona. Para ejecutar las funciones, hay que decirle a Python cuál de ellas corresponde a cada acción del joystick. Añade las siguientes líneas al programa:

```
sense.stick.direction_up = red
sense.stick.direction_down = blue
sense.stick.direction_left = green
sense.stick.direction_right = yellow
sense.stick.direction_middle = sense.clear
```

Finalmente, el programa necesita un bucle infinito (también conocido como bucle *principal*) para mantenerse en ejecución indefinidamente. De esta manera podrás continuar monitoreando las acciones del joystick, en lugar de simplemente ejecutar el código que has escrito y que se cierre inmediatamente. Escribe estas dos líneas al final de tu programa:

```
while True:
    pass
```

Tu programa completo debería verse como lo siguiente:

```
from sense_hat import SenseHat
sense = SenseHat()
sense.clear()

def red():
    sense.clear(255, 0, 0)
```

```
def blue():
    sense.clear(0, 0, 255)

def green():
    sense.clear(0, 255, 0)

def yellow():
    sense.clear(255, 255, 0)

sense.stick.direction_up = red
sense.stick.direction_down = blue
sense.stick.direction_left = green
sense.stick.direction_right = yellow
sense.stick.direction_middle = sense.clear

while True:
    pass
```

Haz clic en **Ejecutar** y mueve el joystick: verás que los LED se iluminan a todo color. Para apagar los LED pulsa el joystick como si fuera un interruptor pulsador. La dirección `middle` utiliza la función `sense.clear()`, que apaga todos los LED. Enhorabuena: ¡ya puedes capturar las acciones del joystick!

RETO FINAL

¿Puedes usar lo que has aprendido para dibujar una imagen en la pantalla y luego hacerla girar en la dirección en la que se accione el joystick? ¿Puedes hacer que la entrada del medio alterne entre varias imágenes?

Proyecto de Scratch: Bengala de Sense HAT

Ahora que sabes cómo funciona el Sense HAT, es hora de aplicar todo lo que has aprendido para crear una bengala sensible al calor, un dispositivo que prefiere el frío y se va poniendo cada ver más lento cuanto más calor hace.

Inicia un proyecto de Scratch y añade la extensión Sense HAT de Raspberry Pi si aún no está cargada. Empieza con el bloque al hacer clic en y coloca un bloque clear display debajo. Necesitarás también un bloque set background to black y uno set colour to white. Y recuerda que tendrás que cambiar los colores predeterminados.

Empieza creando una sencilla pero artística bengala. Añade un bloque por siempre y coloca un bloque set pixel x 0 y 0 to colour debajo. En lugar de usar números fijos en este bloque, rellena sus secciones `x`, `y`, y `colour` con un bloque de **Operadores** número aleatorio entre 1 y 10.

Los valores del 1 al 10 no son muy útiles en este caso así que deberás editarlos. Los dos primeros números del bloque set pixel son las coordenadas X e Y del píxel en la matriz LED. Eso significa que deben ser números entre 0 y 7. Cambia los dos primeros bloques a número aleatorio entre 0 y 7.

La siguiente sección define el color para el píxel. Cuando usas el selector de color, este se muestra directamente en el área de script. Pero internamente los colores están representados por un número, así que puedes usar ese número directamente. Edita el último bloque **número aleatorio entre** de modo que diga número aleatorio entre 0 y 16777215.

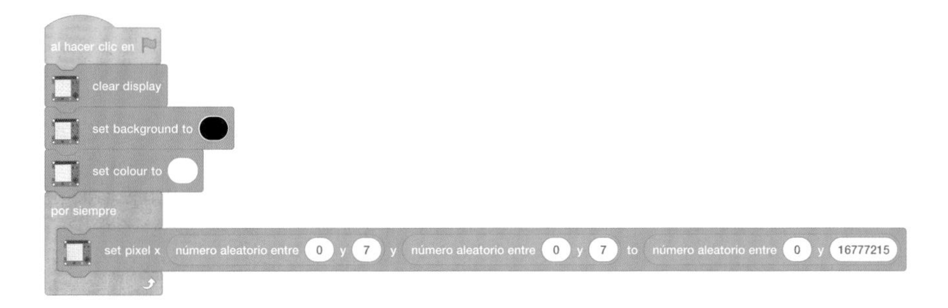

Haz clic en la bandera verde y verás que los LED de Sense HAT empiezan a encenderse y a mostrar colores aleatorios (**Figura 7-29**). Enhorabuena: ¡has creado una bengala electrónica!

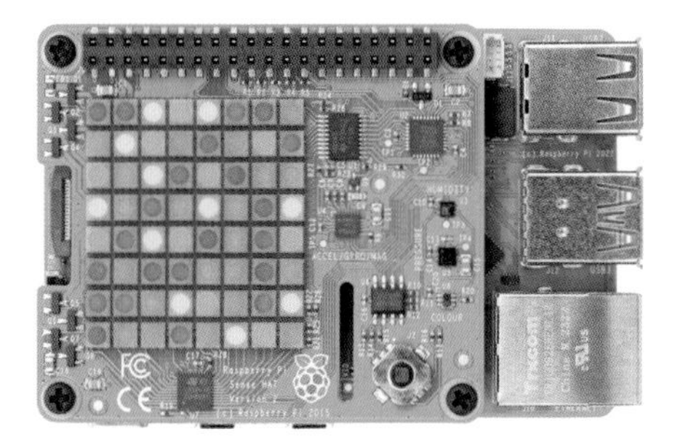

Figura 7-29 Encendiendo los píxeles en colores aleatorios

De momento la bengala no es muy interactiva. Para cambiar eso, arrastra un bloque esperar 1 segundos y colócalo debajo del bloque set pixel, dentro del bloque por siempre. Arrastra un bloque de ( ) / ( ) **Operadores** y colócalo sobre el 1 del bloque wait (1) seconds::reporter y escribe 10 en su segundo espacio. Por último, arrastra un bloque temperature sobre el primer espacio bloque de **Operadores** de división.

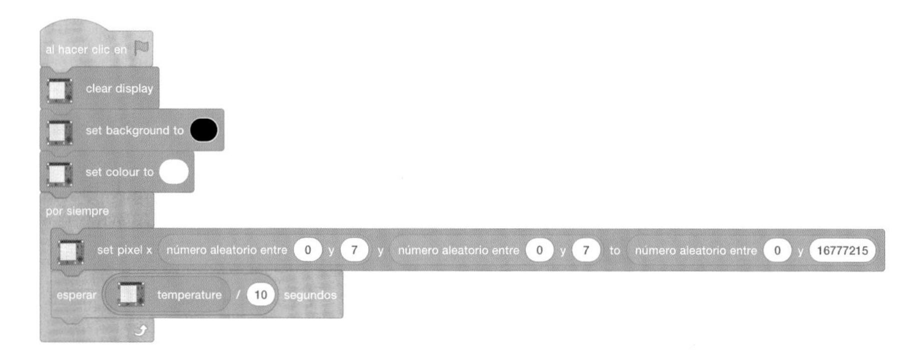

Haz clic en la bandera verde y —a menos que estés en un sitio muy frío— verás que la bengala es bastante más lenta que antes. Eso es porque has creado un retardo dependiente de la temperatura: ahora, antes de cada repetición del bucle, el programa espera un número de segundos igual a *la temperatura actual dividida entre10*. Si la temperatura de la habitación en la que estás es de 20°C, el programa esperará dos segundos antes de ejecutar la siguiente repetición del bucle. Si la temperatura es de 10°C, esperará un segundo. Si es inferior a 10°C, esperará menos de un segundo.

Si tu Sense HAT lee una temperatura negativa (por debajo de 0°C, el punto de congelación del agua) el programa intentará esperar menos de 0 segundos. Pero como eso es imposible (a menos que inventes el viaje en el tiempo) verás el mismo efecto que si esperas 0 segundos. Enhorabuena: ¡has aprendido a integrar las funciones de Sense HAT en tus propios programas!

Proyecto de Python: Tricorder de Sense HAT

Ahora que ya sabes cómo funciona el Sense HAT, es hora de aplicar todo lo que has aprendido para crear un tricorder, un dispositivo de sobra conocido para muchos seguidores de cierta serie de ciencia-ficción. El tricorder ficticio usa diferentes sensores para registrar lo que hay alrededor.

Inicia un nuevo proyecto en Thonny y guárdalo como **Tricorder.py**. Luego inicia escribiendo las líneas que debes usar cada vez que comienzas un programa de Sense HAT en Python. Recuerda además usar `sense_emu` si utilizas el emulador de Sense HAT:

```
from sense_hat import SenseHat
sense = SenseHat()
sense.clear()
```

A continuación, debes definir las funciones de cada uno de los sensores de Sense HAT. Empieza con la unidad de medición inercial. Escribe:

```
def orientation():
    orientation = sense.get_orientation()
    pitch = orientation["pitch"]
    roll = orientation["roll"]
    yaw = orientation["yaw"]
```

Como los resultados del sensor se van a mostrar desplazándolos en los LED, tiene sentido redondear los valores para que no aparezcan docenas de decimales. En lugar de usar números enteros, redondea los valores a un decimal escribiendo lo siguiente:

```
    pitch = round(pitch, 1)
    roll = round(roll, 1)
    yaw = round(yaw, 1)
```

Por último, hay que decirle a Python que muestre los resultados desplazándolos a través de los LED. De esta manera el tricorder funcionará como un dispositivo de mano, sin necesidad de conectarlo a un monitor o un televisor:

```
    sense.show_message("Cabeceo {0}, Alabeo {1}, Guiñada {2}".
                       format(pitch, roll, yaw))
```

Ahora que tienes una función completa para leer y mostrar la orientación con IMU, debes crear funciones similares para cada uno de los otros sensores. Empieza con el sensor de temperatura:

```
def temperature():
    temp = sense.get_temperature()
    temp = round(temp, 1)
    sense.show_message("Temperatura: %s grados centígrados" % temp)
```

Mira la línea que muestra el resultado en los LED: `%s` es lo que se denomina un *marcador de posición* y se sustituye por el contenido de la variable `temp`. Así puedes darle un buen formato al resultado, usando una etiqueta ("Temperatura:") y una unidad de medida ("grados centígrados"), lo que hace tu programa mucho más amigable.

A continuación, define una función para el sensor de humedad:

class: break-before;

```
def humidity():
    humidity = sense.get_humidity()
    humidity = round(humidity, 1)
    sense.show_message("Humedad: %s por ciento" % humidity)
```

Luego ocúpate del sensor de presión:

```
def pressure():
    pressure = sense.get_pressure()
    pressure = round(pressure, 1)
    sense.show_message("Presión: %s milibares" % pressure)
```

Por último, define una función para la lectura de la brújula del magnetómetro:

```
def compass():
    for i in range(0, 10):
        north = sense.get_compass()
    north = round(north, 1)
    sense.show_message("Norte: %s grados" % north)
```

El bucle `for` corto que se encuentra al inicio de esta función toma diez lecturas del magnetómetro para asegurarse de que hay datos suficientes para obtener un resultado preciso. Si notas que el valor mostrado cambia continuamente, amplía las repeticiones del bucle a 20, 30 o incluso 100 para aumentar la precisión.

Tu programa tiene ahora cinco funciones, cada una de las cuales toma una lectura de uno de los sensores del Sense HAT y las muestra desplazándolas en los LED. Necesitas ahora una forma de seleccionar el sensor que quieres usar y el joystick es perfecto para eso.

Escribe lo siguiente:

```
sense.stick.direction_up = orientation
sense.stick.direction_right = temperature
sense.stick.direction_down = compass
sense.stick.direction_left = humidity
sense.stick.direction_middle = pressure
```

Estas líneas asignan un sensor a cada una de las cinco direcciones posibles del joystick: `Up` lee el sensor de orientación, `down` lee el magnetómetro, `left` lee el sensor de humedad, `right` lee el sensor de temperatura y la pulsación del centro del joystick (`middle`) lee el sensor de presión.

Finalmente, necesitas un bucle principal para que el programa siga monitoreando las acciones del joystick y no termine inmediatamente. En la parte inferior de tu programa, escribe lo siguiente:

```
while True:
    pass
```

Tu programa completo debería verse así:

```
from sense_hat import SenseHat
sense = SenseHat()
sense.clear()

def orientation():
    orientation = sense.get_orientation()
    pitch = orientation["pitch"]
    roll = orientation["roll"]
    yaw = orientation["yaw"]

    pitch = round(pitch, 1)
    roll = round(roll, 1)
    yaw = round(yaw, 1)

    sense.show_message("Cabeceo {0}, Alabeo {1}, Guiñada {2}".
                       format(pitch, roll, yaw))

def temperature():
    temp = sense.get_temperature()
    temp = round(temp, 1)
    sense.show_message("Temperatura: %s grados centígrados" % temp)

def humidity():
    humidity = sense.get_humidity()
    humidity = round(humidity, 1)
    sense.show_message("Humedad: %s por ciento" % humidity)

def pressure():
    pressure = sense.get_pressure()
    pressure = round(pressure, 1)
    sense.show_message("Presión: %s milibares" % pressure)

def compass():
    for i in range(0, 10):
        north = sense.get_compass()
    north = round(north, 1)
    sense.show_message("Norte: %s grados" % north)
```

```
sense.stick.direction_up = orientation
sense.stick.direction_right = temperature
sense.stick.direction_down = compass
sense.stick.direction_left = humidity
sense.stick.direction_middle = pressure

while True:
    pass
```

Haz clic en **Ejecutar** y mueve el joystick para que tu programa lea uno de los sensores (**Figura** 7-30). Cuando termine de mostrarse el resultado, mueve el joystick en otra dirección. Enhorabuena: ¡has creado un tricorder de mano que enorgullecería a la Federación Unida de Planetas!

Figura 7-30 Cada lectura se desplaza a través de la pantalla

Para ver más proyectos con Sense HAT, incluido un ejemplo de cómo usar el sensor de color del Sense HAT V2, sigue los enlaces que se muestran en el Apéndice D, *Más material de referencia*.

Capítulo 8

Módulos de Cámara de Raspberry Pi

Al conectar un Camera Module (Módulo de Cámara) o una HQ Camera (Cámara de Alta Calidad) a Raspberry Pi podrás hacer fotos de alta resolución, grabar vídeos y crear increíbles proyectos.

Si alguna vez has querido construir algo que tenga la capacidad de ver (lo que en robótica se conoce como *visión por ordenador*), entonces será esencial que cuentes con alguna de las cámaras Raspberry Pi: el Camera Module (Módulo de Cámara) 3 (**Figura 8-1**), la High Quality (HQ) Camera (Cámara de Alta Calidad) o la Global Shutter Camera (Cámara de "obturador global"). Los Módulos de Cámara son pequeñas placas de circuito cuadradas que se conectan al puerto CSI (interfaz serial de cámara) del Raspberry Pi a través de un cable plano muy delgado. Estos módulos proporcionan imágenes fijas y señales de vídeo en movimiento de alta resolución que puedes usar directamente o integrar en tus propios programas.

RASPBERRY PI 400

Los Módulos de Cámara de Raspberry Pi no son compatibles con el ordenador de escritorio Raspberry Pi 400. Como alternativa puedes usar cámaras web USB pero no podrás usar las herramientas de software mencionadas en este capítulo con esa versión de Raspberry Pi.

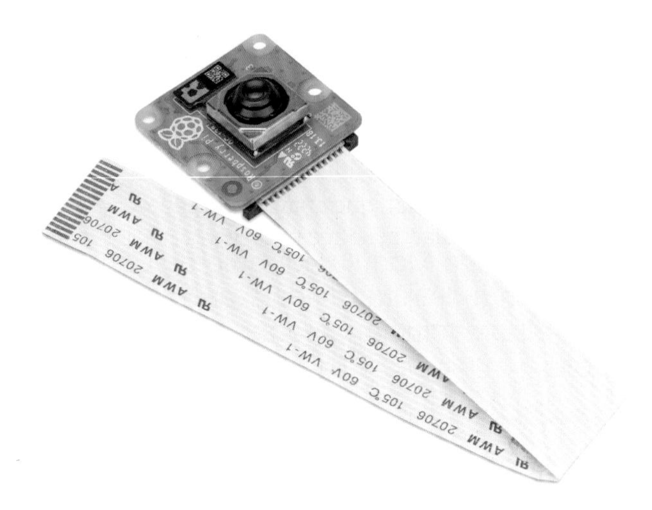

Figura 8-1 Camera Module (Módulo de Cámara) 3 de Raspberry Pi

Versiones de cámara

Hay disponibles varios tipos de Módulo de Cámara Raspberry Pi: el Camera Module 3 estándar, la versión NoIR, la HQ Camera (Cámara HQ, por "High Quality") y la Global Shutter Camera. El modelo que necesites dependerá del tipo de imagen que quieras capturar. Para hacer fotos y vídeos normales en ambientes bien iluminados, el Camera Module 3 estándar o el Camera Module 3 Wide (gran angular.) son las opciones más adecuadas.

Si quieres tener la posibilidad de cambiar de lente y buscas la mejor calidad de imagen entonces debes, usar el HQ Camera Module. El Camera Module 3 NoIR (sin filtro de infrarrojos o IR) está diseñado para usarse con fuentes de luz infrarroja, lo que le permite hacer fotos y grabar vídeo en total oscuridad. También está disponible en una versión con lente gran angular. La versión NoIR es la adecuada si tu proyecto involucra visión nocturna (como en el caso, por ejemplo, de una cámara para monitorizar un nido o de una cámara de seguridad). Recuerda que para este tipo de proyectos debes comprar también una fuente de luz infrarroja. Por último, la Global Shutter Camera (Cámara de "obturador global") captura toda la imagen simultáneamente en lugar de hacerlo línea por línea, lo que la hace idónea para fotografía de alta velocidad y trabajos de visión por ordenador.

Camera Module 3 de Raspberry Pi

El Camera Module (Módulo de Cámara) 3 de Raspberry Pi, con versiones estándar y NoIR, se basa en un sensor de imagen Sony IMX708. Este es un *sensor de 12 megapíxeles*, es decir, captura imágenes que contienen hasta 12 millones de píxeles con un tamaño de imagen máximo de 4608 píxeles de ancho y 2592 píxeles de alto. Hay dos opciones de lente para el Camera Module 3 de Raspberry Pi: la lente estándar, que abarca un campo visual de 75 grados de ancho; y la lente gran angular, con un campo visual de 120 grados.

Además de fotos fijas, el Camera Module 3 de Raspberry Pi puede capturar vídeo con resolución Full HD (1080p) a una velocidad de 50 cuadros por segundo (50 fps). Para obtener un movimiento más fluido, o incluso para crear un efecto de cámara lenta, la cámara puede configurarse para capturar a una velocidad de cuadro más alta reduciendo la resolución: se puede obtener 100 fps a 720p y 120 fps a 480p (resolución VGA). Además, comparado con versiones de cámaras anteriores, este módulo incorpora una mejora adicional: ofrece *enfoque automático*, lo que significa que puede ajustar automáticamente el punto focal de la lente para capturar tanto primeros planos como objetos distantes.

High Quality Camera de Raspberry Pi

La High Quality (HQ) Camera (Cámara de Alta Calidad) usa un sensor Sony IMX477 de 12,3 megapíxeles. Este sensor es de mayor tamaño que el de los módulos de cámara estándar y NoIR, por lo que puede captar más luz y producir imágenes de mayor calidad. A diferencia de los módulos de cámara, la HQ Camera no incluye una lente, y sin ella no es posible hacer fotos ni grabar vídeos. Puedes usar cualquier lente con una montura C o CS, o cualquier otro tipo de lente con monturas distintas siempre que se use un adaptador C o CS apropiado. Hay una versión alternativa de la High Quality Camera que se puede para usar con lentes que cuenten con una montura M12.

Global Shutter Camera de Raspberry Pi

La Global Shutter Camera (Cámara de "obturador global") usa un sensor Sony IMX296 de 1,6 megapíxeles. Aunque proporciona una resolución inferior a la de los Módulos de Cámara de Raspberry Pi estándar o la de la HQ Camera, gracias a su capacidad de capturar toda la imagen a la vez esta cámara destaca en la tarea de capturar elementos en movimiento sin la distorsión propia de las cámaras de "obturador rodante" (rolling shutter). Al igual que la High Quality Camera, la Global Shutter Camera se suministra sin lente y es compatible con monturas C y CS. Sin embargo, cabe resaltar que en el momento de la redacción de esta guía no hay disponible una versión de la Global Shutter Camera con montura M12.

Camera Module 2 de Raspberry Pi

El Camera Module (Módulo de Cámara) 2 de Raspberry Pi y su variante NoIR se basan en un sensor de imagen Sony IMX219. Se trata de un sensor de 8 megapíxeles, capaz de tomar fotos con 8 millones de píxeles y una resolución de 3280 píxeles de ancho por 2464 de alto. Además de fotos fijas, este módulo de cámara puede capturar vídeo con resolución Full HD (1080p) a 30 cuadros por segundo (30 fps) y con velocidades de cuadro más altas a resoluciones inferiores: 60 fps para vídeo de 720p y hasta 90 fps para vídeo de 480p (resolución VGA).

RASPBERRY PI ZERO Y RASPBERRY PI 5

Todos los modelos de cámaras Raspberry Pi son compatibles con el Raspberry Pi Zero 2 W, con las versiones más recientes del Raspberry Pi Zero y Zero W original y con el Raspberry Pi 5. Si utilizas un Raspberry Pi 5, necesitarás un cable plano distinto del que se usa con el Raspberry Pi 4 y los modelos anteriores a él.

Pide a tu distribuidor autorizado preferido el cable adecuado para usar con el Raspberry Pi 5: el extremo ancho se conecta a la cámara y el angosto al Raspberry Pi.

Instalando la cámara

Como cualquier complemento de hardware, el Camera Module o la HQ Camera solo deben conectarse o desconectarse del Raspberry Pi cuando este se encuentre apagado y tenga el cable de corriente desenchufado. Si tu Raspberry Pi está encendido, elige **Shutdown** en el menú de Raspberry Pi, espera a que se apague y desenchufa el cable.

En la mayoría de los casos el cable plano ya estará conectado al Camera Module o a la HQ Camera. De no ser así, pon la placa de la cámara boca abajo de modo que el sensor quede en la parte inferior y busca en ella un conector plano de plástico. Sujeta los bordes salientes del conector y tira hacia afuera para sacarlo parcialmente. Desliza el cable plano por debajo del conector que acabas de sacar teniendo cuidado de que los bordes plateados o dorados queden hacia abajo y el plástico hacia arriba y luego vuelve a empujar el conector hasta que oigas un clic (**Figura 8-2**). Puedes usar cualquiera de los extremos del cable excepto con los Raspberry Pi Zero o Raspberry Pi 5, pues esos modelos necesitan un tipo de cable distinto. En esos casos asegúrate de conectar el extremo más ancho del cable a la cámara. Si el cable está bien colocado se verá recto y no se saldrá al tirar de él suavemente. De lo contrario, saca el conector e intenta asegurar el cable de nuevo.

Instala el otro extremo del cable de la misma manera. Localiza el puerto inferior de cámara/pantalla (CAM/DISP 0) de los dos disponibles en el Raspberry Pi 5

Figura 8-2 Conectando el cable plano al Camera Module

(en caso de estar usando ese modelo) o de lo contrario localiza el puerto de cámara único en el Raspberry Pi 4, Raspberry Pi Zero 2 W o modelos anteriores, y en ambos casos tira de la cubierta de plástico para deslizarla hacia arriba. Si tu Raspberry Pi está instalado en una carcasa tal vez sea conveniente sacarlo de ella antes de empezar.

Si estás usando un Raspberry Pi 5, colócalo de modo que el sistema GPIO se encuentre a la derecha y los puertos HDMI a la izquierda y luego desliza el cable plano dentro del conector de modo que su borde plateado o dorado apunte hacia el lado del conector Ethernet y el plástico apunte hacia el extremo en donde se encuentra el botón de encendido de la placa (**Figura 8-3**). Luego empuja suavemente la cubierta del conector para que vuelva a encajar en su sitio.

Con el Raspberry Pi 4 y los modelos anteriores el cable plano debería quedar invertido, con el borde plateado o dorado orientado hacia la parte alta de la placa y el plástico apuntando hacia el extremo en donde se encuentran el conector Ethernet y los puertos USB. Si utilizas un Raspberry Pi Zero 2 W o un Raspberry Pi Zero más antiguo, el borde plateado o dorado debería estar orientado hacia la mesa y el plástico hacia el techo. Si el cable está bien colocado estará recto y no se saldrá al tirar de él suavemente. De lo contrario, saca el conector e intenta asegurar el cable de nuevo.

Figura 8-3 Conectando el cable plano al puerto de cámara/CSI de un Raspberry Pi 5

El Camera Module podría suministrarse con un plástico azul sobre la lente para protegerla de arañazos durante su fabricación, transporte e instalación. Localiza la solapa de plástico y tira suavemente de ella para quitarla de la lente y poder usar la cámara.

Ahora vuelve a conectar la fuente de alimentación a Raspberry Pi y espera a que se cargue Raspberry Pi OS.

AJUSTANDO EL ENFOQUE

Todas las versiones del Camera Module 3 de Raspberry Pi incluyen un sistema de enfoque automático motorizado que puede ajustar el punto focal de la lente entre primeros planos y objetos distantes. El Camera Module 2 de Raspberry Pi usa una lente con ajuste de enfoque manual limitado. Este modelo de cámara se suministra con una pequeña herramienta para girar la lente y ajustar el enfoque.

Probando la cámara

Para confirmar que tu Camera Module o tu HQ Camera se ha instalado de manera correcta puedes usar las herramientas **rpicam**. Estas están diseñadas para capturar imágenes de la cámara usando la *interfaz de línea de comandos (CLI)* del Raspberry Pi.

A diferencia de los programas que has usado hasta ahora, no encontrarás las herramientas rpicam en el menú. Para usarlas deberás hacer clic en el icono de Raspberry Pi para cargar el menú, elegir la categoría **Accesorios** y hacer clic en **LXTerminal**. Al hacerlo aparecerá una ventana negra con texto en verde y azul (**Figura 8-4**): este es el *terminal*, la herramienta que permite acceder a la interfaz de línea de comandos.

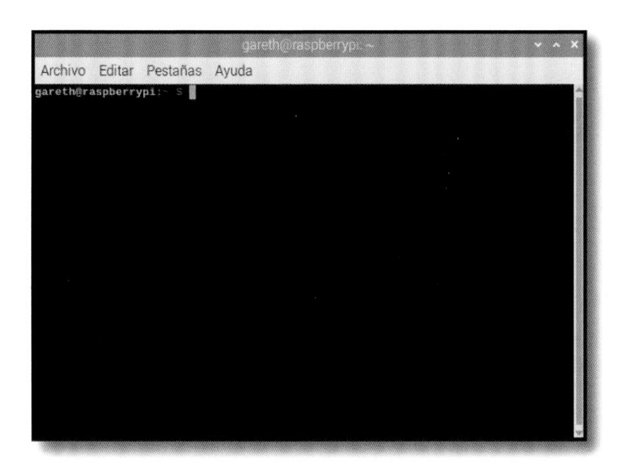

Figura 8-4 Abre la ventana de terminal para introducir comandos

Para capturar una imagen con la cámara escribe lo siguiente en el terminal:

```
rpicam-still -o test.jpg
```

Al pulsar **ENTER** aparecerá en la pantalla una ventana con una vista de lo que está viendo la cámara (**Figura 8-5**). Esta es la *vista previa dinámica* y será visible durante cinco segundos (a menos que le indiques otra duración a `rpicam-still`). Al cabo de cinco segundos, la cámara capturará una sola imagen fija y la guardará en tu carpeta Home con el nombre **test.jpg**. Si quieres capturar otra imagen, vuelve a escribir el mismo comando, pero asegúrate de cambiar el nombre del archivo resultante (lo que se escribe después de `-o`) para evitar sobrescribir la primera imagen.

Si la vista previa dinámica estaba boca abajo, tendrás que decirle a `rpicam-still` que la cámara está girada. El módulo de cámara está diseñado para que el cable plano salga por su borde inferior. Si sale por los laterales o por arriba,

Figura 8-5 Vista previa dinámica de la cámara

como sucede cuando se usa con algunos accesorios de montaje de cámaras de otras marcas, puedes girar la imagen 90, 180 o 270 grados usando el conmutador `--rotation` en tus comandos. Para una cámara montada con el cable sobresaliendo por la parte superior, usa el siguiente comando:

```
rpicam-still --rotation 180 -o test.jpg
```

Si el cable plano sale del borde derecho entonces usa un valor de rotación de 90 grados. Si sale del borde izquierdo, usa 270 grados. Si la captura que realizaste originalmente tenía una orientación incorrecta, entonces haz otra captura usando `--rotation` para corregirlo.

Para ver la foto que has hecho abre el **Gestor de archivos PCManFM** que se encuentra en la categoría **Accesorios** del menú de Raspberry Pi. La imagen que has creado, llamada **test.jpg**, estará en tu carpeta **home/<username>**. Localízala en la lista de archivos y haz doble clic en ella para cargarla en un visor de imágenes (**Figura 8-6**). También puedes adjuntar la imagen a correos electrónicos, subirla a sitios web a través del navegador o arrastrarla a un dispositivo de almacenamiento externo.

El Camera Module 3 de Raspberry Pi permite ajustar el punto focal de la imagen usando un sistema de enfoque automático motorizado. Esta función se encuentra activada de forma predeterminada así que al capturar una imagen el

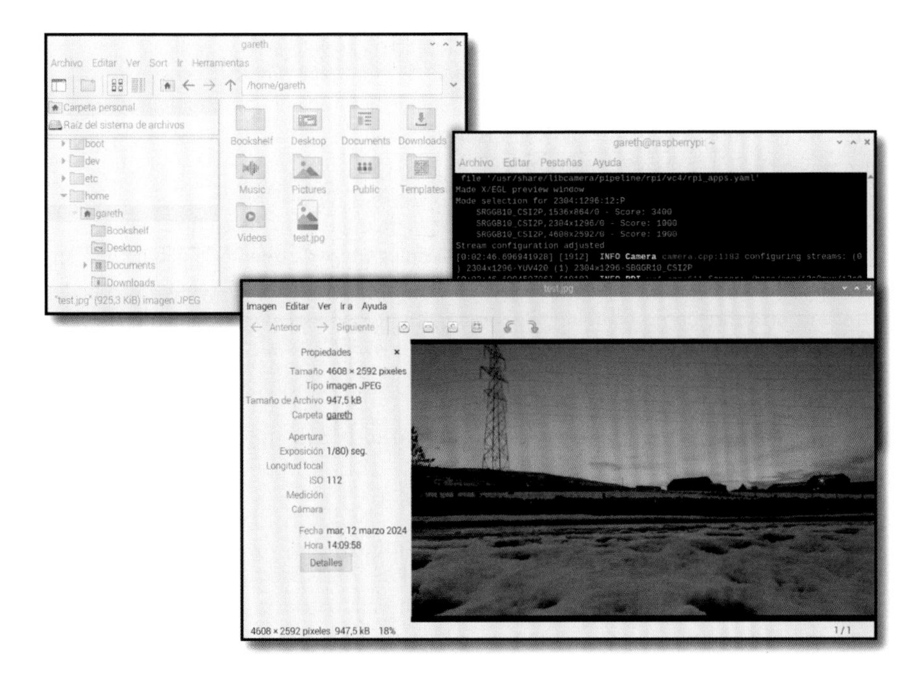

Figura 8-6 Abriendo la imagen capturada

Camera Module ajustará automáticamente el enfoque para que la imagen sea lo más clara posible, usando lo que se denomina *enfoque automático continuo*.

Como su nombre indica, el enfoque automático continuo ajusta constantemente el punto focal hasta el momento en que se captura la imagen. Si capturas múltiples imágenes o grabas vídeo, el sistema seguirá ajustando el enfoque mientras trabajas. Si algo se mueve entre la cámara y el elemento enfocado, la cámara cambiará el enfoque automáticamente.

Hay otros modos de enfoque automático que puedes usar si el modo continuo no produce los resultados deseados. Esos modos se explican en la sección de referencia *Ajustes de cámara avanzados*, al final de este capítulo.

Capturando vídeo

Además de capturar fotos fijas, tu módulo de cámara también puede grabar vídeo usando una herramienta llamada `rpicam-vid`.

HAGAN SITIO, HAGAN SITIO

Grabar video puede consumir mucho espacio de almacenamiento. Si tienes intenciones de grabar mucho material de vídeo necesitarás una tarjeta microSD con mucha capacidad. También podrías invertir en una unidad flash USB o algún otro tipo de almacenamiento externo.

De modo predeterminado las herramientas rpicam guardarán los archivos en la carpeta desde la que se ejecuten. Asegúrate de cambiar de directorio si quieres guardar tu trabajo en un dispositivo de almacenamiento distinto. Encontrarás información sobre cómo cambiar de directorio cómo cambiar el terminal en el Apéndice C, *La interfaz de línea de comandos*.

Para grabar un vídeo corto, escribe lo siguiente en el terminal:

```
rpicam-vid -t 10000 -o test.h264
```

Igual que antes, verás que aparece la ventana de vista previa. Pero esta vez, en lugar de una cuenta atrás y la captura de una sola foto fija, la cámara grabará diez segundos de vídeo en un archivo. Al terminar la grabación la ventana de vista previa se cerrará automáticamente.

Si quieres capturar un vídeo más largo cambia el número después de `-t` por la longitud que quieras en milisegundos. Por ejemplo, para una grabación de diez minutos, escribirías:

```
rpicam-vid -t 600000 -o test2.h264
```

Para reproducir el vídeo, localízalo en el gestor de archivos y haz doble clic en él para cargarlo en el reproductor VLC (**Figura 8-7**). El vídeo se abrirá y empezará a reproducirse.

El vídeo capturado por `rpicam-vid` tiene un formato denominado *bitstream* (corriente de bits) que funciona de una forma algo distinta de la de tus archivos de vídeo habituales. Por lo general los archivos de video tienen varios componentes: el vídeo, el audio capturado con el vídeo, información de código de tiempo sobre cuándo mostrar cada cuadro e información adicional denominada *metadatos*. El bitstream es diferente: no tiene ninguna de la información mencionada antes, se compone solamente de datos de vídeo.

Para estar seguro de que tus archivos de vídeo pueden reproducirse en la mayor cantidad de plataformas de software posible, incluidas las que se ejecuten en ordenadores que no sean Raspberry Pi, tendrás que procesarlos en un *contenedor*. En la Raspberry Pi 5, puedes crear el contenedor MP4 directamente usando la extensión de archivo **mp4**:

Figura 8-7 Abriendo el video capturado

```
rpicam-vid -t 600000 -o test2.mp4
```

Con el Raspberry Pi 4 y los modelos anteriores, necesitarás incluir la información de *tiempo de cuadro*. Graba un vídeo en el terminal pero esta vez indica a `rpicam-vid` que grabe la información de tiempo en un archivo denominado **timestamps.txt**:

```
rpicam-vid -t 10000 --save-pts timestamps.txt -o test-time.h264
```

Cuando abras la carpeta de vídeo en el gestor de archivos verás dos archivos ahí: el bitstream de vídeo **test-time.h264** y el archivo **timestamps.txt** (**Figura 8-8**).

Para combinar estos dos archivos en un contenedor apto para la reproducción en otros dispositivos usa la herramienta **mkvmerge**. Esta fusiona el vídeo con las marcas de tiempo en un archivo contenedor de vídeo conocido como *Matroska* o *MKV*.

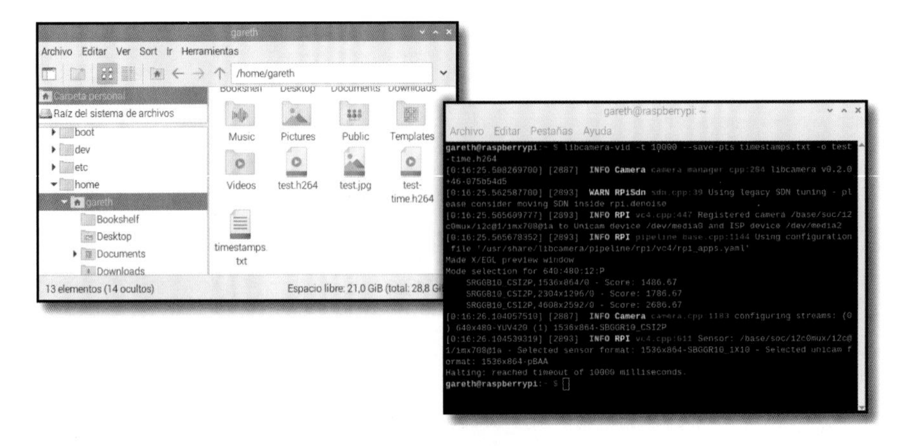

Figura 8-8 Un archivo de vídeo con un archivo de marca de tiempo

En la línea de comandos, escribe lo que se muestra a continuación (\ es un carácter especial que te permite dividir el comando en dos líneas):

```
mkvmerge --timecodes 0:timestamps.txt test-time.h264 \
   -o test-time.mkv
```

Ahora verás que se ha creado un tercer archivo llamado **test-time.mkv**. Haz doble clic en él desde el gestor de archivos para cargarlo en VLC. El vídeo se reproducirá sin omisiones ni saltos de cuadro. Si quieres transferir el vídeo a una unidad extraíble para reproducirlo en otro ordenador solo necesitarás el archivo MKV. Puedes eliminar los archivos H264 y TXT sin problemas.

Recuerda siempre guardar marcas de tiempo con tus vídeos si quieres crear un archivo que sea reproducible en el máximo de ordenadores posible. Ten en cuenta que no es tan fácil crear las marcas de tiempo después de la grabación del vídeo.

Fotografía de cámara rápida (time-lapse)

Otra de las posibilidades con tu módulo de cámara es la *fotografía de cámara rápida* o *time-lapse*. Con esta técnica se toman fotos durante cierto tiempo y a intervalos regulares para capturar cambios que ocurren tan lentamente que resulta difícil percibirlos a simple vista. Es una gran herramienta para ver, por ejemplo, cómo cambia el clima a lo largo de un día o cómo crece y florece una planta a lo largo de varios meses. ¡También puedes usar esta técnica para crear tus propias animaciones cuadro por cuadro (stop-motion)!

Para iniciar una sesión de fotografía de cámara rápida, escribe lo siguiente en el terminal para crear un directorio de trabajo y entrar en él. De esta manera tendrás todos los archivos que captures en una misma ubicación:

```
mkdir timelapse
cd timelapse
```

Para empezar a capturar, escribe:

```
rpicam-still --width 1920 --height 1080 -t 100000 \
   --timelapse 10000 -o %05d.jpg
```

Esta vez el nombre del archivo de salida es algo distinto: `%05d` indica a `rpicam-still` que use como nombre de archivo números a partir de 00000. Sin esa instrucción, cada nueva imagen tomada sobrescribiría automáticamente a la imagen anterior y al final del proceso terminarías con tan sólo una de ellas.

Los conmutadores `--width` y `--height` controlan la *resolución* de las imágenes capturadas. En este caso hemos especificado una anchura de 1920 píxeles y una altura de 1080 píxeles para las imágenes, la misma resolución que un archivo de vídeo Full HD.

El conmutador `-t` actúa igual que antes, estableciendo el tiempo durante el que se mantendrá la cámara en funcionamiento. En este caso establecemos un tiempo de 100 000 milisegundos (100 segundos).

Por último, el conmutador `--timelapse` indica a `rpicam-still` cuánto tiempo esperar entre una foto y otra. Aquí estamos usando 10 000 milisegundos (diez segundos). Como no se hará ninguna foto hasta que pasen los primeros diez segundos, tendremos un total de nueve fotos.

Deja que `rpicam-still` funcione 100 segundos y luego abre el directorio de fotografía rápida en tu gestor de archivos. Verás nueve fotos individuales, cada una con un nombre a partir de 00000 (**Figura 8-9**).

Para combinar estas fotos en una animación usa la herramienta **ffmpeg**:

```
ffmpeg -r 0.5 -i %05d.jpg -r 15 animation.mp4
```

Eso indica a ffmpeg que interprete las fotos capturadas como si fueran un vídeo ejecutado a 0.5 cuadros por segundo y las use para producir un vídeo animado con un fps de 15 cuadros por segundo.

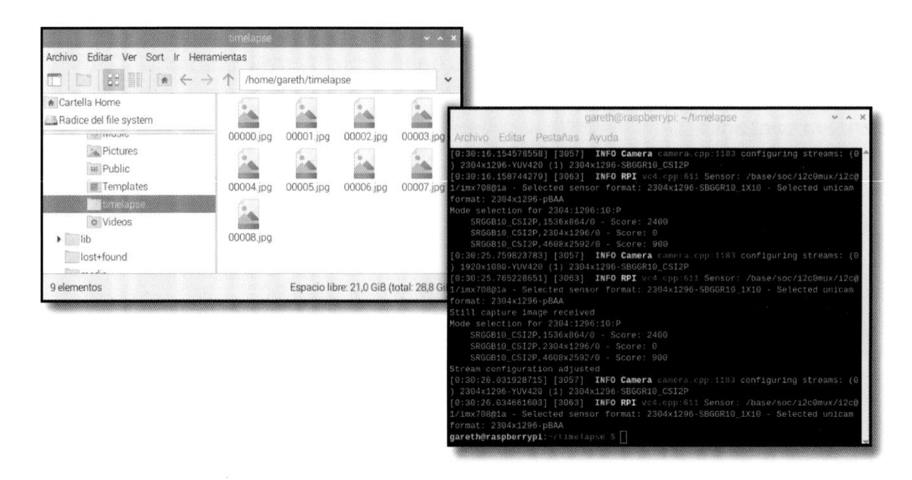

Figura 8-9 Fotos hechas durante una sesión de fotografía rápida

Haz doble clic en el archivo **animation.mp4** para reproducirlo en VLC. Verás aparecer cada una de las fotos que has hecho, una detrás de otra (**Figura 8-10**).

Figura 8-10 Reproduciendo una animación de fotografía rápida

Para hacer que la animación sea más rápida, cambia la velocidad de entrada de 0.5 cuadros por segundo a 1 o más. Para reducir la velocidad, usa un valor 0.2 o inferior.

¿Quieres crear un vídeo cuadro por cuadro (stop-motion)? Coloca varios juguetes frente a la cámara e inicia una sesión de fotografía rápida, luego cambia la posición de los juguetes justo después de tomar cada foto. ¡Recuerda apartar las manos después de cada cambio para evitar que estas salgan en la foto!

Ajustes avanzados de la cámara

rpicam-still y **rpicam-vid** tienen un amplio rango de ajustes avanzados que permiten un mayor control sobre algunas características, como por ejemplo la resolución (el tamaño de las imágenes o vídeos que captures). Las imágenes y vídeos de alta resolución tienen más calidad, pero también ocupan mucho más espacio de almacenamiento: tenlo en cuenta al llevar a cabo tus experimentos.

rpicam-still y rpicam-vid

Los siguientes ajustes se pueden usar con **rpicam-still** y **rpicam-vid** añadiéndolos al comando que escribas en el terminal.

--autofocus-mode

Configura el sistema de enfoque automático del Camera Module 3 de Raspberry Pi. Las opciones posibles son: **continuous**, el modo predeterminado; **manual**, que desactiva completamente el enfoque automático; y **auto**, que realiza una sola operación de enfoque automático cuando la cámara empieza a funcionar. Este ajuste no es aplicable a otras versiones del Camera Module.

--autofocus-range

Define el rango del sistema de enfoque automático del Camera Module 3 de Raspberry Pi. Si estás teniendo dificultades para lograr que el sistema de enfoque automático se centre en tu objetivo, puede que un cambio de rango solucione el problema. Las opciones posibles son: **normal**, el modo predeterminado; **macro**, que prioriza objetos en primer plano; y **full**, que puede enfocar desde primerísimos planos hasta el horizonte.

--lens-position

Controla manualmente el punto focal de la lente – este parámetro se usa en conjunto con el ajuste **--autofocus-mode manual**. Te permite definir el punto de enfoque de la lente usando una unidad denominada *dioptría*, que es igual a 1 dividido entre la distancia de punto focal expresada en metros. Por ejemplo, para configurar un enfoque para una distancia de 0.5 m (50 cm), usa **--lens-position 2**; para configurar un enfoque de

10 m, usa `--lens-position 0.1`. Un valor 0.0 representa un punto focal infinito: lo más lejos que puede enfocar la cámara.

`--width --height`

Definen la resolución de la imagen o el vídeo. Para capturar un vídeo Full HD (1920×1080), por ejemplo, usa estos argumentos con `rpicam-vid`:

```
-t 10000 --width 1920 --height 1080 -o bigtest.h264
```

`--rotation`

Gira la imagen de 0 grados (el valor predeterminado) a 90, 180 o 270 grados. Si has montado la cámara de modo que el cable plano no salga por la parte inferior, este ajuste te permitirá capturar imágenes y vídeo con la orientación correcta.

`--hflip --vflip`

Voltean la imagen o el vídeo en el eje horizontal (como un espejo) y/o el eje vertical.

`--sharpness`

Aumenta la nitidez de la imagen o el vídeo capturado mediante la aplicación de un filtro. Los valores superiores a 1.0 aumentan la nitidez por sobre el valor predeterminado y los inferiores a 1.0 la reducen.

`--contrast`

Aumenta o reduce el contraste de la imagen o el vídeo capturado. Los valores superiores a 1.0 aumentan el contraste por sobre el valor predeterminado. Los valores inferiores a 1.0 reducen el contraste.

`--brightness`

Aumenta o reduce el brillo de la imagen o el vídeo capturado. Si se usa un valor menor a 0.0 (que es el predeterminado) la imagen se oscurecerá y será totalmente negra si se alcanza el valor mínimo de -1.0. Si el valor se aumenta, la imagen se aclarará y será totalmente blanca si alcanza el valor máximo de 1.0.

`--saturation`

Aumenta o reduce la saturación de la imagen o el vídeo. Si se usa un valor menor a 1.0 (el predeterminado) los colores serán más tenues, y con el valor mínimo de 0.0se obtendrá una imagen de escala de grises, sin color. Los valores superiores a 1.0 harán los colores más intensos.

`--ev`

Define un valor de compensación de exposición, en un rango entre -10 y 10, que ajusta el control de ganancia de la cámara. Por lo general los mejores resultados se obtienen con el valor 0. Si las imágenes capturadas por la cámara son muy oscuras, puedes aumentar el valor. Si son muy claras, redúcelo.

`--metering`

Define el modo de medición para el ajuste de los controles de exposición automática y ganancia automática. El valor predeterminado, **`centre`**, suele dar los mejores resultados. Lo puedes sustituir por **`spot`** o **`average`** si prefieres.

`--exposure`

Alterna entre el modo de exposición predeterminado, **`normal`**, y el modo de exposición **`sport`** diseñado para elementos que se mueven rápidamente.

`--awb`

Permite cambiar el algoritmo de balance de blanco automático del modo automático (el predeterminado) a: **`incandescent`**, **`tungsten`**, **`fluorescent`**, **`indoor`**, **`daylight`** o **`cloudy`**.

rpicam-still

Estas son las opciones disponibles en **`rpicam-still`**:

`-q`

Define la calidad de la imagen JPEG capturada en un rango entre 0 y 100: 0 representa la calidad mínima y da el menor tamaño de archivo; 100 es la calidad máxima y da el mayor tamaño de archivo. La calidad predeterminada es 93.

`--datetime`

Usa la fecha y hora actuales como nombre para el archivo resultante, con un formato de mes de dos dígitos, día de dos dígitos, minutos, horas y segundos). Se usa en lugar de **`-o`**.

`--timestamp`

Similar a **`--datetime`**, pero define el nombre del archivo resultante como el número de segundos transcurridos desde el inicio del año 1970, lo que se conoce como *tiempo UNIX o epoch*.

`-k`

Captura una foto fija al pulsar la tecla Enter en lugar de capturarla automáticamente tras un tiempo determinado de espera. Si quieres cancelar una captura, escribe **x** y pulsa **ENTER**. El mejor resultado se obtiene con el tiempo de espera `-t` configurado a 0. `rpicam-vid` tiene un conmutador `-k` similar pero que funciona de forma diferente pues usa la tecla **ENTER** para alternar entre grabación y pausa, empezando por el modo de grabación. Cuando desees terminar, escribe **x** y pulsa **ENTER** para salir de la captura.

MÁS INFORMACIÓN

Este capítulo aborda los conmutadores más usados en las aplicaciones rpicam, pero existen muchos más. Encontrarás más detalles técnicos de rpicam, incluidas las diferencias con las aplicaciones raspivid y raspistill anteriores, en **rptl.io/camera-software.**

Capítulo 9

Raspberry Pi Pico y Pico W

Las Raspberry Pi Pico y Pico W aportan una nueva dimensión a tus proyectos de informática física.

Raspberry Pi Pico y Pico W son *placas de desarrollo basadas en microcontroladores*. Se han diseñado para experimentar con la informática física y usan un tipo de procesador especial, llamado *microcontrolador*. Las placas Raspberry Pi Pico y Pico W tienen el tamaño de una lámina de chicle pero cuentan con una potencia sorprendente, todo gracias al chip que se encuentra en el corazón de la placa: un microcontrolador RP2040.

Raspberry Pi Pico y Pico W no fueron hechas para reemplazar a los Raspberry Pi, pues estos últimos pertenecen a una clase diferente de dispositivo: los *ordenadores de placa única*. Puedes usar tu Raspberry Pi para jugar, escribir programas y navegar por la web, como ya ha quedado demostrado a lo largo de esta guía. El Raspberry Pi Pico, por otro lado, se ha diseñado específicamente para proyectos de informática física en los que se puede usar para controlar cualquier cosa, desde LED y botones hasta sensores, motores e incluso otros microcontroladores.

Aunque también puedes llevar a cabo proyectos de informática física con las placas Raspberry Pi gracias a su sistema de pines de entrada/salida de uso general (GPIO), para ese tipo de proyectos suele ser más conveniente usar una placa de desarrollo basada en microcontrolador que un ordenador de una sola placa. La Raspberry Pi Pico es más pequeña y económica y ofrece funciones específicas de la informática física tales como temporizadores de alta precisión y sistemas de entrada/salida programables.

El propósito de este capítulo no es el de ser una guía detallada de todo lo que puedes hacer con una Raspberry Pi Pico y Pico W. Tampoco es necesario que compres una de estas placas para obtener el máximo provecho de tu Raspberry

Pi. Sin embargo, si ya tienes una Raspberry Pi Pico o una Pico W, o simplemente quieres saber más sobre ellas, este capítulo te podrá servir como una introducción a sus funciones principales.

Todas las funciones de la Raspberry Pi Pico y Pico W se explican en la guía *Get Started with MicroPython on Raspberry Pi Pico*.

Recorrido guiado de Raspberry Pi Pico

Una Raspberry Pi Pico ("Pico" para abreviar) es mucho más pequeña incluso que un Raspberry Pi Zero, el más compacto de la familia de ordenadores de placa única de Raspberry Pi. A pesar de eso, incluye muchas funciones, todas accesibles mediante los pines que se encuentran alrededor del borde de la placa. Esta placa está disponible en dos versiones, la Raspberry Pi Pico y la Raspberry Pi Pico W. Más adelante veremos en qué se diferencian.

La **Figura 9-1** muestra una Raspberry Pi Pico vista desde arriba. En los lados largos verás secciones doradas con pequeñas hendiduras. Esos son los pines que proporcionan al microcontrolador RP2040 conexiones con el mundo exterior y se conocen como el sistema de entrada/salida (E/S).

Figura 9-1 Vista superior de la placa

Los pines de tu Pico son muy similares a los que forman el sistema GPIO (siglas del inglés para "entrada/salida de propósito general") en tu Raspberry Pi. Pero mientras la mayoría de los ordenadores de placa única Raspberry Pi vienen con los pines metálicos físicos ya conectados, ese no es el caso de las Raspberry Pi Pico ni las Pico W.

Si quieres una Pico con cabezales montados, busca una Raspberry Pi Pico H o Pico WH. Hay una buena razón para ofrecer modelos sin cabezales: observarás que el borde exterior de la placa de circuito es irregular, con pequeños cortes circulares (**Figura 9-2**).

Estas irregularidades crean lo que se conoce como *placa de circuito almenada*, la misma que se puede soldar encima de otras placas de circuito sin tener que usar pines metálicos físicos. Eso es útil por ejemplo para mantener la altura de un proyecto al mínimo y conseguir un producto final más pequeño. Si compras un dispositivo listo para usar que incorpore tecnología Raspberry Pi Pico o Pico W, es casi seguro que esas placas estarán conectadas al resto del sistema utilizando las almenas.

Los agujeros que se encuentran junto a las almenas permiten el uso de cabezales de pines macho de 2,54 mm, el mismo tipo de pines que los usados en el sistema GPIO de los Raspberry Pi, más grandes. Al soldar los pines en su lugar orientados hacia abajo podrás acoplar tu Pico a una *placa de pruebas sin soldadura* para que la conexión y desconexión de nuevos componentes de hardware sea lo más fácil posible- ¡ideal para experimentar y crear prototipos rápidos!

El chip que se encuentra en el centro de la Pico (**Figura 9-3**) es un microcontrolador RP2040. Se trata de un *circuito integrado personalizado*, diseñado y creado por Raspberry Pi para actuar como "cerebro" de la Pico y otros dispositivos basados en microcontroladores. Si lo observas con cuidado verás el logotipo de Raspberry Pi grabado en la parte superior del chip junto con una serie de letras y números, los mismos que permiten a los ingenieros saber cuándo y dónde se fabricó el chip.

Figura 9-2
Almenas

Figura 9-3
El chip RP2040

En la parte superior de tu Pico hay un *puerto micro USB* (**Figura 9-4**). Además de alimentar a la Pico, este también envía y recibe datos para que la Pico se comunique con un Raspberry Pi u otro ordenador a través de su puerto USB. Así es como cargarás programas en tu Pico.

Si sostienes tu Pico y miras el puerto micro USB de frente verás que tiene una forma más estrecha en la parte inferior y más ancha en la parte superior. Ese es el mismo conector que tiene un cable micro USB.

El cable micro USB solo entrará en el puerto micro USB de tu Pico si se orienta de la manera adecuada. Cuando lo conectes, asegúrate de alinear los lados estrechos y anchos correctamente. ¡Podrías dañar tu Pico si fuerzas el cable micro USB y lo insertas de manera incorrecta!

Justo debajo del puerto micro USB hay un pequeño botón marcado 'BOOTSEL' (**Figura 9-5**). 'BOOTSEL' es la abreviatura de *boot selection*, o selección de arranque. Este botón, permite alternar entre dos modos de inicio de la Pico al encenderla por primera vez. Usarás el botón de selección de arranque más adelante, cuando prepares tu Pico para programarla.

Figura 9-4
Puerto micro USB

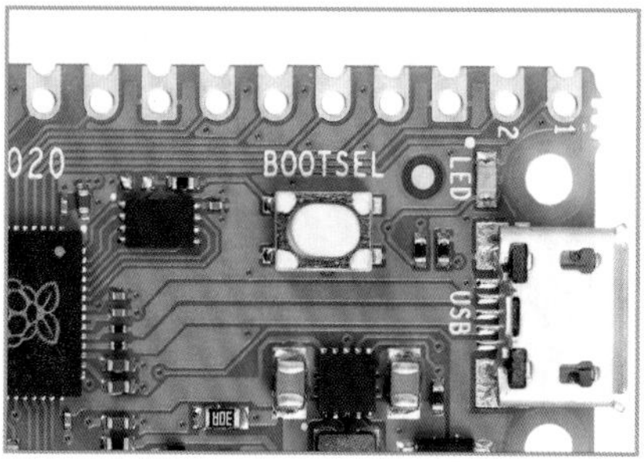

Figura 9-5
Interruptor de selección de arranque (BOOTSEL)

En la parte inferior de tu Pico hay tres pequeñas superficies (pads) doradas identificadas con la palabra DEBUG (depurar) sobre ellas (**Figura 9-6**). Estos "pads" están diseñados para usarse en tareas de depuración, es decir, de encontrar errores en los programas que se ejecutan en la Pico mediante una herramienta especial llamada *depurador*. Aunque al principio no vayas a necesitar el cabezal de depuración, podría resultarte útil cuando escribas programas más largos y complicados. En algunos modelos de Raspberry Pi Pico encontrarás un conector pequeño de tres pines en lugar de pads de depuración.

Dale la vuelta a tu Pico y verás que hay texto impreso en su sección inferior (**Figura 9-7**). Esto se conoce como *capa de serigrafía* e identifica cada uno de los pines indicando su función principal. Aquí verás etiquetas como GP0 y GP1, GND, RUN y 3V3. Si se te olvida qué función tiene cada pin siempre puedes consultar estas etiquetas, aunque no podrás verlas cuando la Pico se encuentre en una placa de pruebas. Por esa razón hemos incluido un diagrama completo de los pines en esta guía para facilitarte la consulta.

Seguramente habrás notado que no todas las etiquetas se alinean con sus pines. Los pequeños agujeros de montaje ubicados en los extremos cortos de la placa están diseñados para conectar tu Pico de manera permanente a tus proyectos utilizando tornillos o tuercas y pernos. Pero cuando los agujeros se interponen en el camino delas etiquetas, estas se desplazan hacia los extremos inferior o

Figura 9-6
Pads de depuración

Figura 9-7 Parte inferior etiquetada

superior de la placa. Esto se puede apreciar en la parte superior derecha de la imagen. Aquí, VBUS es el primer pin, VSYS el segundo y GND el tercero.

En la parte inferior de la Pico también encontrarás algunos pads dorados de forma cuadrada etiquetados como TP y un número. Estos son puntos de prueba diseñados para que los ingenieros verifiquen rápidamente el funcionamiento correcto de una Raspberry Pi Pico tras su ensamblaje en la fábrica- no son algo que vayas a tener que usar tú. Dependiendo del pad de prueba, el ingeniero puede usar un multímetro o un osciloscopio para comprobar que tu Pico funciona correctamente antes de empaquetarla y enviártela.

Si tienes una Raspberry Pi Pico W o Pico WH, verás otra pieza de hardware en la placa: un rectángulo metálico plateado (**Figura 9-8**). Ese es el blindaje del módulo inalámbrico, similar al que se encuentra en una Raspberry Pi 4 y

Raspberry Pi 5. Ese módulo es el que se usa para conectar la Pico a una red Wi-Fi o a dispositivos Bluetooth y está conectado a una pequeña antena situada en la parte inferior de la placa. Esa es la razón por la que los pads y el conector de depuración están más cerca del centro de la placa en las Raspberry Pi Pico W y Pico WH.

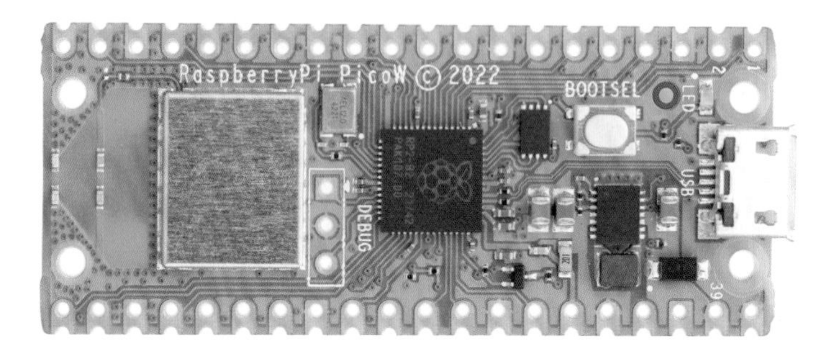

Figura 9-8 Módulo inalámbrico y antena de una Raspberry Pi Pico W

Cabezal de pines

Al examinar una Raspberry Pi Pico o Pico W notarás que es totalmente plana— no tiene pines metálicos sobresaliendo de sus laterales, como en el sistema GPIO de los Raspberry Pi o en los laterales de las Raspberry Pi Pico H y Pico WH. Para acoplar una Pico o Pico W a otra placa de circuito o un proyecto en donde deba ir fija puedes usar las almenas o soldar cables directamente en ella.

Sin embargo, la forma más fácil de usar tu Pico es conectarla a una placa de pruebas y para eso deberás colocarle cabezales de pines. Para colocar cabezales de pines en una Raspberry Pi Pico hace falta un soldador, que servirá para calentar los pines y pads y poder conectarlos mediante una aleación metálica blanda denominada *soldadura*.

Para completar los proyectos iniciales de este capítulo no hará falta conectar pines a tu Pico. Pero si quieres trabajar en proyectos más complicados puedes obtener información acerca de cómo soldar pines de manera segura en el capítulo 1 de la guía *Get Started with MicroPython on Raspberry Pi Pico*. También puedes preguntar a tu distribuidor de Raspberry Pi favorito si tiene una versión de Raspberry Pi Pico con los pines ya soldados. Pregunta por las Raspberry Pi Pico H y Raspberry Pi Pico WH, que son las versiones de Raspberry Pi Pico estándar y con Wi-Fi respectivamente.

Instalando MicroPython

Al igual que con los Raspberry Pi, puedes programar tu Raspberry Pi Pico usando Python. Pero al ser un microcontrolador en lugar de un ordenador de una sola placa, la Pico necesita una versión especial de Python (*MicroPython*).

MicroPython funciona igual que Python y puedes usar el mismo entorno de desarrollo Thonny que usas para programar el Raspberry Pi. Pero debes tener en cuenta que MicroPython carece de algunas de las funciones estándar de Python, aunque cuenta con otras funciones que le han sido añadidas, como bibliotecas especiales para microcontroladores y sus periféricos.

Antes de programar tu Pico en MicroPython tendrás que descargar e instalar su *firmware*. Empieza por conectar un cable micro USB al puerto micro USB de tu Pico. Asegúrate de que la orientación es correcta antes de insertarlo del todo.

ADVERTENCIA

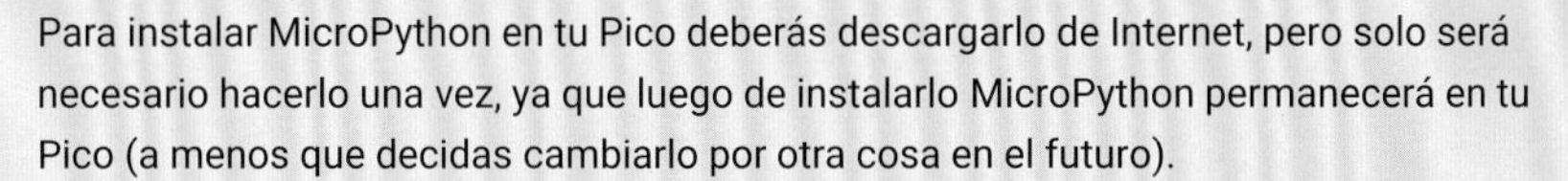

Para instalar MicroPython en tu Pico deberás descargarlo de Internet, pero solo será necesario hacerlo una vez, ya que luego de instalarlo MicroPython permanecerá en tu Pico (a menos que decidas cambiarlo por otra cosa en el futuro).

Mantén pulsado el botón **BOOTSEL** ubicado en la parte superior de la Pico. Luego, sin dejar de presionarlo, conecta el otro extremo del cable micro USB a uno de los puertos USB de tu ordenador. Cuenta hasta tres y suelta el botón.

NOTA

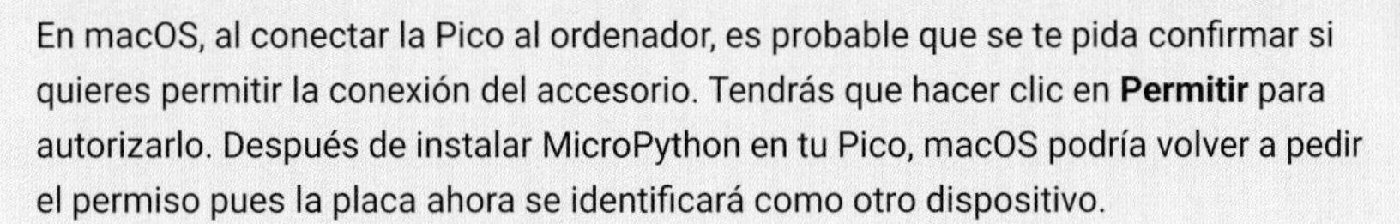

En macOS, al conectar la Pico al ordenador, es probable que se te pida confirmar si quieres permitir la conexión del accesorio. Tendrás que hacer clic en **Permitir** para autorizarlo. Después de instalar MicroPython en tu Pico, macOS podría volver a pedir el permiso pues la placa ahora se identificará como otro dispositivo.

Al cabo de unos segundos deberías ver que tu Pico aparece como una unidad extraíble, como si hubieras conectado una unidad flash USB o un disco duro externo. Si estás usando un Raspberry Pi para programar la Pico, verás una ventana emergente en la que se te preguntará si deseas abrir la unidad (la Pico) en el Gestor de archivos. Asegúrate de que está seleccionada la opción **Abrir en el gestor de archivos** y haz clic en **Aceptar**.

En la ventana Gestor de archivos, verás dos archivos en tu Pico (**Figura 9-9**): **INDEX.HTM** e **INFO_UF2.TXT**. El segundo archivo contiene información sobre tu Pico, como la versión del bootloader (el cargador de arranque) que se está ejecutando actualmente. El primer archivo, **INDEX.HTM**, es un enlace al sitio web de Raspberry Pi Pico. Haz doble clic en este archivo o abre tu navegador web y escribe **rptl.io/microcontroller-docs** en la barra de direcciones.

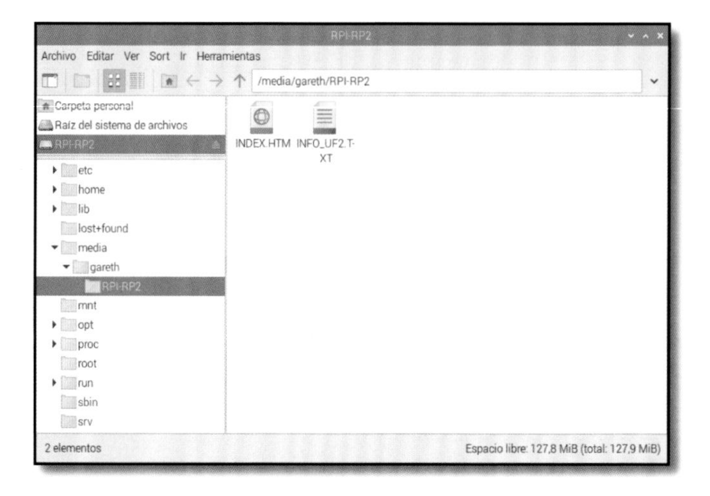

Figura 9-9 Verás dos archivos en tu Raspberry Pi Pico

MÁS MATERIAL DE REFERENCIA

La página web a la que se llega desde **INDEX.HTM** no es solo la ubicación para descargar MicroPython. También contiene numerosos recursos adicionales. Haz clic en las pestañas que hay en esa página y desplázate en sus contenidos para acceder a guías, proyectos y la colección *databook*: una biblioteca de documentación técnica detallada que cubre todo tipo de temas, desde el funcionamiento interno del microcontrolador RP2040 que alimenta tu Pico hasta cómo programarla en los lenguajes Python y C/C++.

Al abrirse la página web verás información sobre las placas de microcontrolador y de desarrollo de Raspberry Pi, incluyendo a las Raspberry Pi Pico y Pico W. Haz clic en la casilla de MicroPython para ir a la página de descarga del firmware. Baja hasta la sección **Drag-and-Drop MicroPython**, como se muestra en la **Figura 9-10**, y localiza el enlace para la versión de MicroPython de tu placa. Hay uno para Raspberry Pi Pico y Pico H, y otro para Raspberry Pi Pico W y Pico WH. Haz clic en el enlace para descargar el archivo UF2 correspondiente. No te preocupes si descargas el archivo incorrecto: podrás regresar a la página cuando quieras e instalar el firmware en tu dispositivo siguiendo estos mismos pasos.

Abre una nueva ventana del Gestor de archivos, ve a la carpeta **Downloads** y localiza el archivo que acabas de descargar. Se llamará "**rp2-pico**" o "**rp2-pico-w**", seguido de una fecha, texto, números (usados para distinguir las distintas compilaciones de firmware disponibles) y la extensión "**uf2**".

Figura 9-10 Haz clic en el enlace para descargar el firmware de MicroPython

NOTA

Para acceder a la carpeta de descargas de Raspberry Pi, haz clic en el menú de Raspberry Pi, elige **Accesorios** y abre el **Gestor de archivos PCManFM**. Luego busca **Downloads** en la lista de carpetas ubicada a la izquierda de la ventana del **Gestor de archivos PC-ManFM**. Dependiendo de cuántas carpetas tengas en tu Raspberry Pi, es posible que tengas que bajar por la lista para encontrarla.

Haz clic en el archivo UF2 y con el botón del ratón aún presionado arrastra el puntero a la otra ventana abierta en la que se muestra la unidad de almacenamiento extraíble de tu Pico. Coloca el puntero sobre esa ventana y suelta el botón del ratón para colocar el archivo en tu Pico, como se muestra en la **Figura 9-11**.

Tras unos segundos verás que la ventana de Pico desaparece del **Gestor de archivos PCManFM**, del **Explorer** o del **Finder** (dependiendo del sistema operativo que estés usando), y es probable que aparezca una advertencia indicando que se ha desconectado una unidad sin haberla expulsado antes. No te preocupes, eso es normal. Al arrastrar el archivo de firmware de MicroPython a tu Pico, le has indicado a la placa que grabe el nuevo firmware en su almacenamiento interno. Para hacer eso tu Pico sale del modo especial que activaste mediante el botón 'BOOTSEL', escribe el nuevo firmware en su almacenamiento interno y luego lo carga. A partir de ese momento tu Pico está ejecutando MicroPython.

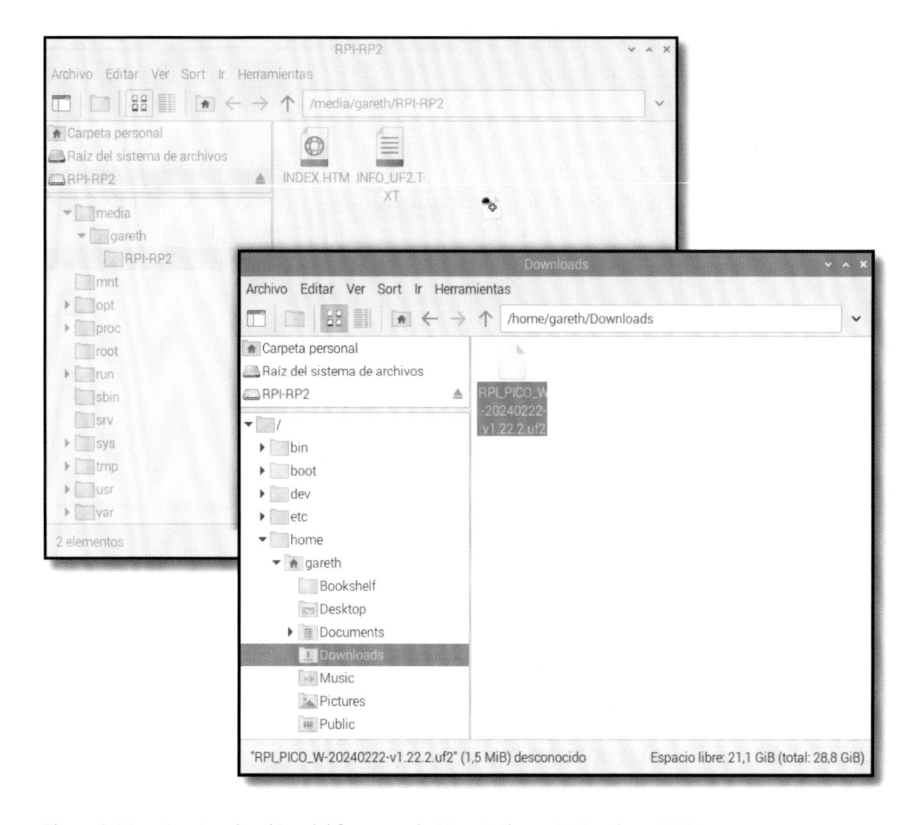

Figura 9-11 Arrastra el archivo del firmware de MicroPython a tu Raspberry Pi Pico

Enhorabuena: ¡estás listo para empezar a usar MicroPython en tu Raspberry Pi Pico!

Los pines de tu Pico

La Raspberry Pi Pico se comunica con el resto del hardware a través de una serie de pines ubicados a lo largo de sus dos bordes. La mayoría de estos pines funcionan como entradas y salidas programables (PIO), lo que les permite actuar como una entrada o una salida, dependiendo de la función que les asignes— no tienen una finalidad predefinida. Algunos pines tienen características adicionales y modos alternativos para comunicarse con hardware más complicado y otros tienen un propósito específico y funcionan como conexiones para tareas como la alimentación eléctrica.

Los 40 pines de Raspberry Pi Pico están etiquetados en la parte inferior de la placa, pero hay tres de ellos que también se encuentran etiquetados con sus números en la parte superior: el pin 1, el pin 2 y el pin 39. Estas etiquetas en la cara superior te ayudan a recordar cómo funciona la numeración en la Pico: si observas la placa desde arriba, con el puerto micro USB en la parte superior, el pin 1 estará ubicado en la esquina superior izquierda, el pin 20estará en la esquina inferior izquierda, el 21 en la esquina inferior derecha y el 39 se ubica debajo del pin de la esquina superior derecha (que es el 40, pero que aparece sin etiquetar). El etiquetado en la parte inferior de la placa es más detallado pero no es visible cuando la Pico está conectada a una placa de pruebas.

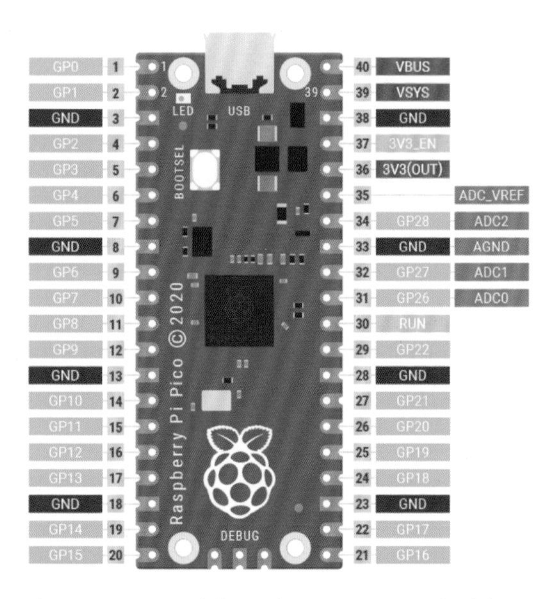

Figura 9-12 Pines de la Raspberry Pi Pico vistos desde la parte superior de la placa

En una Raspberry Pi Pico se suele hacer referencia a los pines por sus funciones (**Figura 9-12**) no por sus números. Hay varias categorías de tipos de pines, cada una de ellas con una función concreta:

- **3V3—** *3,3 voltios*: una fuente de alimentación de 3,3 V generada por la entrada VSYS. Esta fuente de alimentación puede encenderse y apagarse mediante el pin 3V3_EN situado encima, que también apaga tu Pico.
- **VSYS—** *~2-5 voltios*: un pin vinculado directamente a la fuente de alimentación interna de tu Pico, que no se puede apagar sin apagar también la Pico.
- **VBUS—** *5 voltios*: una fuente de alimentación de 5 V tomada del puerto micro USB de tu Pico que se utiliza para alimentar hardware que necesita más de 3,3 V.

- **GND—** *0 voltios— tierra*: una conexión a tierra, empleada para completar un circuito conectado a una fuente de energía. Hay varios de estos pines repartidos por tu Pico para facilitar el cableado de tus proyectos.

- **GPxx—** *entrada/salida de propósito general número xx:* los pines GPIO disponibles para tu programa, etiquetados de GP0 a GP28.

- **GPxx_ADCx—** *entrada/salida de propósito general número xx, con la entrada analógica número x:* un pin GPIO que termina en "ADC" y un número se puede utilizar como una entrada analógica o como una entrada o salida digital, pero no como las dos cosas al mismo tiempo.

- **ADC_VREF—** *referencia de voltaje del convertidor analógico-digital (ADC):* un pin de entrada especial que establece una referencia de voltaje para cualquier entrada analógica.

- **AGND**— *0 voltios o tierra para el convertidor analógico-digital (ADC):* una conexión a tierra especial para usar con el pin ADC_VREF.

- **RUN—** *activa o desactiva la Pico:* el pin RUN se utiliza para iniciar y detener tu Pico desde otro microcontrolador u otro dispositivo de control.

Conectando Thonny a la Pico

Primero, carga Thonny: haz clic en el menú de Raspberry Pi en la parte superior izquierda de la pantalla, lleva el puntero del ratón a la sección **Programación** y haz clic en **Thonny**.

Con la Pico conectada al Raspberry Pi (o al ordenador que estés usando para programarla) haz clic en las palabras **Python 3 local** ubicadas en la parte inferior derecha de la ventana de Thonny. Esto muestra el intérprete actual, que recibe las instrucciones que escribes y las transforma en código que el ordenador o microcontrolador puede entender y ejecutar. Normalmente el intérprete es la copia de Python que se ejecuta en la Raspberry Pi, pero en este caso es necesario cambiarlo para poder ejecutar tus programas de MicroPython en la Pico.

En la lista que aparece, busca "MicroPython (Raspberry Pi Pico)" (**Figura 9-13**) y haz clic en esa opción. Si no la ves en la lista, verifica que tu Pico se ha conectado correctamente al cable micro USB y que el cable micro USB esté bien conectado al Raspberry Pi (o al ordenador que estés usando).

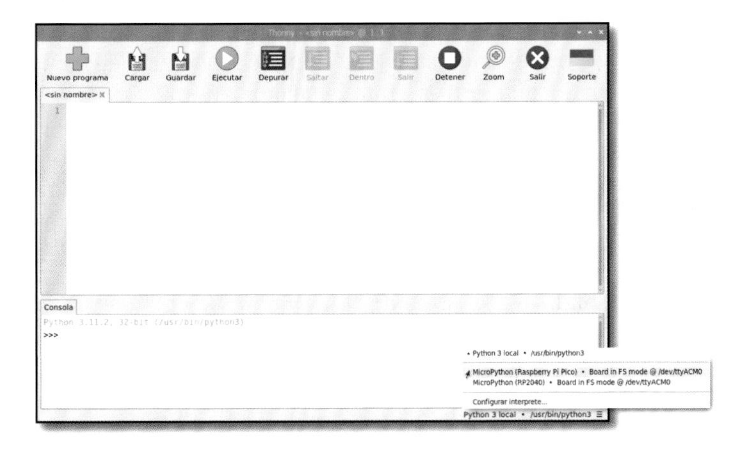

Figura 9-13 Eligiendo un intérprete de Python

PROFESIONALES EN PYTHON

Este capítulo asume que tienes cierta experiencia con el IDE Thonny y la escritura de programas de Python sencillos. Si aún no lo has hecho, completa los proyectos descritos en el Capítulo 5, *Programar con Python* antes de continuar con este capítulo.

CAMBIO DE INTÉRPRETE

La elección de intérprete determina dónde y cómo se ejecutará tu programa: si eliges **MicroPython (Raspberry Pi Pico)**, los programas se ejecutarán en la Pico; si eliges **Python 3 local**, se ejecutarán en la Raspberry Pi (o el ordenador que estés usando).

Si tus programas no se ejecutan donde esperabas, comprueba qué intérprete se ha definido para Thonny.

Tu primer programa en MicroPython: ¡Hola mundo!

Puedes comprobar si todo funciona correctamente de la misma forma en que aprendiste a escribir programas de Python en Raspberry Pi: creando un programa "Hola mundo" sencillo. Haz clic en el área de shell de Python en la parte inferior de la ventana de Thonny (a la derecha de los símbolos `>>>`) y escribe la siguiente instrucción antes de pulsar la tecla ENTER:

```
print("¡Hola mundo!")
```

Al pulsar **ENTER** verás que tu programa empieza a ejecutarse inmediatamente: Python responderá, en la misma área de shell, con el mensaje "`¡Hola mundo!`" (**Figura 9-14**), tal y como lo indicaste. Eso se debe a que el shell es una línea directa al intérprete de MicroPython que se ejecuta en tu Pico y cuya función es examinar tus instrucciones e interpretar lo que significan. Este modo interactivo funciona igual que cuando programas en el Raspberry Pi: las instrucciones escritas en el área de shell se ejecutan al instante, sin demoras. La única diferencia es que ahora se envían a la Pico para que las ejecute y cualquier resultado —en este caso el mensaje "¡Hola mundo!"— se vuelve a enviar a Raspberry Pi (o al ordenador que estés usando) para mostrarlo.

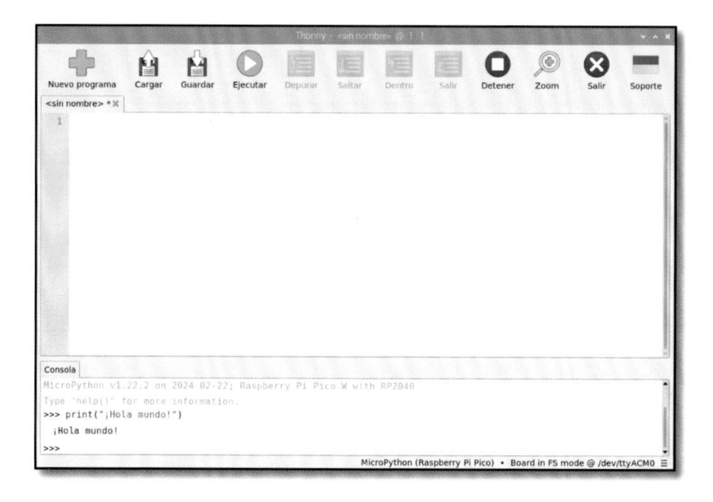

Figura 9-14 MicroPython imprime el mensaje "¡Hola mundo!" en el área de shell

No hace falta que programes tu Pico (o Raspberry Pi) en modo interactivo. Haz clic en el área de script, en el medio de la ventana de Thonny y escribe tu programa de nuevo:

```
print("¡Hola mundo!")
```

Al pulsar la tecla **ENTER** esta vez observarás que no ocurre nada (aparte de la aparición de una nueva línea vacía en el área de script). Para que esta versión del programa funcione tendrás que hacer clic en el icono **Ejecutar** de la barra de herramientas de Thonny.

Aunque este sea un programa simple, es importante que te acostumbres a guardar tu trabajo. Antes de ejecutar el programa haz clic en el icono **Guardar**. Se te preguntará si quieres guardar el programa en "**Este computador**" (es decir en el Raspberry Pi u otro ordenador en que estés ejecutando Thonny) o en "**Raspberry Pi Pico**" (**Figura 9-15**). Haz clic en **Raspberry Pi Pico**, escribe un nombre descriptivo como **Hola Mundo.py** y luego haz clic en el botón OK.

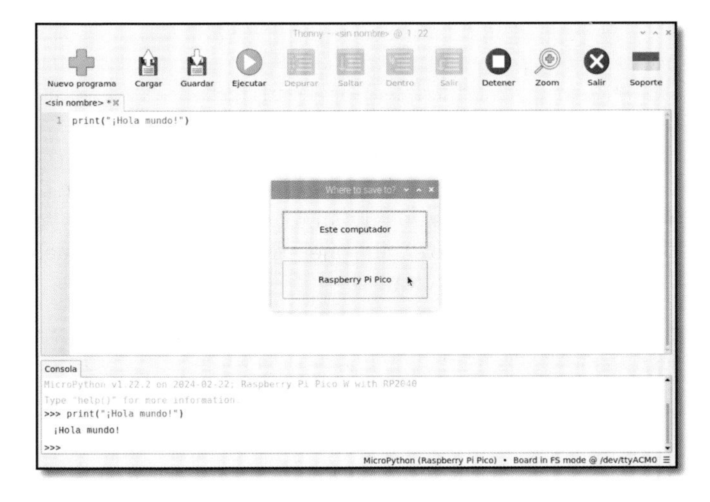

Figura 9-15 Guardando un programa en Pico

Ahora haz clic en el icono **Ejecutar**. Tu programa se ejecutará automáticamente en la Pico. Verás que aparecen dos mensajes en el área de shell en la parte inferior de la ventana de Thonny:

```
>>> %Run -c $EDITOR_CONTENT
¡Hola mundo!
```

La primera de estas líneas es una instrucción de Thonny que indica al intérprete de MicroPython en tu Pico que ejecute el código del área de script (EDITOR_CONTENT). La segunda es la salida del programa, el mensaje que le indicaste a MicroPython que mostrara. ¡Has escrito dos programas MicroPython, uno en modo interactivo y otro en el área de script, y los has ejecutado sin problemas en tu Pico!

Solo queda una pieza más en el rompecabezas: cargar de nuevo tu programa. Cierra Thonny pulsando la X ubicada en la esquina superior derecha de la ventana si estás usando Windows o Linux (o usando el botón de cierre ubicado en la esquina superior izquierda de la ventana en el caso de macOS) y vuelve a iniciar Thonny. Esta vez, en lugar de escribir un programa nuevo, haz clic en el icono **Cargar** ubicado en la barra de herramientas de Thonny. Se te preguntará si quieres cargar un programa desde "**Este computador**" o desde "**Raspberry Pi Pico**". Haz clic en **Raspberry Pi Pico** y verás una lista de todos los programas que has guardado en tu Pico.

UNA PICO LLENA DE PROGRAMAS

Cuando le dices a Thonny que guarde tu programa en la Pico, significa que los programas se almacenan en la propia Pico. Si desconectas tu Pico y la conectas a otro ordenador, tus programas seguirán estando donde los guardaste: en tu Pico.

Busca **Hola_Mundo.py** en la lista. Si tu Pico es nueva, ese será el único archivo presente. Haz clic para seleccionarlo y luego haz clic en OK. Tu programa se cargará en Thonny, listo para ser editado o ejecutado de nuevo.

RETO: NUEVO MENSAJE

¿Puedes cambiar el mensaje que el programa en Python imprime como resultado? Si quisieras añadir más mensajes, ¿usarías el modo interactivo o el modo script? ¿Qué ocurre si eliminas los paréntesis o las comillas del programa e intentas ejecutarlo de nuevo?

Tu primer programa de informática física: ¡Hola, LED!

Mostrar "Hola mundo" en la pantalla suele ser el primer paso para aprender un lenguaje de programación. Y hacer que un LED se encienda es la forma tradicional de iniciarse en el aprendizaje de la informática física en una plataforma nueva. Además, puedes empezar sin utilizar ningún componente adicional: tu Raspberry Pi Pico tiene un pequeño LED, denominado *LED SMD (Surface-Mount Device, o dispositivo de montaje en superficie)* en la parte superior.

Empieza por localizar el LED: es el pequeño componente rectangular a la izquierda del puerto micro USB en la parte superior de la placa (**Figura 9-16**), etiquetado como LED.

El LED integrado está conectado a uno de los pines de entrada/salida de uso general del RP2040, el GP25. Este es uno de los pines GPIO que "faltan", es decir, que es parte del microcontrolador RP2040 pero que no está conectado a un pin físico en el borde de tu Pico. Aunque no puedes conectar ningún hardware a este pin (salvo el LED integrado) puedes tratarlo de la misma manera que cualquier otro pin GPIO dentro de tus programas. Es una forma sencilla de agregar una salida a tus programas sin necesidad de componentes adicionales.

Haz clic en el icono **Nuevo programa** en Thonny y empieza tu programa con esta línea:

Figura 9-16
El LED integrado está a la izquierda del conector micro USB

```
import machine
```

Esta breve línea de código es clave para trabajar con MicroPython en tu Pico. Carga, o *importa*, una colección de código MicroPython conocido como *biblioteca*, en este caso la biblioteca `machine`, `machine` que contiene todas las instrucciones que MicroPython necesita para comunicarse con Pico y otros dispositivos compatibles con este lenguaje y que lo amplían para la informática física. Sin esta línea no podrás controlar ninguno de los pines GPIO de tu Pico ni, encender su LED integrado.

La biblioteca `machine` expone lo que se conoce como *API (Application Programming Interface, o interfaz de programación de aplicaciones)*. El nombre suena complicado pero describe exactamente lo que hace: proporciona una vía o interfaz para que tu programa, la *aplicación*, se comunique con la Pico.

La siguiente línea de tu programa proporciona un ejemplo de la API de la biblioteca `machine`:

```
led_onboard = machine.Pin("LED", machine.Pin.OUT)
```

Esta línea define un objeto al que hemos llamado `led_onboard`, un nombre descriptivo que hace referencia al LED integrado y que resultará muy útil más adelante en tu programa. Aunque técnicamente se puede usar cualquier nombre aquí, es mejor ceñirse a nombres que describan el propósito de la variable. Así se hace más fácil de leer y comprender el programa.

La segunda parte de la línea llama a la función `Pin` en la biblioteca machine. Como su nombre indica, esta función está diseñada para gestionar los pines GPIO de tu Pico. De momento, ninguno de los pines GPIO (incluido el GP25, conectado al LED integrado) sabe cuál es su propósito. El primer argumento,

LED, es una *macro* especial asignada al LED integrado en la placa que puedes usar en lugar de tener que recordar el número de su pin. El segundo, **machine.Pin.OUT**, indica a la Pico que el pin debe usarse como *salida* en lugar de *como entrada*.

Esa línea por sí sola es suficiente para configurar el pin, pero no encenderá el LED. Para eso debes indicarle a la Pico que active el pin. Escribe este código en la siguiente línea:

```
led_onboard.value(1)
```

Esta línea también usa la API de la biblioteca machine. Tu línea anterior creó el objeto **led_onboard** como salida en el pin GP25 usando la macro **LED**. Esta nueva línea toma el objeto y establece su *valor* en 1 para "encendido". También podría establecer el valor en 0 para "apagado".

NÚMEROS DE PIN

Los pines GPIO en la Pico se suelen identificar con sus nombres completos: Por ejemplo el pin conectado al LED integrado se llama GP25. Sin embargo, en MicroPython no debes escribir las letras G y P al referirte a los pines. En otras palabras, si en el programa deseas utilizar el número de pin del LED integrado en lugar de la macro **LED**, deberás escribir "25" en lugar de "GP25". De lo contrario, tu programa no funcionará.

Guarda el programa en tu Pico como **Blink.py** luego haz clic en el botón **Ejecutar**. Verás que se enciende el LED. ¡Enhorabuena, has escrito tu primer programa de informática física en MicroPython!

Observarás que el LED permanece iluminado. Eso se debe a que tu programa indica a la Pico que lo encienda, pero nunca le indica que lo apague. Puedes añadir otra línea al final de tu programa:

```
led_onboard.value(0)
```

Sin embargo, al ejecutar el programa esta vez, el LED no parece iluminarse. Eso es porque la Pico funciona muy, muy rápido, mucho más rápido de lo que puedes ver a simple vista. El LED se enciende, pero lo hace durante tan poco tiempo que parece siempre apagado. Para solucionarlo deberás reducir la velocidad de tu programa introduciendo un retardo.

Vuelve a la parte superior de tu programa, haz clic al final de la primera línea para mover el cursor a esa posición y pulsa **ENTER** para insertar una segunda línea. En esta nueva línea, escribe:

```
import time
```

Al igual que **import machine**, esta línea importa una nueva biblioteca en MicroPython: **time**. Esta biblioteca gestiona todo lo relacionado con el tiempo, desde medirlo hasta insertar retardos en tus programas.

Haz clic en el final de la línea **led_onboard.value(1)** y pulsa **ENTER** para insertar una nueva línea. Ahora escribe:

```
time.sleep(5)
```

Esto llama a la función **sleep** de la biblioteca **time**. Esa función hace que tu programa se detenga durante la cantidad de segundos que hayas escrito dentro de los paréntesis – en este caso, 5.

Vuelve a hacer clic en el botón **Ejecutar**. Esta vez verás que el LED integrado en tu Pico se enciende, permanece encendido durante cinco segundos (intenta contarlos) y se apaga nuevamente.

Por último, hay que hacer que el LED parpadee. Para eso necesitarás crear un bucle. Modifica tu programa para que se vea como se muestra a continuación:

```
import machine
import time

led_onboard = machine.Pin(LED, machine.Pin.OUT)

while True:
    led_onboard.value(1)
    time.sleep(5)
    led_onboard.value(0)
    time.sleep(5)
```

Recuerda que las líneas dentro del bucle deben tener una sangría de cuatro espacios al inicio, para que MicroPython sepa que forman parte del bucle. Vuelve a hacer clic en el icono **Ejecutar** y verás que el LED se enciende durante cinco segundos, se apaga durante cinco segundos y se enciende nuevamente, repitiendo el patrón constantemente en un bucle infinito. El LED seguirá parpadeando hasta que hagas clic en el icono **Detener**, lo que cancela tu programa y restablece la Pico.

Hay otra forma de realizar la tarea que hemos hecho: utilizando un conmutador *toggle* en lugar de configurar la salida del LED a 0 o 1 de manera explícita. Elimina las últimas cuatro líneas de tu programa y edítalo para que se vea así:

```
import machine
import time

led_onboard = machine.Pin(LED, machine.Pin.OUT)

while True:
    led_onboard.toggle()
    time.sleep(5)
```

Ejecuta tu programa nuevamente. Verás la misma actividad que antes: el LED integrado se encenderá durante cinco segundos, luego se apagará durante cinco segundos y finalmente se encenderá de nuevo en un bucle infinito. Pero ahora tu programa es dos líneas más corto: lo has *optimizado*. Disponible en todos los pines de salida digital, `toggle()` simplemente cambia entre encendido y apagado: si el pin se encuentra encendido, `toggle()` lo apaga; si está apagado, `toggle()` lo enciende.

RETO: ILUMINACIÓN PROLONGADA

¿Cómo cambiarías el programa para que el LED se mantenga encendido durante más tiempo? ¿Y para que se mantenga apagado durante más tiempo? ¿Cuál es el retardo más pequeño que puedes usar que permita seguir viendo el parpadeo LED?

¡Enhorabuena: has aprendido qué es un microcontrolador, cómo conectar una Raspberry Pi Pico a un Raspberry Pi, cómo escribir programas en MicroPython y cómo controlar un pin de la Pico para hacer que un LED parpadee!

Hay mucho más que aprender sobre la Raspberry Pi Pico: cómo usarla con una placa de pruebas, cómo conectarle hardware adicional (LED, botones, sensores de movimiento o una pantalla) e incluso cómo usar sus características avanzadas como sus *convertidores analógico-digital (ADC)* y sus capacidades de *entrada/salida programable (PIO)*. Y todo eso sin siquiera considerar la posibilidad de conectarla a la red para experimentar con la *Internet de las cosas (IoT)*.

Para averiguar más, lee *Get Started with MicroPython on Raspberry Pi Pico*. Está disponible en muchas librerías en línea y también en formato impreso.

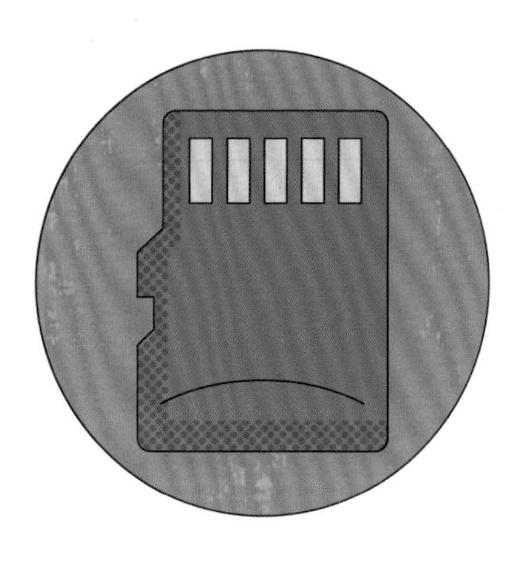

Apéndice A

Instalar un sistema operativo en una tarjeta microSD

Puedes comprar tarjetas microSD con el Sistema Operativo Raspberry Pi (Raspberry Pi OS) preinstalado a través de la red de distribuidores autorizados de Raspberry Pi. Con ellas podrás empezar a utilizar tu Raspberry Pi rápidamente. También se incluyen tarjetas microSD con Raspberry Pi OS preinstalado en el kit de escritorio de Raspberry Pi y con la Raspberry Pi 400.

Si prefieres instalar tú mismo el sistema operativo en una tarjeta microSD vacía puedes hacerlo fácilmente con el software Raspberry Pi Imager. Además, si estás utilizando una Raspberry Pi 4, Raspberry Pi 400 o Raspberry Pi 5, puedes descargar e instalar el sistema operativo a través de la red, directamente desde la misma placa.

¡ADVERTENCIA!

Si has comprado una tarjeta microSD con Raspberry Pi OS preinstalado, no necesitas hacer nada más que conectarla a tu Raspberry Pi. Las instrucciones de esta sección son para instalar Raspberry Pi OS en tarjetas microSD vacías o en tarjetas usadas previamente que quieras reutilizar. Si sigues estas instrucciones en una tarjeta microSD que ya contiene archivos, estos se eliminarán, así que asegúrate de hacer una copia de seguridad antes de empezar.

Descargando Raspberry Pi Imager

Basado en Debian, Raspberry Pi OS es el sistema operativo de Raspberry Pi. La manera más fácil de instalar Raspberry Pi OS en una tarjeta microSD para tu Raspberry Pi es con la herramienta Raspberry Pi Imager, descargable desde **rptl.io/imager**.

La aplicación Raspberry Pi Imager está disponible para ordenadores con Windows, macOS y Ubuntu Linux: elige la versión relevante para tu sistema. Si el único ordenador al que tienes acceso es un Raspberry Pi, ve a la sección "Ejecutar Raspberry Pi Imager en la red" para ver si es posible ejecutar la herramienta directamente en tu Raspberry Pi. Si no, tendrás que comprar una tarjeta microSD con el sistema operativo ya instalado en un distribuidor de Raspberry Pi, o pedir a algún conocido que instale el sistema operativo en tu tarjeta microSD.

En macOS haz doble clic en el archivo **DMG** descargado. Es posible que tengas que cambiar la configuración de privacidad y seguridad para permitir que se ejecuten las aplicaciones descargadas de App Store y desarrolladores identificados. Luego podrás arrastrar el icono de **Raspberry Pi Imager** a la carpeta de aplicaciones.

En un PC con Windows haz doble clic en el archivo **EXE** descargado. Cuando se te indique selecciona el botón **Sí** para que se ejecute. Luego haz clic en el botón **Install** para iniciar la instalación.

En Ubuntu Linux haz doble clic en el archivo **DEB** descargado para abrir Software Centre con el paquete seleccionado y sigue las instrucciones en pantalla para instalar Raspberry Pi Imager.

Ahora puedes conectar tu tarjeta microSD al ordenador. A menos que tu ordenador tenga un lector de tarjetas integrado (como es el caso de muchos portátiles, pero no muy habitual en ordenadores de escritorio) necesitarás un adaptador USB para que tu ordenador pueda acceder a la tarjeta microSD. Ten en cuenta que no hace falta formatear la tarjeta previamente.

Abre la aplicación Raspberry Pi Imager y ve a «Escribiendo el sistema operativo en la tarjeta microSD» a la página 250.

Ejecutar Raspberry Pi Imager en la red

Raspberry Pi 4 y Raspberry Pi 400 pueden ejecutar Raspberry Pi Imager, cargándolo a través de la red sin tener que usar otro ordenador de escritorio o portátil.

¡ADVERTENCIA!

En el momento de la redacción no es posible la instalación en red para Raspberry Pi 5, pero estará disponible en una futura actualización de firmware.

Para ejecutar Raspberry Pi Imager directamente necesitarás un Raspberry Pi, una tarjeta microSD vacía, un teclado (si no estás usando el teclado integrado del Raspberry Pi 400), un televisor o monitor (con el respectivo cable de video) y un cable Ethernet conectado a tu módem o router. Ten en cuenta que no es posible realizar la instalación a través de una conexión WiFi.

Inserta tu tarjeta microSD vacía en la ranura microSD de tu Raspberry Pi y conecta la pantalla, el teclado, el cable Ethernet y una fuente de alimentación USB. Si vas a reutilizar una tarjeta microSD antigua, mantén pulsada la tecla **Shift** del teclado mientras tu Raspberry Pi arranca para cargar el instalador de red. Si la tarjeta microSD está vacía, el instalador se cargará automáticamente.

Cuando veas la pantalla del instalador de red mantén pulsada la tecla **Shift** para comenzar el proceso de instalación. El instalador descargará automáticamente una versión especial de Raspberry Pi Imager y la cargará en tu Raspberry Pi, como se muestra en la **Figura A-1**. Al completarse la descarga verás una pantalla igual que la de la versión autónoma de Raspberry Pi Imager, con opciones para elegir el sistema operativo y el dispositivo de almacenamiento para la instalación.

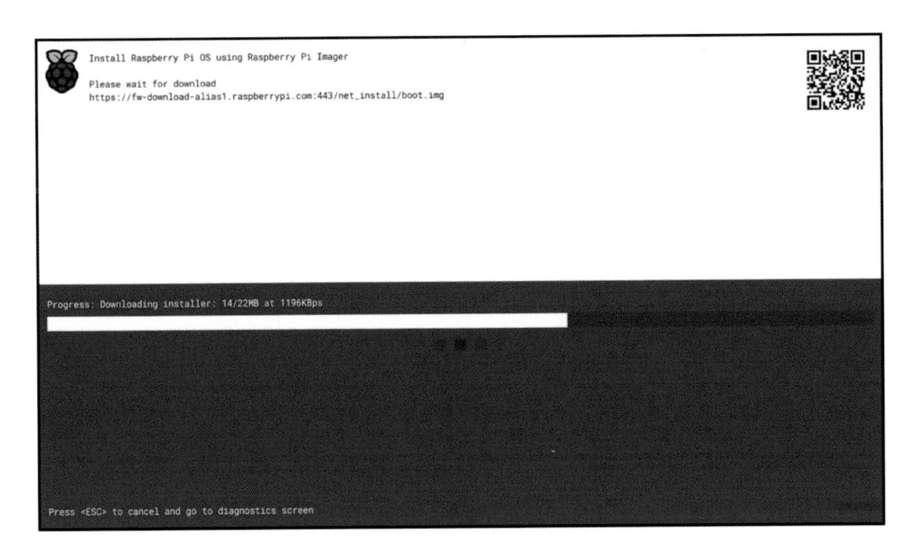

Figura A-1 Instalando Raspberry Pi OS a través de la red

Escribiendo el sistema operativo en la tarjeta microSD

Haz clic en el botón **Elegir Dispositivo** para seleccionar tu modelo de Raspberry Pi y verás la pantalla mostrada en la **Figura A-2**. Localiza tu Raspberry Pi en la lista y haz clic en él. Luego haz clic en **Elegir SO** para seleccionar el sistema operativo que quieres instalar. Aparecerá la pantalla mostrada en la **Figura A-3**.

La opción superior es Raspberry Pi OS estándar. Si prefieres la versión Lite reducida o la versión completa (Raspberry Pi OS con escritorio y software recomendado), selecciona **Raspberry Pi OS (other)**.

Si bajas por la lista verás sistemas operativos de terceros compatibles con Raspberry Pi. Según tu modelo de Raspberry Pi podría haber desde sistemas operativos de tipo general, como Ubuntu Linux y RISC OS Pi a sistemas operativos especiales para el ocio en casa, gaming, emulación, impresión 3D, señalización digital, etc.

Casi al final de la lista principal está la opción **Erase**, que borrará todo el contenido de la tarjeta microSD.

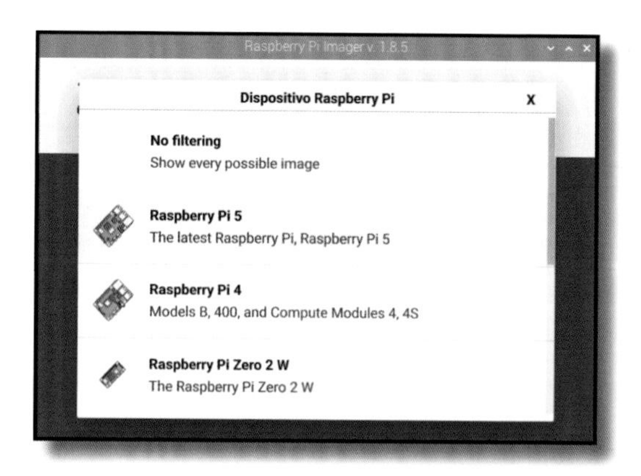

Figura A-2 Eligiendo tu modelo de Raspberry Pi

32 BITS O 64 BITS

Después de seleccionar un modelo de Raspberry Pi solo se te ofrecerán imágenes compatibles con tu modelo. Si Raspberry Pi OS de 64 bits es una de las opciones disponibles para tu placa, como en el caso de Raspberry Pi 4 o Raspberry Pi 5, elige esa opción, a menos que sea imprescindible que instales una versión de 32 bits del sistema operativo.

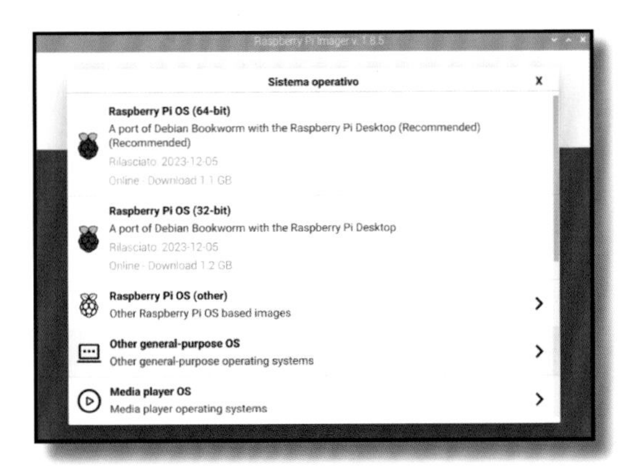

Figura A-3 Eligiendo un sistema operativo

Si quieres probar un sistema operativo que no aparece en la lista, aún será posible instalarlo usando Raspberry Pi Imager. Ve al sitio web del sistema operativo, descarga la "imagen" de sistema que desees y elige la opción **Use custom** que encontrarás al final de la lista **Elegir SO**.

Una vez seleccionado el sistema operativo que deseas instalar, haz clic en el botón **Elegir Almacenamiento** y selecciona tu tarjeta microSD. Suele ser el único dispositivo de almacenamiento en la lista. Si ves más de un dispositivo de almacenamiento (algo que suele ocurrir si tienes otra tarjeta microSD o una unidad flash USB conectada al ordenador), asegúrate de elegir el correcto, De lo contrario podrías terminar borrando tu unidad y perdiendo todos tus datos. En caso de duda, cierra Raspberry Pi Imager, desconecta todas las unidades extraíbles excepto la tarjeta microSD que quieres usar y vuelve a abrir Raspberry Pi Imager.

Por último, haz clic en el botón **Siguiente** y se te ofrecerá la oportunidad de personalizar el sistema operativo. Si ejecutas la versión Lite, tendrás que seguir esos pasos para configurar ahora tu nombre de usuario, contraseña, conexión de red inalámbrica, etc. sin necesidad de conectar un teclado, un ratón y un monitor más adelante, cuando inicies el sistema por primera vez.

A continuación Raspberry Pi Imager te pedirá que confirmes si se debe sobrescribir el contenido de tu tarjeta SD. Si haces clic en **Sí**, comenzará esa operación. Espera mientras la aplicación escribe el sistema operativo seleccionado en tu tarjeta y luego lo verifica. Cuando el sistema operativo se haya terminado de escribir en la tarjeta podrás sacar esta de tu ordenador de escritorio o portátil e insertarla en el Raspberry Pi para ponerlo en marcha. Si usaste un Raspberry Pi con función de instalación de red para escribir el nuevo sistema operativo en la tarjeta micro SD, simplemente apaga el Raspberry Pi y vuelve a encenderlo para iniciar el sistema.

Antes de extraer la tarjeta microSD o de apagar el Raspberry Pi asegúrate de que el proceso de escritura ha finalizado. Si el proceso se interrumpe el nuevo sistema operativo no funcionará correctamente. En caso de que algo así haya ocurrido simplemente vuelve a iniciar el proceso de escritura para sobrescribir el sistema operativo dañado y sustituirlo por una copia que funcione correctamente.

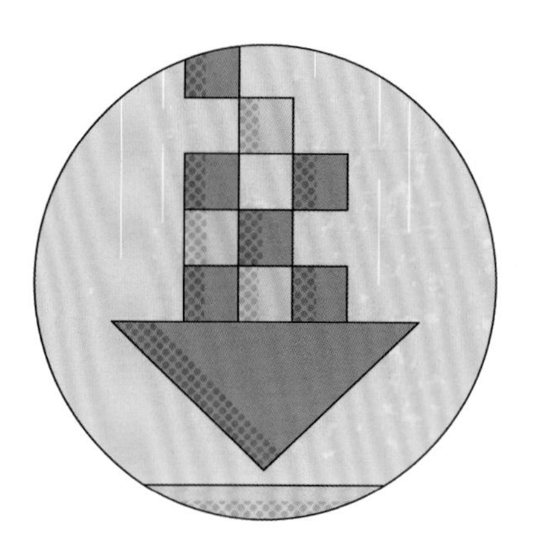

Apéndice B

Instalar y desinstalar software

El sistema operativo Raspberry Pi incluye una selección de paquetes de programas populares elegidos por el equipo de Raspberry Pi, pero estos no son los únicos que funcionan en nuestras placas. Usando las siguientes instrucciones puedes buscar software adicional e instalarlo o desinstalarlo para ampliar las capacidades de tu Raspberry Pi.

Las instrucciones en este apéndice complementan el Capítulo 3, *Uso de Raspberry Pi*, donde se explica cómo usar la herramienta **Recommended Software**.

Explorando el software disponible

Para ver y explorar la lista de paquetes de software disponibles para Raspberry Pi OS, usando sus *repositorios de software*, carga el menú principal haciendo clic en el icono de Raspberry Pi, selecciona la categoría "preferencias" y luego haz clic en **Add/Remove Software**. Al cabo de unos segundos aparecerá la ventana de la herramienta, como se muestra en la **Figura B-1**.

En la parte izquierda de la ventana **Add/Remove Software** hay una lista de categorías. Notarás que son las mismas que aparecen en el menú principal que se muestra al hacer clic en el icono de Raspberry Pi.

Al hacer clic en una de estas categorías se mostrará una lista de los programas disponibles en ella. También puedes introducir un término de búsqueda en el cuadro ubicado en la parte superior izquierda de la ventana: escribe por ejemplo "text editor" o "game" y verás una lista de paquetes de software de cualquier categoría que coinciden con el término de búsqueda especificado. Al hacer clic en un paquete aparecerá información adicional sobre el mismo en la parte inferior de la ventana, como se muestra en la **Figura B-2**.

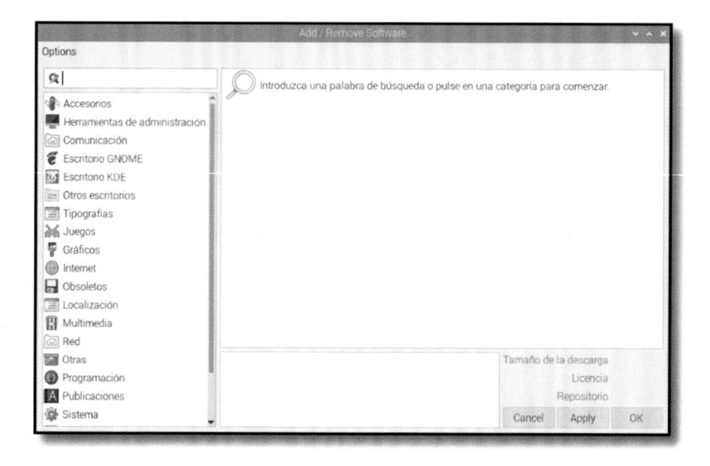

Figura B-1 Ventana de la aplicación **Add/Remove Software**

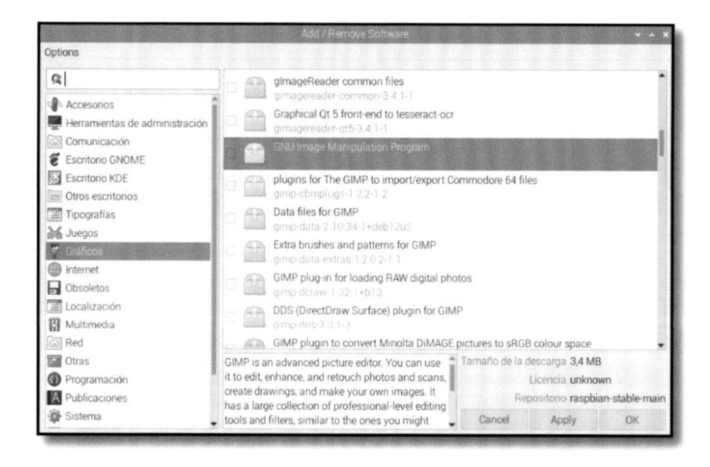

Figura B-2 Información adicional de paquete

Si la categoría que has elegido tiene muchos paquetes de software disponibles, es posible que la herramienta **Add/Remove Software** tarde un tiempo en terminar de compilar la lista.

Instalando software

Para seleccionar el paquete que deseas instalar haz clic en la casilla ubicada a su izquierda. Puedes instalar más de un paquete a la vez: sigue haciendo clic en las casillas de los demás paquetes que desees instalar para añadirlos a la selección. Cada vez que selecciones un paquete el icono ubicado junto su nombre se convertirá en una caja abierta con un símbolo "+", como se muestra en la **Figura B-3**. Esto confirma que ese paquete se instalará.

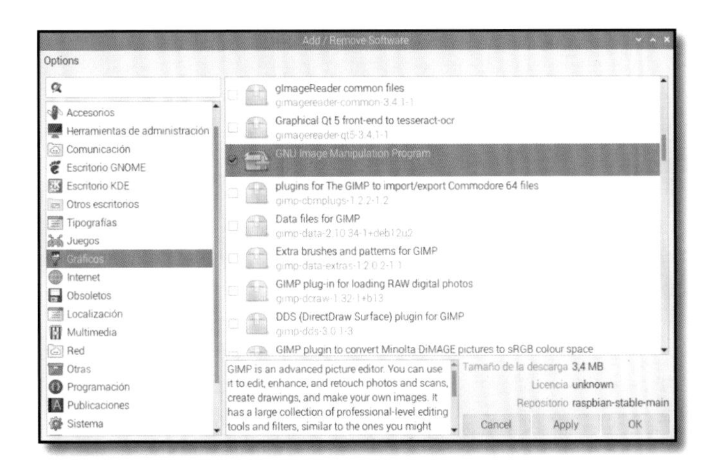

Figura B-3 Seleccionando un paquete para instalar

Cuando hayas terminado de seleccionar los paquetes que quieras haz clic en el botón **OK** o **Apply**. La única diferencia es que **OK** cerrará la herramienta **Add/Remove Software** al finalizar la instalación del software mientras que **Apply** la mantendrá abierta. Se te pedirá que introduzcas tu contraseña (**Figura B-4**) para confirmar tu identidad: ¡no querrías que cualquiera pueda añadir o quitar programas en software de tu Raspberry Pi!

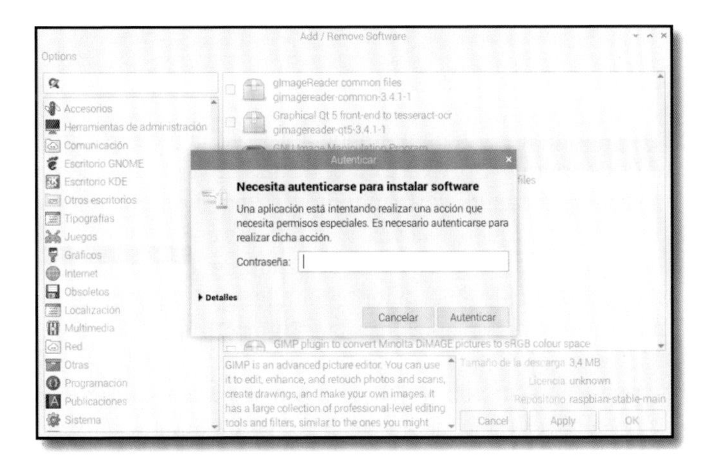

Figura B-4 Comprobando tu identidad

Es posible que al instalar un paquete se instalen otros junto con él. Esas son *dependencias*, paquetes que el software elegido necesita para funcionar: por ejemplo, paquetes de efectos de sonido para un juego o una base de datos para un servidor web.

Una vez instalado el software debería ser posible encontrarlo haciendo clic en el icono de Raspberry Pi para cargar el menú y eligiendo la categoría del paquete de software instalado (**Figura B-5**). Ten en cuenta que la categoría del menú no es siempre la misma que la categoría en la que aparecen los paquetes en la herramienta **Add/Remove Software**, e incluso algunos programas no tienen una entrada en el menú. Estos paquetes se denominan *software de línea de comandos* y están pensados para ejecutarse en el terminal. Para más información sobre la línea de comandos y el terminal, consulta el Apéndice C, *La interfaz de línea de comandos*.

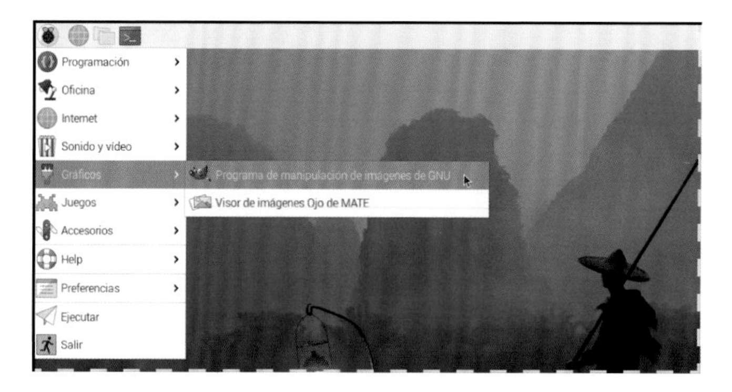

Figura B-5 Encontrando el software que acabas de instalar

Desinstalando software

Para eliminar o *desinstalar* un paquete localízalo en la lista de paquetes de la herramienta **Add/Remove Software** (aquí resulta útil la función de búsqueda) y quita la marca de la casilla correspondiente haciendo clic en ella. Puedes desinstalar más de un paquete a la vez: solo tienes que seguir haciendo clic en las casillas de los otros paquetes que deseas eliminar. El icono junto al paquete se convertirá en una caja abierta junto a un icono de papelera, lo que sirve para confirmar que este se va a desinstalar (**Figura B-6**).

Como antes, puedes hacer clic en **OK** o en **Apply** para empezar a desinstalar los paquetes de software seleccionados. Se te indicará que confirmes tu contraseña (a menos que lo hayas hecho en los últimos minutos) y también se te pedirá que confirmes que deseas eliminar cualquier dependencia relacionada con ese paquete de software (**Figura B-7**). Al terminar la desinstalación el software desaparecerá del menú de Raspberry Pi pero no se eliminarán los

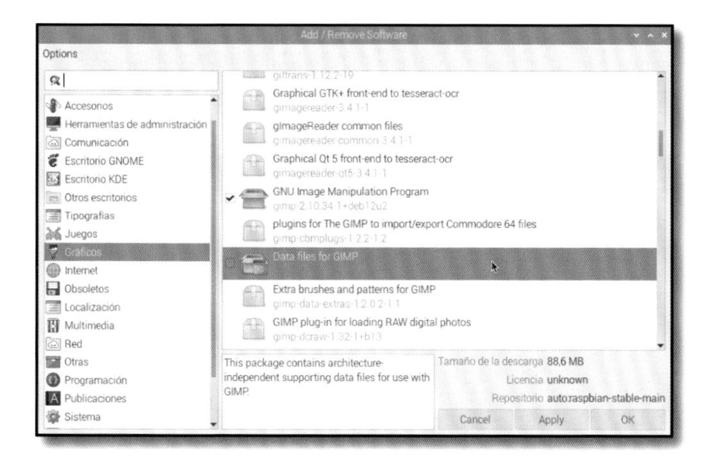

Figura B-6 Seleccionando un paquete para quitarlo

archivos que hayas creado con el software (por ejemplo, imágenes para un paquete de gráficos u opciones de juego guardadas).

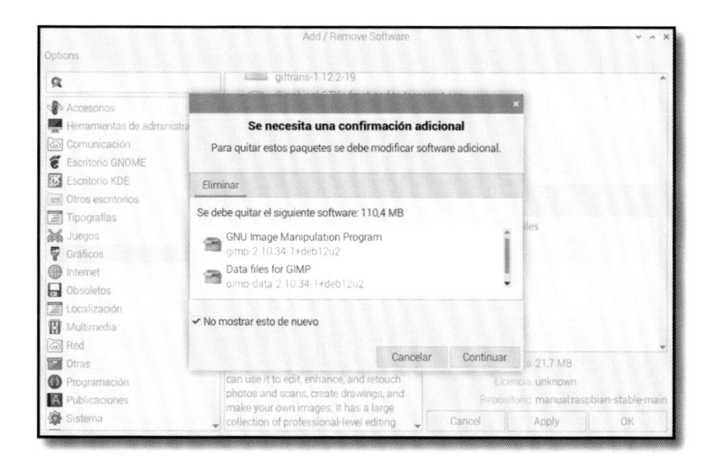

Figura B-7 Confirmando la eliminación de dependencias

¡ADVERTENCIA!

Todo el software instalado en Raspberry Pi OS aparece en **Add/Remove Software**, incluido el software necesario para que tu Raspberry Pi funcione. Es posible eliminar paquetes que el sistema necesita para cargar el escritorio. Para evitar que tu sistema funcione mal (o que deje de funcionar por completo), no desinstales paquetes a menos que tengas la certeza de que ya no los necesitas. Si necesitas reinstalar Raspberry Pi OS puedes hacerlo siguiendo las instrucciones en el Apéndice A, *Instalar un sistema operativo en una tarjeta microSD*.

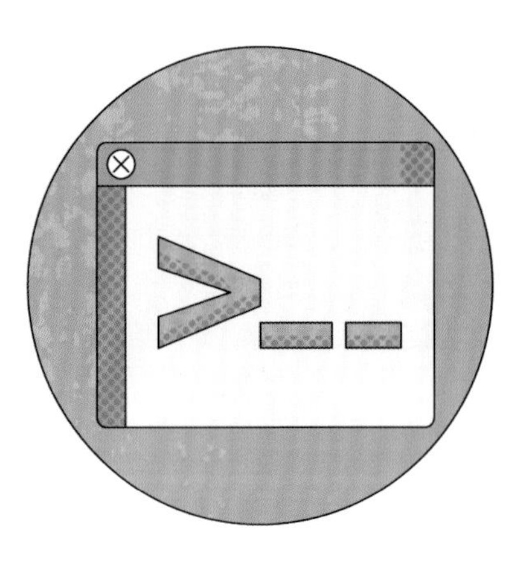

Apéndice C

La interfaz de línea de comandos

Aunque puedes gestionar la mayoría de los programas en un Raspberry Pi a través del escritorio, para acceder a algunos de ellos hay que usar un método basado en texto conocido como *interfaz de línea de comandos (CLI)* y usando una aplicación llamada Terminal. Es probable que la mayoría de los usuarios nunca vaya a necesitar usar la CLI, pero para quienes quieran aprender más, este apéndice ofrece una introducción básica.

Cargando la aplicación Terminal

El acceso a la CLI se logra a través del Terminal, un paquete de software que carga lo que técnicamente se conoce como *terminal de teletipo virtual (VTY)*, nombre que se remonta a los primeros tiempos de los ordenadores, cuando los usuarios introducían comandos mediante una gran máquina de escribir electromecánica en lugar de un teclado y un monitor. Para cargar el paquete Terminal haz clic en el icono de Raspberry para cargar el menú principal, elige la categoría **Accesorios** y haz clic en **LXTerminal**. La ventana Terminal aparecerá como se muestra en la **Figura C-1**.

La ventana de Terminal se puede arrastrar por el escritorio, redimensionar, maximizar y minimizar como cualquier otra ventana. También puedes agrandar el texto en ella si lo encuentras difícil de ver, o reducirlo para que quepa más de él en la ventana: haz clic en el menú **Editar** y elige **Ampliar** o **Reducir** respectivamente o mantén pulsada la tecla **CTRL+SHIFT** en el teclado y luego pulsa las teclas **+** o **-**.

Figura C-1 Ventana de Terminal

El símbolo de petición (o "prompt")

Lo primero que se ve en un terminal es el *símbolo de petición (o prompt)*, a la espera de tus instrucciones. El símbolo de petición de un Raspberry Pi que ejecuta Raspberry Pi OS es:

```
username@raspberrypi:~ $
```

La primera parte del símbolo, `username`, será tu nombre de usuario. La segunda parte, después de la `@`, es el nombre del ordenador que estás usando (`raspberrypi` de forma predeterminada). Después de "`:`" hay una "virgulilla'", `~`, que es una referencia abreviada a tu directorio de inicio (home en inglés) y representa tu *directorio de trabajo actual*. programas Por último, el símbolo `$` indica que tu usuario es un *usuario sin privilegios*, por lo que necesitarás más permisos para llevar a cabo tareas como añadir o quitar paquetes de software.

Navegando

Escribe lo siguiente y pulsa la tecla ENTER:

```
cd Desktop
```

Verás que el símbolo del sistema cambia inmediatamente a:

```
pi@raspberrypi:~/Desktop $
```

Esto indica que tu directorio de trabajo actual ha cambiado: antes estabas en el directorio de inicio (indicado por el símbolo `~`) y ahora estás en el subdirectorio **Desktop**, ubicado bajo el directorio de inicio. Eso es lo que has logrado al usar el comando `cd`, que significa *cambiar de directorio*.

MAYÚSCULAS Y MINÚSCULAS

La interfaz de línea de comandos de Raspberry Pi OS distingue entre mayúsculas y minúsculas, por lo que es importante fijarse en cómo se escriben los comandos o los nombres. Si al intentar cambiar de directorio recibes un mensaje indicando que no existe tal archivo o directorio, comprueba que has escrito en mayúscula la D al inicio de **Desktop**.

Hay cuatro maneras de regresar a tu directorio de inicio: pruébalas una por una y regresa de nuevo al subdirectorio **Desktop** entre y otra una prueba. La primera manera es:

```
cd ..
```

`..` es otro método abreviado que significa "el directorio encima de este", también conocido como el *directorio padre*. Dado que el directorio encima de **Desktop** es tu directorio de inicio, al cambiar al directorio padre terminas regresando ahí. Vuelve al subdirectorio **Desktop** y prueba el segundo método:

```
cd ~
```

El símbolo `~` utilizado aquí significa "cambiar a mi directorio de inicio (home)". A diferencia de `cd ..`, que solo te lleva al directorio padre de cualquier directorio en el que estés, este comando funciona desde cualquier lugar. Pero hay una forma más fácil:

```
cd
```

Si no le das el nombre de un directorio, `cd` de forma predeterminada simplemente regresa a tu directorio de inicio.

Hay otra forma de regresar al directorio de inicio (sustituye `username` por tu propio nombre de usuario):

```
cd /home/username
```

Esto utiliza una *ruta absoluta*, que funcionará independientemente de cuál sea el directorio de trabajo actual. Al igual que `cd` o `cd ~`, este comando te llevará de nuevo a tu directorio de inicio desde donde te encuentres. Pero a diferencia de los otros métodos, aquí deberás proporcionar tu nombre de usuario.

Gestionando archivos

Para practicar con el uso de archivos cambia (`cd`) al directorio **Desktop** y escribe:

```
touch Test
```

Verás un archivo llamado **Test** en el escritorio. El comando `touch` se suele utilizar para actualizar la información de fecha y hora de un archivo. Pero cuando el archivo especificado no existe (como en este caso), touch lo crea.

Escribe lo siguiente:

```
cp Test Test2
```

Verás aparecer en el escritorio otro archivo, **Test2**. Esta es una *copia* del archivo original y es idéntico a él. Bórrala escribiendo:

```
rm Test2
```

Con esto indicas que el archivo debe *eliminarse* y lo verás desaparecer.

¡ADVERTENCIA!

Cuando eliminas archivos usando el Gestor gráfico de archivos, estos se almacenan en la papelera para que puedas recuperarlos posteriormente en caso de cambiar de opinión. Los archivos eliminados mediante `rm` desaparecen para siempre, sin pasar por la papelera. ¡Escribe con mucho cuidado!

A continuación escribe:

```
mv Test Test2
```

Este comando *mueve* el archivo así que verás que el archivo **Test** original desaparece y se sustituye por **Test2**. El comando de movimiento `mv` se puede usar así para cambiar nombres de archivo.

También puede resultar muy útil ver qué archivos contiene un directorio cuando no estés trabajando en el escritorio. Escribe:

```
ls
```

Este comando *crea una lista* del contenido del directorio actual o de cualquier otro que tú indiques. Para tener acceso a más detalles, como la inclusión de archivos ocultos y la visualización del tamaño de los archivos en la lista, puedes añadir modificadores:

```
ls -larth
```

Estos conmutadores controlan el comando **ls**: **l** organiza el resultado en forma de lista larga en vertical, **a** le indica que muestre todos los archivos y directorios, incluidos los que suelen estar ocultos, **r** invierte el orden en que aparecen los elementos en la lista, **t** ordena los elementos por fecha de modificación (lo que combinado con **r** coloca los campos más antiguos en la parte superior de la lista y los más nuevos en la parte inferior) y **h** usa tamaños de archivo legibles para hacer que la lista sea más fácil de entender.

Ejecutando programas

Algunos programas solo se pueden ejecutar desde la terminal mientras que otros tienen interfaces tanto gráficas como de línea de comandos. Un ejemplo de estos últimos es la herramienta Configuración de Raspberry Pi, que normalmente se carga desde el menú de iconos de Raspberry pero que también puede ejecutarse desde la línea de comandos.

Para experimentar con la herramienta Configuración de Raspberry Pi en la línea de comandos, escribe:

```
raspi-config
```

Verás un mensaje de error indicando que el software solo puede ejecutarse como *root* (el usuario "raíz"), la cuenta de superusuario en tu Raspberry Pi. Ya que tu cuenta es una de usuario sin privilegios, el mensaje también te indicará que para ejecutar el programa como raíz deberás escribir:

```
sudo raspi-config
```

La parte **sudo** del comando indica el *cambio de usuario* y le dice al sistema operativo Raspberry Pi que ejecute el comando como usuario raíz. La herramienta Configuración de Raspberry Pi aparecerá como se muestra en la **Figura C-2**.

Solo tendrás que usar **sudo** cuando un programa requiera *privilegios* "elevados", por ejemplo para instalar o desinstalar software o para ajustar la configuración del sistema. Un juego, en cambio, nunca se debería ejecutar usando **sudo**.

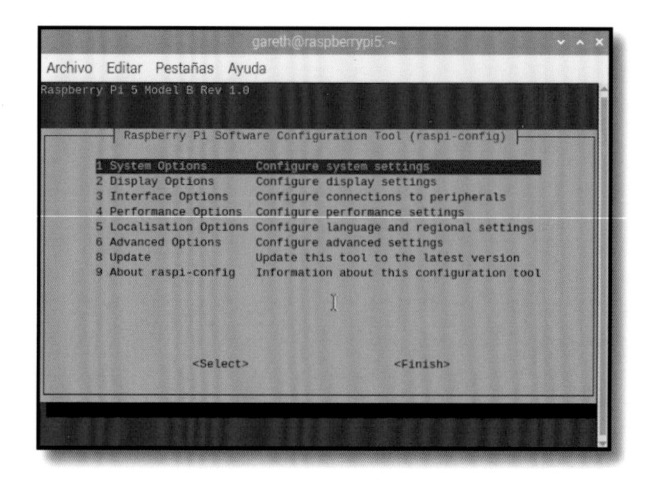

Figura C-2 Herramienta Configuración de Raspberry Pi

En la Herramienta de Configuración de Raspberry Pi pulsa dos veces la tecla **TAB** para seleccionar Finish y pulsa **ENTER** para salir de ella y regresar a la interfaz de línea de comandos. Por último, escribe:

```
exit
```

Esto terminará la sesión de la interfaz de línea de comandos y cerrará la aplicación Terminal.

Usando los TTY

La aplicación Terminal no es la única forma de usar la interfaz de línea de comandos: también puedes cambiar a uno de los terminales denominados *teletipos* o *TTY* que ya se encuentran en ejecución. Mantén pulsadas las teclas **CTRL** y **ALT** del teclado y pulsa la tecla **F2** para cambiar a "tty2" (**Figura C-3**).

```
Debian GNU/Linux 12 raspberrypi tty2

raspberrypi login:
```

Figura C-3 Uno de los TTY

Después de volver a iniciar sesión con tu nombre de usuario y contraseña podrás usar la interfaz de línea de comandos igual que en la aplicación Terminal. El uso de estos TTY es útil cuando por cualquier razón la interfaz principal del escritorio no funciona.

Para dejar este TTY y volver al escritorio mantén pulsadas **CTRL+ALT** y luego pulsa **F7**. Pulsa **CTRL+ALT+F2** y volverás a cambiar a "tty2": cualquier cosa que estuvieras ejecutando seguirá estando ahí.

Antes de dejar este TTY nuevamente, escribe:

```
exit
```

Luego pulsa **CTRL+ALT+F7** para volver al escritorio. Es importante salir antes de cambiar de TTY porque cualquiera con acceso al teclado puede cambiar a uno de ellos y si todavía tienes una conexión activa ¡podrán acceder a tu cuenta, aunque no sepan tu contraseña!

¡Enhorabuena: has dado tus primeros pasos con la interfaz de línea de comandos del sistema operativo de Raspberry Pi!

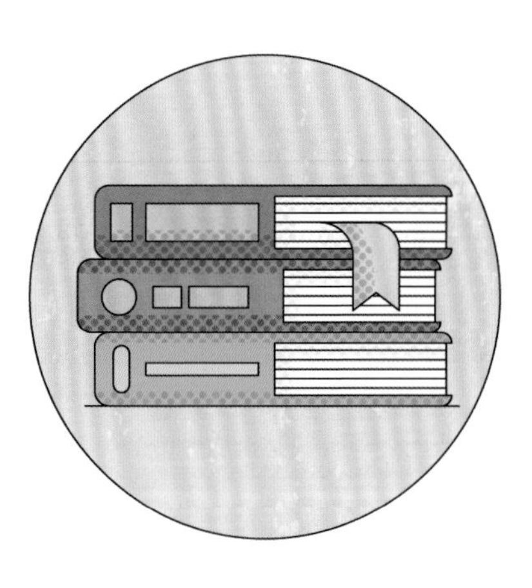

Apéndice D

Más material de referencia

La guía oficial de Raspberry Pi para principiantes tiene la finalidad de ayudarte a empezar a usar tu Raspberry Pi, pero no es en absoluto la guía más completa ni cubre todas las posibilidades que te ofrece esta placa. La enorme comunidad de usuarios de Raspberry Pi está presente en todo el mundo y usa estos ordenadores para todo tipo de cosas, como juegos, aplicaciones de detección, robótica o inteligencia artificial. Con toda seguridad encontrarás en ella una gran fuente de inspiración.

En este apéndice se detallan algunas fuentes con ideas de proyectos, lecciones y otros materiales que te servirán para avanzar ahora que ya has completado el camino trazado por la *Guía para principiantes*.

Bookshelf

icono de Raspberry Pi > Help > Bookshelf

Figura D-1 Aplicación Bookshelf

Bookshelf (**Figura D-1**) es una aplicación incluida con Raspberry Pi OS que te permite explorar, descargar y leer versiones digitales de publicaciones de Raspberry Pi Press. Para cargarla haz clic en el icono de Raspberry, selecciona Help y haz clic en **Bookshelf**. Podrás explorar todo tipo de revistas y libros que puedes descargar gratuitamente y leer cuando quieras.

Noticias sobre Raspberry Pi

raspberrypi.com/news

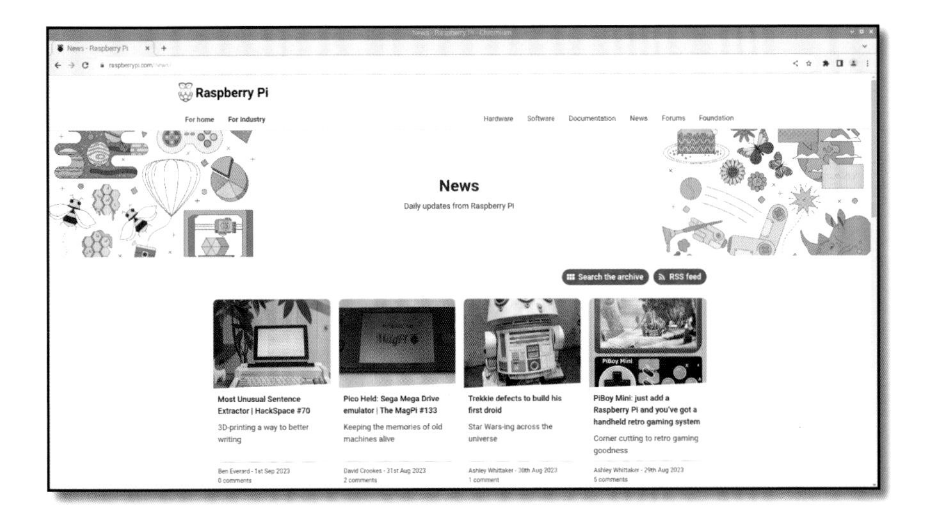

Figura D-2 Noticias sobre Raspberry Pi

Todos los días de la semana encontrarás un artículo, con anuncios sobre nuevos ordenadores y accesorios de Raspberry Pi, las actualizaciones de software más recientes, resúmenes sobre proyectos de la comunidad y novedades acerca de las publicaciones de Raspberry Pi Press, entre ellas The MagPi y HackSpace Magazine (**Figura D-2**).

Proyectos con Raspberry Pi

rpf.io/projects

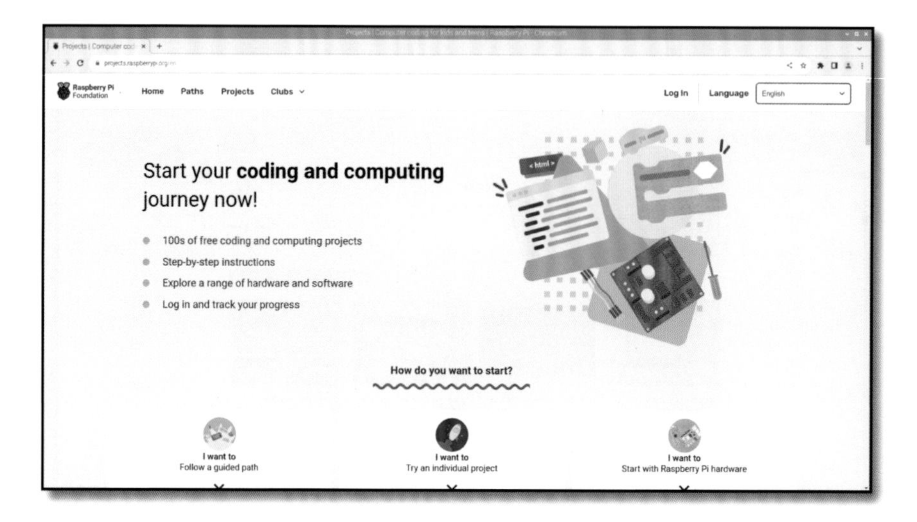

Figura D-3 Proyectos con Raspberry Pi

El sitio oficial de proyectos de Raspberry Pi de la Fundación Raspberry Pi (**Figura D-3**) ofrece tutoriales paso a paso de proyectos en una serie de categorías, desde la creación de juegos y música hasta la construcción de tu propio sitio web o de un robot programado con Raspberry Pi. La mayoría de los proyectos están disponibles en diversos idiomas y abarcan una gama de niveles de dificultad adecuados para todo tipo de usuarios, desde principiantes absolutos a creadores avanzados.

Educación con Raspberry Pi

rpf.io/education

Figura D-4 Sitio web de educación con Raspberry Pi

El sitio oficial de Educación con Raspberry Pi (**Figura D-4**) ofrece boletines de noticias, formación online y proyectos destinados a educadores. También tiene enlaces con recursos adicionales como programas gratuitos de formación y proyectos para el aprendizaje de la programación dirigidos por voluntarios como Code Club y CoderDojo.

Foros de Raspberry Pi

rptl.io/forums

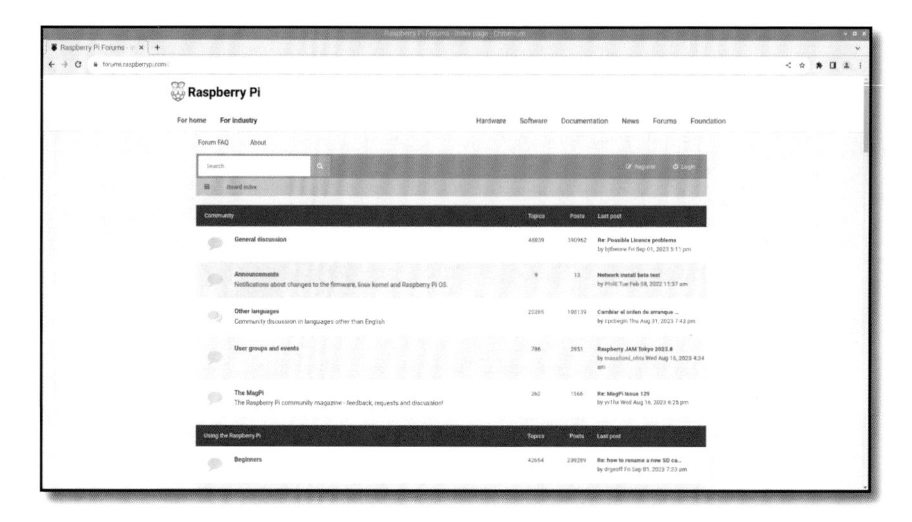

Figura D-5 Foros de Raspberry Pi

Los foros de Raspberry Pi, mostrados en la **Figura D-5**, son el punto de encuentro de los seguidores de Raspberry Pi en donde se puede hablar de todo tipo de temas, tanto a nivel básico como altamente técnico. ¡Incluso hay un área “off-topic” para charlas de carácter general sin un tema concreto!

La revista The MagPi

magpi.cc

Figura D-6 Revista The MagPi

La revista oficial de Raspberry Pi, *The MagPi*, es una publicación mensual que cubre desde tutoriales y guías hasta reseñas y noticias, y es alimentada en gran parte con contribuciones de la comunidad mundial de Raspberry Pi (**Figura D-6**). Está disponible en quioscos y supermercados de algunas regiones, aunque también puedes descargar copias digitales de la revista de forma gratuita bajo la licencia Creative Commons. *The MagPi* también publica libros y material híbrido sobre diversos temas, los mismos que puedes comprar en formato impreso o descargar gratuitamente.

La revista HackSpace

hsmag.cc

Figura D-7 Revista HackSpace

La revista *HackSpace* se centra en la comunidad de creadores e incluye reseñas de hardware y software, tutoriales y entrevistas (**Figura D-7**). Si te interesa ampliar tus horizontes más allá de Raspberry Pi, *HackSpace* es un buen punto de partida. Está disponible en formato impreso en supermercados y quioscos de prensa algunas regiones y también se puede descargar en formato digital de forma gratuita.

Apéndice E

La Herramienta Configuración de Raspberry Pi

La herramienta Configuración de Raspberry Pi es un paquete muy poderoso creado para realizar ajustes de configuración de las distintas características de tu Raspberry Pi, desde las interfaces que estarán disponibles para los distintos programas hasta la manera en que puedes controlar tu Raspberry Pi a través de una red. Todo esto puede parecer sumamente complicado para un principiante, así que en este apéndice te guiaremos por cada uno de los ajustes disponibles y te explicaremos qué es lo que hacen.

¡ADVERTENCIA!

A menos que estés seguro de que debes modificar un ajuste concreto, es mejor no modificar nada en la herramienta Configuración de Raspberry Pi. Si vas a añadir hardware a tu Raspberry Pi (por ejemplo, una placa HAT de audio), las instrucciones te dirán qué ajustes cambiar. De lo contrario, será mejor que mantengas la configuración predeterminada.

Puedes cargar la herramienta Configuración de Raspberry Pi desde el menú de Raspberry, en la categoría **Preferencias**. También se puede ejecutar desde la interfaz de línea de comandos o desde un terminal mediante el comando **`raspi-config`**. La versión de línea de comandos y la versión gráfica son diferentes entre sí y notarás que algunas de las opciones aparecen en distintas categorías según la versión que se utilice. Este apéndice se basa en la versión gráfica.

Pestaña Sistema

La pestaña **Sistema** (**Figura E-1**) contiene opciones que controlan varios ajustes del Sistema Operativo Raspberry Pi.

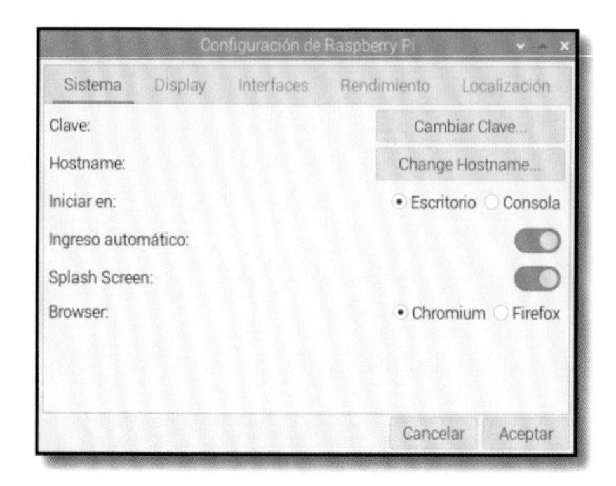

Figura E-1 Pestaña **Sistema**

- **Clave**: haz clic en el botón **Cambiar clave** para establecer una contraseña nueva para tu cuenta de usuario actual.
- **Hostname**: es el nombre con el que un Raspberry Pi se identifica en las redes. Si tienes más de un Raspberry Pi en la misma red, cada uno de ellos debe tener un nombre exclusivo. Haz clic en el botón **Change Hostname** para elegir otro nombre.
- **Iniciar en**: si la opción seleccionada es **Escritorio** (la predeterminada) al iniciar el sistema se carga el escritorio habitual de Raspberry Pi OS. Si se selecciona **Consola** se carga la interfaz de línea de comandos, la misma que se describe en el Apéndice C, *La interfaz de línea de comandos*.
- **Ingreso automático**: cuando este ajuste está activado (opción predeterminada) Raspberry Pi OS carga el escritorio sin necesidad de escribir el nombre de usuario y la contraseña.
- **Splash Screen**: cuando este ajuste está activado (opción predeterminada) los mensajes de inicio de Raspberry Pi OS quedan ocultos tras una pantalla de presentación gráfica.
- **Browser**: permite alternar entre Chromium de Google (opción predeterminada) y Firefox de Mozilla como navegador web predeterminado.

Pestaña Display

La pestaña **Display** (**Figura E-2**) contiene los ajustes que controlan cómo se ve la pantalla.

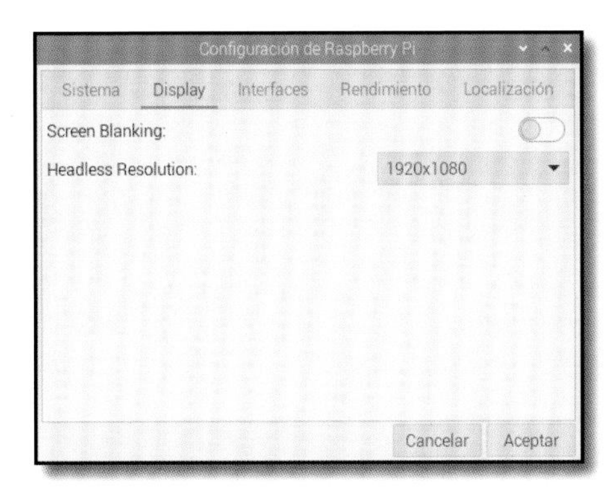

Figura E-2 Pantalla **Display**

- **Screen Blanking**: este ajuste permite activar y desactivar la visualización del contenido de la pantalla. Si está activado, tu Raspberry Pi hará que la pantalla se vuelva negra si no la has usado durante unos minutos. Eso protege tu televisor o monitor de posibles daños a causa de una imagen estática mostrada durante un tiempo prolongado.

- **Headless Resolution**: este ajuste controla la resolución del escritorio virtual cuando usas Raspberry Pi sin un monitor o televisor conectado (lo que se conoce como *operación sin periféricos*).

Pestaña Interfaces

La pestaña **Interfaces** (**Figura E-3**) muestra los ajustes que controlan las interfaces de hardware en tu Raspberry Pi.

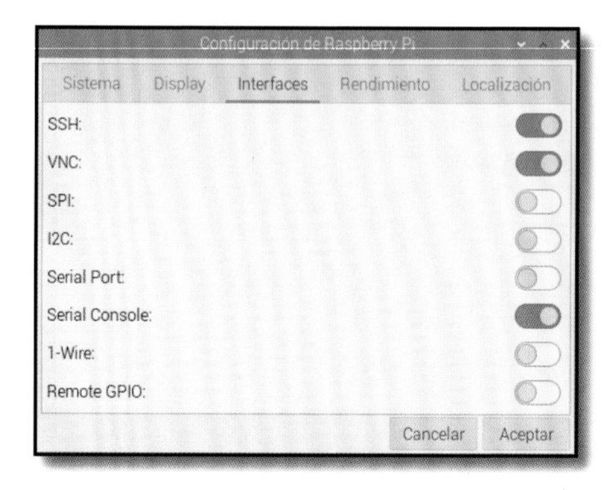

Figura E-3 Pestaña **Interfaces**

- **SSH**: activa o desactiva la interfaz SSH (Secure Shell) que permite. abrir una sesión de línea de comandos en un Raspberry Pi desde otro ordenador de tu red utilizando un cliente SSH.

- **VNC**: activa o desactiva la interfaz VNC (Virtual Network Computing). Permite ver el escritorio de tu Raspberry Pi desde otro ordenador de tu red usando un cliente VNC.

- **SPI**: activa o desactiva la interfaz SPI (Serial Peripheral Interface), usada para controlar complementos de hardware que utilizan esta interfaz.

- **I2C**: activa o desactiva la interfaz I²C (Inter-Integrated Circuit), usada para controlar componentes que utilizan esta interfaz.

- **Serial Port**: activa o desactiva el puerto serie del Raspberry Pi que se encuentra disponible en los pines GPIO del Raspberry Pi.

- **Serial Console**: activa o desactiva la consola serie, una interfaz de línea de comandos disponible en el puerto serie. Esta opción solo está disponible si se ha activado dicho puerto con el ajuste Serial Port.

- **1-Wire**: activa o desactiva la interfaz 1-Wire, usada para controlar complementos de hardware que utilizan esa interfaz.

- **Remote GPIO**: activa o desactiva un servicio de red que permite controlar los pines GPIO del Raspberry Pi desde otro ordenador de tu red usando la biblioteca GPIO Zero. Encontrarás más información disponible sobre el sistema GPIO remoto en **gpiozero.readthedocs.io**.

Pestaña Rendimiento

La pestaña **Rendimiento** (**Figura E-4**) contiene ajustes que controlan el rendimiento de tu Raspberry Pi.

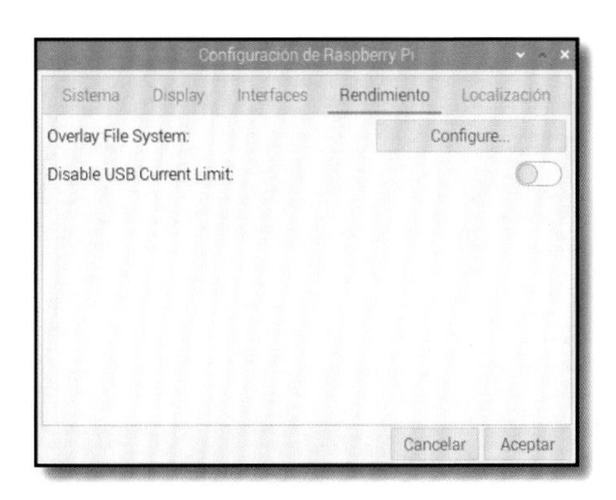

Figura E-4 Pestaña **Rendimiento**

- **Overlay File System**: permite bloquear el sistema de archivos del sistema operativo para que cualquier cambio realizado se lleve a cabo en un disco virtual en la memoria del Raspberry Pi en lugar de en la tarjeta microSD. De esta manera, cada vez que se reinicia la placa, los cambios se pierden y el sistema se mantiene en un estado "limpio".

En modelos de Raspberry Pi anteriores a Raspberry Pi 5 también estarán disponibles las siguientes opciones:

- **Case Fan**: permite activar o desactivar un ventilador opcional conectado al sistema GPIO de Raspberry Pi para mantener fresco el procesador en entornos calurosos o con cargas extremas. En **rptl.io/casefan** puedes encontrar un ventilador compatible con la carcasa oficial del Raspberry Pi 4.

- **Fan GPIO**: el ventilador suele conectarse al pin GPIO 14. Si ya tienes otra cosa conectada a ese pin puedes elegir otro GPIO aquí.

- **Fan Temperature**: la temperatura mínima, en grados centígrados, a partir de la cual el ventilador comenzará a girar. Mientras la temperatura del Raspberry Pi esté por debajo de este valor, el ventilador se mantendrá inactivo. Esto permite también tener un sistema silencioso.

Pestaña Localización

La pestaña **Localización (Figura E-5)** contiene los ajustes que controlan la región en la que el Raspberry Pi debe funcionar. Entre las opciones de configuración incluidas se encuentra la distribución del teclado.

Figura E-5 Pestaña **Localización**

- **Local**: te permite elegir tu configuración local; es decir, aquellos ajustes del sistema entre los que están el idioma, el país y el conjunto de caracteres. Ten en cuenta que el cambio de idioma aquí solo cambiará el idioma mostrado en las aplicaciones para las que haya una traducción disponible y no afectará a ningún documento que hayas creado o descargado.

- **Zona horaria**: te permite elegir el huso horario de tu ubicación seleccionando una zona del mundo seguida de la ciudad más cercana a tu ubicación. Si tu Raspberry Pi está conectado a la red, pero el reloj muestra la hora equivocada, normalmente se debe a una selección de zona horaria errónea.

- **Teclado**: te permite elegir tu tipo de teclado, su idioma y distribución. Si al escribir en tu teclado aparecen letras o símbolos erróneos, puedes corregirlo aquí.

- **País**: te permite seleccionar tu país para fines de regulación local de radiocomunicaciones. Asegúrate de seleccionar el país en el que estás utilizando tu Raspberry Pi: si seleccionas otro podría ser imposible conectarse con los puntos de acceso de red inalámbrica cercanos y hasta podría constituir una infracción de las leyes de radiodifusión locales. Debes seleccionar un país antes de poder usar el sistema de radio para redes inalámbricas.

Apéndice F

Especificaciones de Raspberry Pi

Los componentes y las características de un ordenador son lo que se conoce como sus *especificaciones* y al examinarlas tendremos información útil que nos permitirá comparar dos ordenadores. Estas especificaciones podrían parecerte confusas al inicio, pero no te preocupes: no es necesario que las entiendas para usar un Raspberry Pi. Incluimos en esta guía las especificaciones de algunos modelos de placas Raspberry Pi para los lectores más curiosos.

Raspberry Pi 5

El sistema en chip (SoC) del Raspberry Pi 5 es un Broadcom BCM2712, como se indica en la tapa de metal que lo cubre. Este SoC cuenta con una unidad central de procesamiento (CPU) ARM Cortex-A76 de 64 bits con cuatro núcleos, cada uno de ellos corriendo a 2,4 GHz, y una unidad de procesamiento gráfico (GPU) Broadcom VideoCore VII que funciona a 800 MHz y que sirve para tareas de vídeo y de procesamiento 3D, como las de los juegos.

El SoC está conectado a 4 GB u 8 GB de RAM (memoria de acceso aleatorio) LPDDR4X (Low-Power Double-Data-Rate 4) que se ejecuta a 4267 MHz. Esta memoria se comparte entre el procesador central y el procesador de gráficos. La ranura de la tarjeta microSD admite hasta 512 GB de almacenamiento.

El puerto Ethernet admite conexiones gigabit (1000 Mbps, 1000-Base-T) mientras que la radio admite redes WiFi 802.11ac que funcionan en las bandas de frecuencia de 2,4 GHz y 5 GHz y conexiones Bluetooth 5.0 y BLE (Bluetooth de bajo consumo).

El Raspberry Pi 5 tiene dos puertos USB 2.0 y dos USB 3.0 para periféricos. También tiene un conector de alta velocidad PCI Express (PCIe) 2.0. Mediante un accesorio HAT opcional este conector se puede usar para añadir almacenamiento de alta velocidad en forma de Unidades de Estado Sólido (SSD) con puerto M.2, aceleradores para el aprendizaje automático (Machine Learning o ML) y visión artificial (Computer Vision o CV), y otros componentes de hardware.

Raspberry Pi 4 y 400

- **CPU**: ARM Cortex-A72 (Broadcom BCM2711) de 64 bits y cuatro núcleos funcionando a 1,5 o 1,8 GHz (Raspberry Pi 400)
- **GPU**: VideoCore VI a 500 MHz
- **RAM**: 1 GB, 2 GB, 4 GB (la única opción disponible para el Raspberry Pi 400) u 8 GB de LPDDR4
- **Red**: 1 × Gigabit Ethernet, 802.11ac de doble banda, Bluetooth 5.0, Bluetooth de bajo consumo (BLE)
- **Salidas de audio y vídeo**: 1 toma analógica AV de 3,5 mm (solo Raspberry Pi 4), 2 × micro-HDMI 2.0
- **Conectividad de periféricos**: 2 × puertos USB 2.0, 2 × puertos USB 3.0, 1 × CSI (solo Raspberry Pi 4), 1 × DSI (solo Raspberry Pi 4)
- **Almacenamiento**: 1 × microSD de hasta 512 GB (16 GB en el kit de Raspberry Pi 400)
- **Alimentación**: 5 V a 3 A por USB-C, PoE (con HAT adicional, solo Raspberry Pi 4)
- **Extras**: sistema GPIO de 40 pines

Raspberry Pi Zero 2 W

- **CPU**: ARM Cortex-A53 de 64 bits y cuatro núcleos funcionando a 1 GHz (Broadcom BCM2710)
- **GPU**: VideoCore IV a 400 MHz
- **RAM**: 512 MB de LPDDR2
- **Red**: 802.11b/g/n de una sola banda, Bluetooth 4.2, BLE

- **Salidas de audio y vídeo**: 1 × Mini-HDMI
- **Conectividad de periféricos**: 1 × puerto Micro USB OTG 2.0, 1 × CSI
- **Almacenamiento**: 1 × microSD de hasta 512 GB
- **Alimentación**: 5 voltios a 2,5 amperios a través de micro USB
- **Extras**: sistema GPIO de 40 pines (sin pines soldados)